나비 도감

세밀화로 그린 보리 큰도감
나비 도감

1판 1쇄 펴낸 날 2018년 10월 1일 | **1판 3쇄 펴낸 날** 2023년 2월 27일

그림 옥영관
글 백문기

편집 김종현
기획실 김소영, 김수연, 김용란
디자인 이안디자인
제작 심준엽
영업 나길훈, 안명선, 양병희, 조현정
독자 사업(잡지) 김빛나래, 정영지
새사업팀 조서연
경영 지원 신종호, 임혜정, 한선희
분해와 출력, 인쇄 (주)로얄프로세스
제본 과성제책

펴낸이 유문숙
펴낸 곳 (주) 도서출판 보리
출판등록 1991년 8월 6일 제 9-279호
주소 경기도 파주시 직지길 492 (우편번호 10881)
전화 (031)955-3535 / **전송** (031)950-9501
누리집 www.boribook.com **전자우편** bori@boribook.com

값 80,000원
보리는 나무 한 그루를 베어 낼 가치가 있는지 생각하며 책을 만듭니다.

ISBN 979-11-6314-018-4 06490 978-89-8428-832-4 (세트)
이 도서의 국립중앙도서관 출판시도서목록(CIP)은 서지정보유통지원시스템(http://seoji.nl.go.kr)과 국가자료공동목록시스템((http://www.nl.go.kr/kolisnet)에서
이용하실 수 있습니다. (CIP 제어번호 : CIP2018028569)

나비 도감

세밀화로 그린 보리 큰도감

우리나라에 사는 나비 219종

그림 옥영관 / 글 백문기

보리

일러두기

1. 이 책에는 우리나라에서 볼 수 있는 나비 219종이 실려 있다. 나비는 분류 차례 순서로 실었다. 나비 이름은 《국가생물종목록Ⅲ - 곤충》(국립생물자원관, 2019)을 따랐다. 북녘 이름은 《조선나비원색도감》(과학백과사전출판사, 1987), 《한국나비도감》(여강출판사, 2001)을 참고했다.
2. 책은 크게 1부와 2부로 나누었다. 1부에는 나비에 대해 알아야 할 내용을 정리해 놓았다. 2부에는 나비 하나하나에 대해 설명해 놓았다. 나비 그림은 수컷과 암컷, 수컷 옆모습을 기본으로 그려 넣었고, 나비에 따라 변이형, 계절형, 암컷 옆모습도 그려 넣었다. 그리고 그림 밑에는 실제 크기를 알 수 있도록 비율을 써 놓았다. 나비마다 알과 애벌레, 번데기도 가능한 그려 넣었다. 또 생김새가 닮았거나 함께 묶어 볼 수 있는 나비도 함께 넣었다. 또 서로 닮은 나비를 가려낼 수 있는 특징을 그림으로 그려 쉽게 알 수 있도록 했다.
3. 본문에 나오는 나비 생태 정보는 《한국나비도감》(신유항, 1991), 《원색한국나비도감》(김용식, 2010), 《한국나비생태도감》(김성수, 서영호, 2012), 《한반도 나비 도감》(백문기, 신유항, 2014)을 참고했다. 인용한 곳에 참고한 책을 하나하나 표시하지 않았다.
4. 맞춤법과 띄어쓰기는 국립국어원 누리집에 있는 《표준국어대사전》을 따랐다. 하지만 전문 용어는 띄어쓰기를 적용하지 않았다.

   예. 멸종위기야생동물, 국외반출승인대상생물종 따위
5. 나무나 풀 분류 이름에는 사이시옷을 적용하지 않았다.

   예. 벗과 → 벼과, 참나뭇과 → 참나무과
6. 나비마다 북녘 이름, 다른 이름, 사는 곳, 나라 안 분포, 나라 밖 분포, 잘 모이는 꽃, 애벌레가 먹는 식물을 한눈에 알 수 있도록 따로 정리해 놓았다. 또 나오는 때, 겨울나기 따위는 아이콘을 만들어 정리했다.

   - 나오는 때
   - 겨울나기
   - 길 잃은 나비
   - 고유종

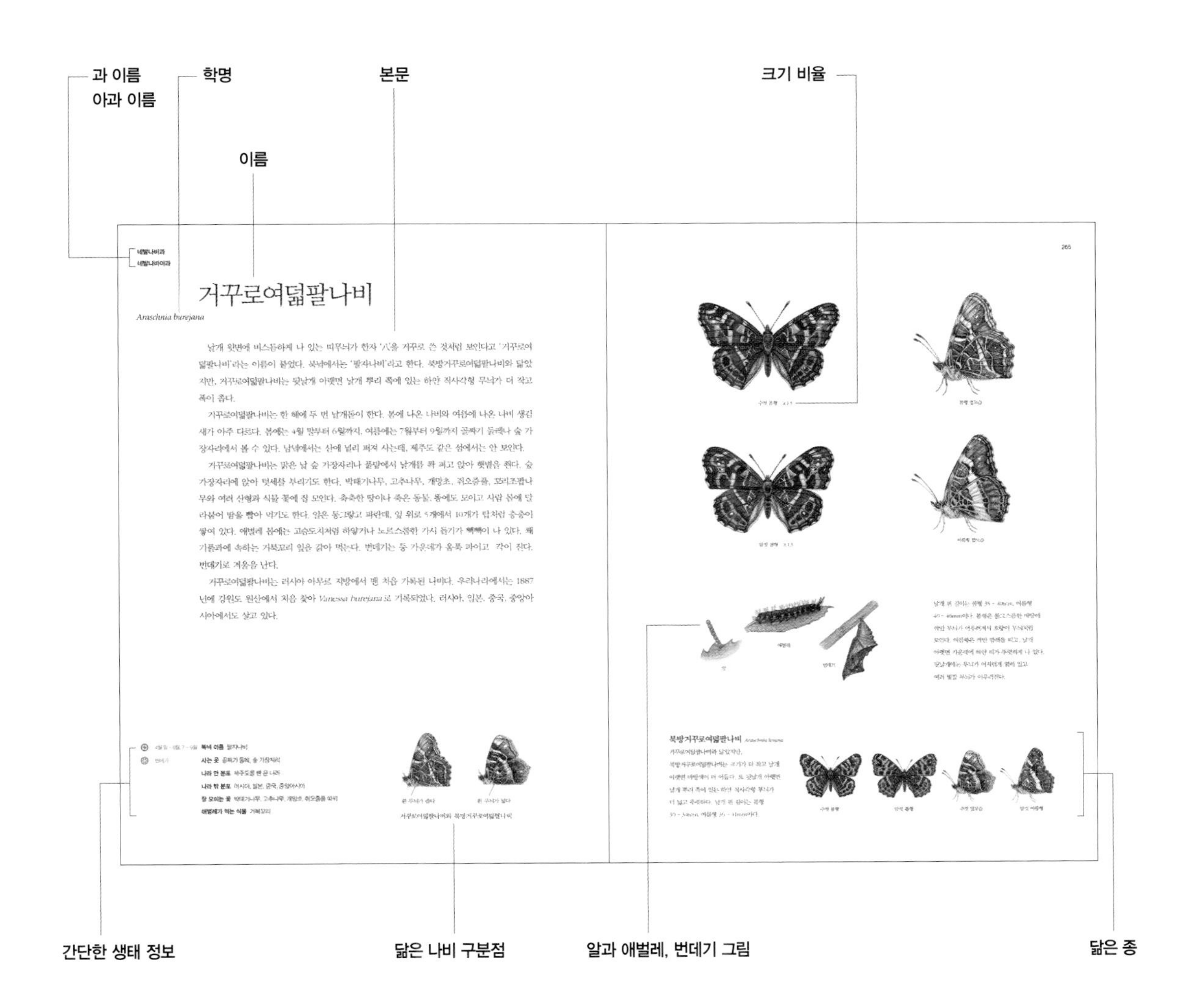
과 이름
아과 이름
학명
본문
크기 비율
이름
거꾸로여덟팔나비
Araschnia burejana
간단한 생태 정보
닮은 나비 구분점
알과 애벌레, 번데기 그림
닮은 종

차례

더 알아보기

그림으로 찾아보기 팔랑나비과

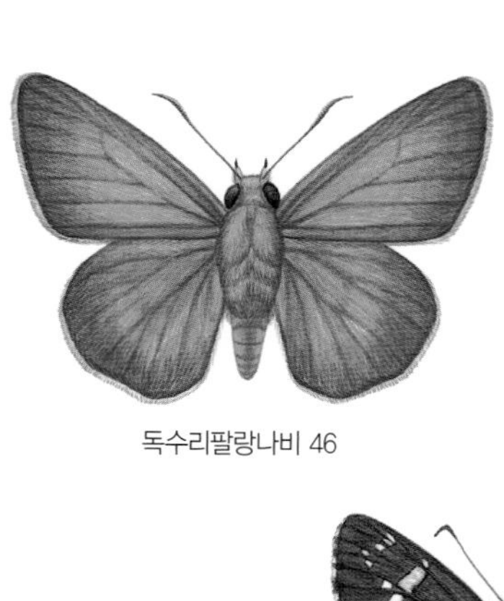
독수리팔랑나비 46

푸른큰수리팔랑나비 48

왕팔랑나비 50

왕자팔랑나비 52

멧팔랑나비 54

흰점팔랑나비 56

수풀알락팔랑나비 58

돈무늬팔랑나비 60

줄꼬마팔랑나비 62

꽃팔랑나비 64

수풀떠들썩팔랑나비 66

검은테떠들썩팔랑나비 68

유리창떠들썩팔랑나비 70

황알락팔랑나비 72

줄점팔랑나비 74

산줄점팔랑나비 76

제주꼬마팔랑나비 78

지리산팔랑나비 80

파리팔랑나비 82

호랑나비과

모시나비 86
붉은점모시나비 88
꼬리명주나비 90
애호랑나비 92
호랑나비 94
산호랑나비 96
제비나비 98
산제비나비 100
긴꼬리제비나비 102
무늬박이제비나비 104
멤논제비나비 106

남방제비나비 108

사향제비나비 110

청띠제비나비 112

흰나비과

기생나비 116

노랑나비 118

남방노랑나비 120

극남노랑나비 122

멧노랑나비 124

각시멧노랑나비 126

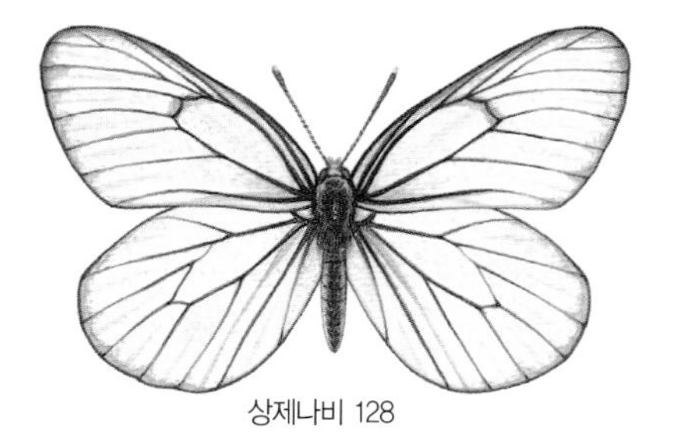

상제나비 128

큰줄흰나비 130

대만흰나비 132

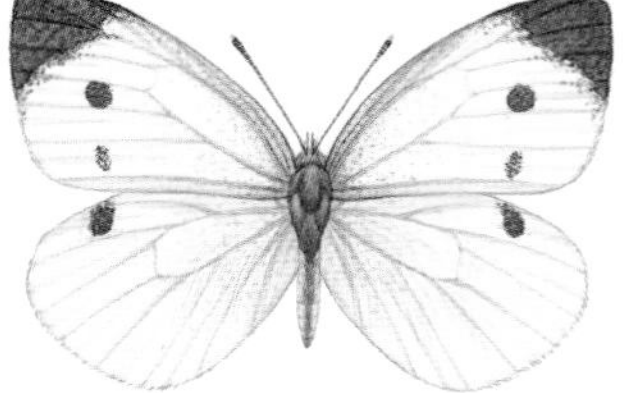

배추흰나비 134

풀흰나비 136

갈구리나비 138

부전나비과

뾰족부전나비 142

바둑돌부전나비 144

담흑부전나비 146

물결부전나비 148

남방부전나비 150

암먹부전나비 152

먹부전나비 154

푸른부전나비 156

회령푸른부전나비 158

작은홍띠점박이푸른부전나비 160

큰점박이푸른부전나비 162

고운점박이푸른부전나비 164

소철꼬리부전나비 166

부전나비 168

작은주홍부전나비 170

큰주홍부전나비 172

선녀부전나비 174

붉은띠귤빛부전나비 176

금강산귤빛부전나비 178

암고운부전나비 180

시가도귤빛부전나비 182

귤빛부전나비 184

물빛긴꼬리부전나비 186

담색긴꼬리부전나비 188

참나무부전나비 190

작은녹색부전나비 192

큰녹색부전나비 194

은날개녹색부전나비 196

넓은띠녹색부전나비 198

산녹색부전나비 200

검정녹색부전나비 202

암붉은점녹색부전나비 204

북방녹색부전나비 206

범부전나비 208

남방남색부전나비 210

민꼬리까마귀부전나비 212

벚나무까마귀부전나비 214

까마귀부전나비 216

꼬마까마귀부전나비 218

쇳빛부전나비 220

쌍꼬리부전나비 222

네발나비과

뿔나비 226
왕나비 228
먹나비 230
먹그늘나비 232
왕그늘나비 234
황알락그늘나비 236
눈많은그늘나비 238
뱀눈그늘나비 240
부처나비 242
부처사촌나비 244
도시처녀나비 246
봄처녀나비 248
외눈이지옥사촌나비 250

흰뱀눈나비 252
조흰뱀눈나비 254
굴뚝나비 256
참산뱀눈나비 258
물결나비 260
애물결나비 262
거꾸로여덟팔나비 264
작은멋쟁이나비 266
큰멋쟁이나비 268
들신선나비 270
청띠신선나비 272
공작나비 274
네발나비 276
산네발나비 278

금빛어리표범나비 280
담색어리표범나비 282
암어리표범나비 284
돌담무늬나비 286
먹그림나비 288
황오색나비 290
번개오색나비 292
왕오색나비 294
은판나비 296
수노랑나비 298
유리창나비 300
흑백알락나비 302

홍점알락나비 304
대왕나비 306
작은은점선표범나비 308
큰표범나비 310
은줄표범나비 312
구름표범나비 314
은점표범나비 316
긴은점표범나비 318
왕은점표범나비 320
암끝검은표범나비 322
암검은표범나비 324
흰줄표범나비 326
큰흰줄표범나비 328

줄나비 330
굵은줄나비 332
참줄나비 334
제일줄나비 336
제이줄나비 338
애기세줄나비 340
세줄나비 342
참세줄나비 344
두줄나비 346
별박이세줄나비 348
높은산세줄나비 350
왕세줄나비 352
어리세줄나비 354
황세줄나비 356

나비란 무엇인가?

나비는 어떤 곤충인가?

곤충은 몸이 머리, 가슴, 배로 나뉘고 가슴에 날개 두 쌍, 다리 세 쌍이 달려 있는 무리다. 나비목은 날개가 있는 곤충 무리 가운데 날개가 접히고, 갖춘탈바꿈을 하고, 비늘가루가 온몸을 덮고 있는 곤충 무리다. 비늘가루는 몸에 난 털들이 납작하게 바뀐 것인데 다른 곤충과 구별되는 가장 큰 특징이다. 나비와 나방은 서로 닮아 '나비목'이라는 한 무리로 묶는다.

나비는 온 세계에 18000종에서 20000종쯤이 산다. 나비목은 48개 상과(上科, Superfamily)로 나뉜다. 나비목 가운데 나비 무리는 자나방사촌상과, 팔랑나비상과, 호랑나비상과 이렇게 3개 상과로 나눈다. 자나방사촌상과는 나방과 닮은 나비로 미국, 멕시코, 브라질, 페루 같은 곳에 살고, 우리나라에는 없다. 팔랑나비상과에는 팔랑나비과 4100종이 있다. 호랑나비상과에는 호랑나비과 570종, 흰나비과 1100종, 부전나비과 7000종, 네발나비과 6000종쯤이 있다. 나비목 가운데 나머지 45개 상과는 나방 무리다.

나비는 나방과 달리 앉을 때 날개를 접는다. 하지만 날개를 접고 앉는 나방도 여럿 있다. 또 나비는 몸빛이 대부분 알록달록하지만, 나방은 그렇지 않다. 그런데 뱀눈나비 무리처럼 날개가 어두운 나비들도 많고, 거꾸로 주홍박각시처럼 몸빛이 화려한 나방도 많다. 나비와 나방이 가장 크게 다른 점은 더듬이 생김새다. 나비 더듬이는 끝이 곤봉처럼 부풀어 있는데, 나방 더듬이는 끝이 뾰족하다. 또 나방은 앞날개와 뒷날개가 작은 고리로 이어지는데, 나비는 앞날개와 뒷날개가 떨어져 있다.

우리나라에는 나비가 280종쯤이 산다. 팔랑나비과 37종, 호랑나비과 16종, 흰나비과 22종, 부전나비과 79종, 네발나비과 126종쯤이 산다. 나비와 닮은 나방은 나비보다 훨씬 많아 종 수가 10배가 넘는다. 나비는 우리나라에 알려진 모든 곤충 가운데 2%쯤 된다. 하지만 요즘에 새로 찾은 나비도 여러 종 있고, '길잃은나비'가 새롭게 보이기도 해서 수가 점점 더 늘어나 300종이 넘을 것으로 보인다.

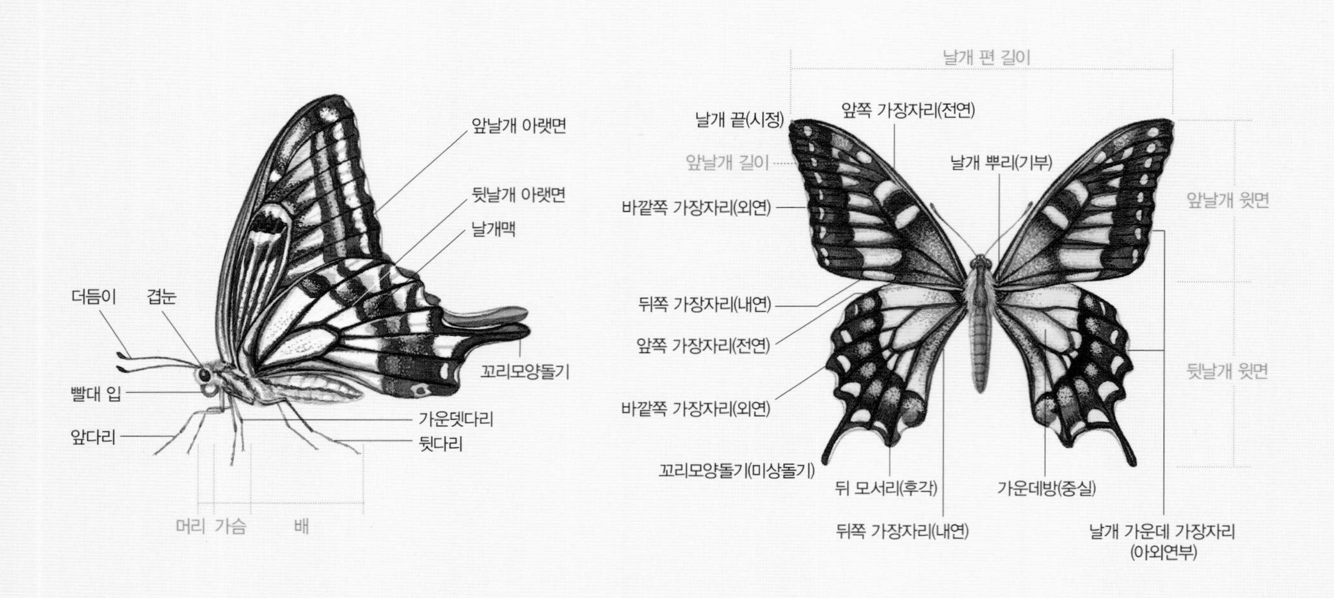

나비 이름

나비 이름은 나라나 지역마다 다르다. 그래서 온 세상 사람들이 모두 함께 쓸 수 있는 이름을 짓는데, 이 이름을 학명이라고 한다. 학명은 '린네'라는 사람이 처음으로 만들었다. 학명은 '속명, 종명, 이름 붙인 사람, 발표 연도' 차례로 짓는다. 이름 붙인 사람이나 발표 연도 뒤에 우리말 이름을 쓴다. 때때로 종명 뒤에 '아종명'이 붙기도 한다. '아종명'은 같은 종이지만 생김새나 사는 모습이 조금씩 다를 때 붙인다. 학명도 분류학 연구가 더 되면서 바뀌기도 한다. 또 연구자마다 같은 종에 다른 학명을 붙이기도 한다.

Limenitis	*helmanni*	*marinus*	Kim & Kim,	2002	제일줄나비
속명	종명	아종명	이름 붙인 사람	발표 연도	우리 이름

옛날에 우리나라 사람들은 나비를 호접(蝴蝶), 협접(蛺蝶), 분접(粉蝶), 접(蝶)이라고 했다. 아직도 인시류(鱗翅類)나 접(蝶)이라는 말을 쓰기도 한다. 《물명고》라는 옛 책에는 번데기로 겨울을 나고 날개를 접는 것을 모두 '접(蝶)'이라고 했고, 나방을 뜻하는 '아(蛾)'와 다르게 말했다. 《본초강목》이라는 옛 중국 약초책에서는 "접(蝶)은 수염이 아름답고, 아(蛾)는 눈썹이 아름답다."라고 했다. 이는 곤봉처럼 생긴 나비 더듬이를 수염으로, 깃털 같은 나방 더듬이를 눈썹으로 말한 것이다.

우리말로는 1481년에 나온 《두시언해》에 '나비' 또는 '나뵈'라는 말이 처음 나온다. 그 뒤 1527년에 나온 《훈몽자회》에는 '나뵈', 숙종 때 나온 《시몽언해물명》에는 '남이'라고 했다. 지금은 '나비'라고 한다. '나불나불' 날갯짓하면서 날아다니는 모습을 보고 이름을 지었다고 한다.

나비 생김새

나비 몸은 머리와 가슴, 배로 나뉜다. 머리에는 큰 겹눈이 한 쌍, 끄트머리가 부풀어 오른 더듬이 한 쌍, 용수철처럼 돌돌 말린 빨대 입이 한 개 있다. 가슴에는 비늘가루로 덮여 있는 날개 두 쌍과 가느다란 다리 세 쌍이 있다. 가슴 뒤쪽으로는 기다란 배가 있다.

머리

머리에 있는 겹눈은 육각형으로 생긴 낱눈 수천 개가 모여 이루어진다. 반원처럼 생기고 앞으로 튀어나와 있어서 앞과 옆까지 넓게 볼 수 있다. 또 사람과 달리 가시광선뿐만 아니라 자외선도 볼 수 있다. 애벌레 때에는 입 양쪽에 참깨처럼 생긴 낱눈이 여섯 개 있다. 어른벌레가 되면 겹눈이 된다.

겹눈 안쪽으로 더듬이가 한 쌍 있다. 더듬이는 감각 신경이 있어서 방향을 잡거나 냄새와 맛을 느낄 수 있다. 더듬이는 감각 기관이 있는 첫째 마디와 둘째 마디는 굵고, 셋째 마디부터 끄트머리까지는 서로 비슷한 길이로 짧은 마디가 이어져 채찍처럼 길쭉하다. 끄트머리는 곤봉처럼 부풀었다.

빨대 입은 기다란 대롱처럼 생겼는데, 둘둘 말려 있다가 꽃에 앉으면 빙그르 풀어서 길게 뻗어 꽃꿀을 빤다. 꽃 깊숙이 있는 꿀을 빨기 때문에 입이 가늘고 길다.

가슴

가슴은 앞가슴, 가운데가슴, 뒷가슴으로 나뉘는데, 뚜렷하게 나뉘지 않는다. 가슴마다 가느다란 다리가 한 쌍씩 붙어 있다. 가운데가슴과 뒷가슴에는 날개가 한 쌍씩 붙는다. 그래서 다리와 날개가 붙어 있는 곳을 보고 앞가슴, 가운데가슴, 뒷가슴을 나눈다.

다리

나비 다리는 모두 여섯 개가 있다. 앞가슴, 가운데가슴, 뒷가슴에 한 쌍씩 붙어 있다. 다리는 가늘지만 튼튼해서 잘 걷는다. 하지만 네발나비 무리는 앞다리가 작게 오그라들어서 마치 다리가 두 쌍만 있는 것처럼 보인다. 그래서 네발나비 앞다리는 걷는 데 쓰지 못하고, 가운뎃다리와 뒷다리만으로 걷는다.

배

배는 열 마디로 되어 있는데 첫 마디는 가려져서 안 보인다. 또 끄트머리에 있는 아홉째와 열째 마디도 짝짓기 때 쓰는 부속기로 바뀌었다. 그래서 겉으로는 일곱 마디만 보인다. 모시나비 무리나 애호랑나비는 짝짓기를 하고 나면 수컷이 암컷 꽁무니에 끈끈한 물을 뿜어내 딱딱한 돌기를 만든다. 한자로 '수태낭'이라고 한다. 분비물이 딱딱하게 굳으면 꼭 독수리 발톱 같다. 이 돌기 때문에 암컷은 다른 수컷과 짝짓기를 또 하지 못한다. 수컷은 배 끝에 넓은 주걱처럼 생긴 '파악기'가 있다. 보통 때는 수컷 배 아래쪽 끄트머리가 길게 홈이 난 것처럼 보이는데, 짝짓기 때에는 이 파악기로 암컷 배를 꽉 붙잡는다. 핀셋으로 배 끝을 꼭 누르면 쫙 벌어지는 것이 수컷이다. 암컷은 배 끝이 조금 더 둥글고, 홈이 짧게 나 있다.

나비 생김새

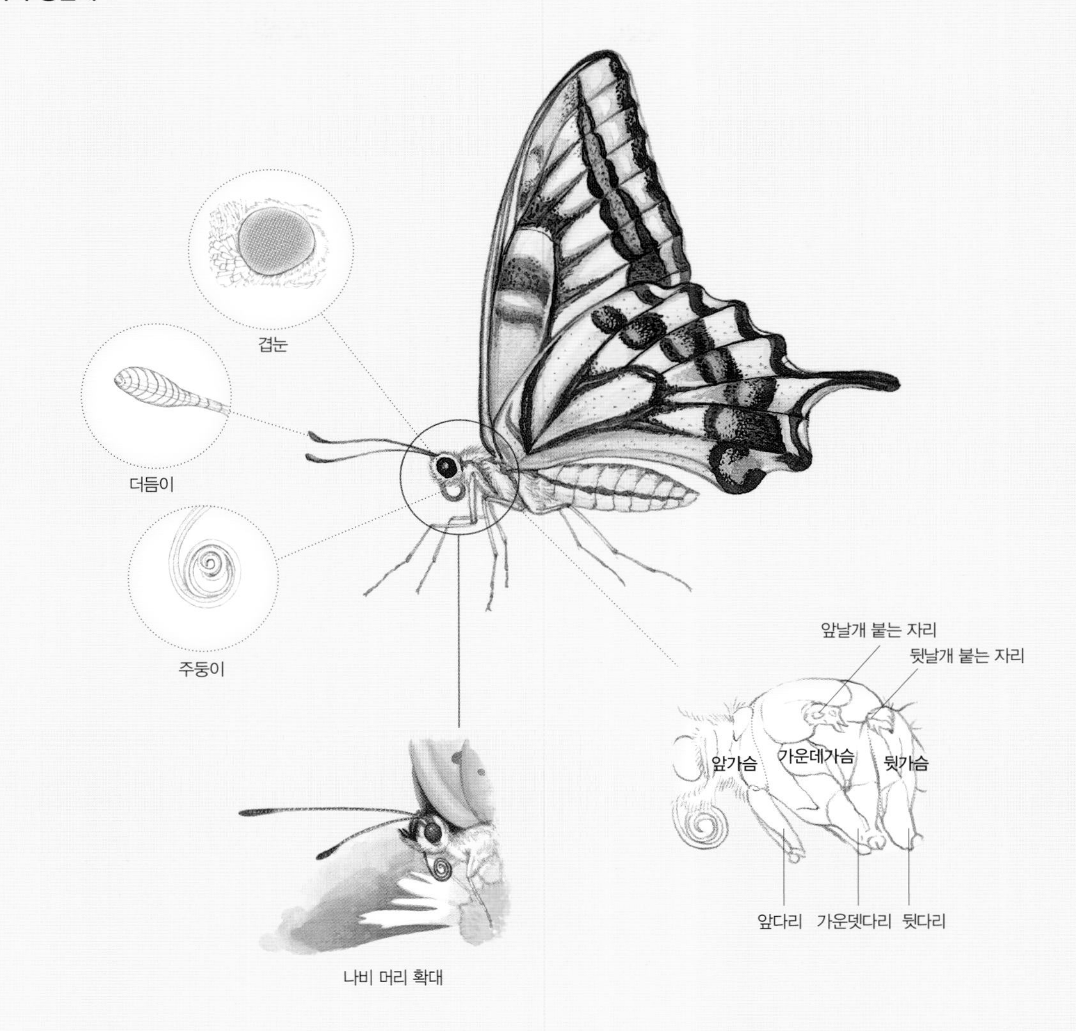

나비 머리 확대

다리

배

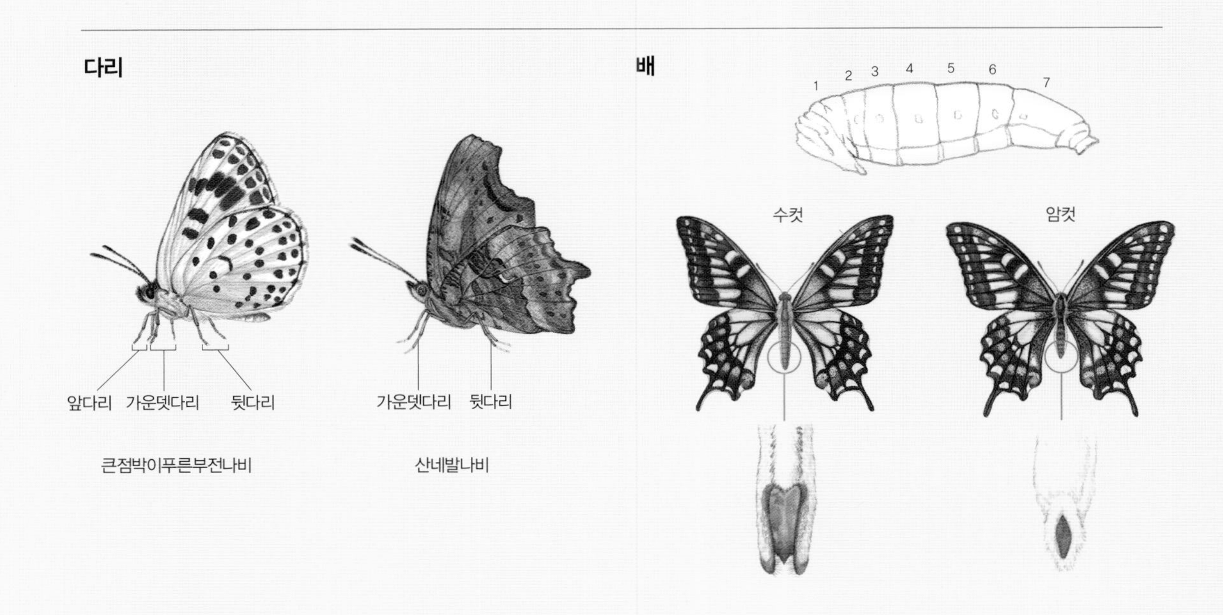

큰점박이푸른부전나비

산네발나비

날개

나비 날개는 얇고 부드러워 살랑살랑 날아다닌다. 날개는 앞날개와 뒷날개로 나눈다. 거의 앞날개가 뒷날개보다 크다. 날개맥이 가지처럼 뻗었고, 수많은 비늘가루로 덮여 있다.

번데기에서 어른벌레로 날개돋이 할 때 날개맥을 따라 체액이 흘러들어 간다. 그러면서 날개가 쭉 펴진다. 날개가 다 펴지면 날개맥은 단단하게 굳어서 날개를 지탱하는 뼈대가 된다. 그래서 손으로 세게 쥐면 부러지기도 한다.

날개맥은 이리저리 뻗으면서 갈라지는데 나비마다 조금씩 다르다. 딱정벌레나 잠자리 무리와도 다르다. 날개맥은 앞날개에 12개, 뒷날개에 8개가 있다. 앞날개에 있는 날개맥 7맥과 8맥이 합쳐져 있을 때가 많아서 8맥이 안 보이기도 한다.

나비는 날개 빛깔과 무늬가 저마다 다르다. 앞날개와 뒷날개 무늬가 다르고, 윗면과 아랫면 무늬가 다르기도 하다. 무늬가 날개 어디에 어떻게 났는지 잘 살피면 어떤 나비인지 알 수 있다.

날개는 비늘가루로 덮여 있다. 비늘가루는 마치 지붕에 기왓장을 얹은 것처럼 밑부분이 조금씩 겹쳐서 나란히 놓인다. 이 비늘가루 색이나 어떻게 놓여 있는지에 따라 날개 색깔과 무늬가 만들어진다. 그리고 비늘가루 겉에는 접는 부채처럼 자잘한 홈이 나 있다. 여기에 빛이 부딪치면 이리저리 휘기 때문에 보는 방향에 따라 여러 빛깔이 아롱다롱 나타나기도 한다. 비늘가루에는 지방이 많아서 비가 와도 날개가 안 젖고 날아다닐 수 있다.

날개맥 번호

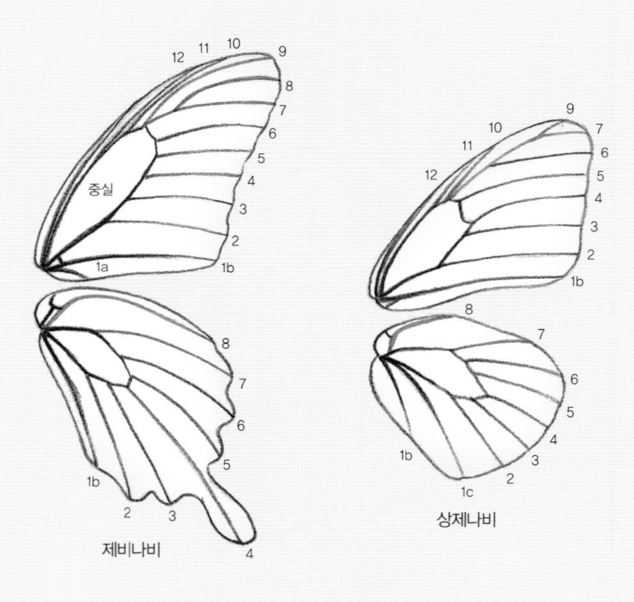

비늘가루 생김새

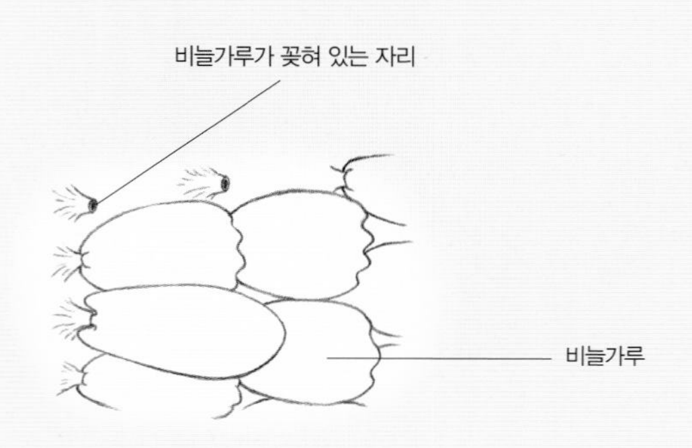

암컷과 수컷 그리고 계절형

나비 암컷과 수컷은 생김새와 무늬가 조금씩 다르다. 또 암수 생김새가 전혀 다른 나비도 꽤 된다. 이런 나비는 자칫하면 다른 나비로 여기기 쉽다. 또 어떤 나비는 수컷이나 암컷 날개에만 독특한 무늬나 털, 색깔이 있어서 이것으로 암수를 알아보기도 한다. 이를 한자로 '성표(性標)'라고 한다. 또 같은 종이지만 사는 곳에 따라 색깔이나 무늬가 조금씩 다른 나비가 제법 있다. 이를 한자로 '변이형'이라고 한다.

같은 나비인데도 계절에 따라 생김새가 달라지는 나비도 있다. 여름에 날개돋이를 하는 극남노랑나비와 가을에 나오는 극남노랑나비는 크기나 무늬, 빛깔이 제법 다르다. 이렇게 계절에 따라 달라지는 생김새를 '계절형'이라고 한다. 나오는 때에 따라 봄형, 여름형, 가을형이라고 한다. 철마다 다른 낮 길이와 온도 때문에 이런 차이가 생긴다.

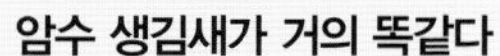

암수 생김새가 거의 똑같다

계절형

나비 한살이

나비는 알, 애벌레, 번데기를 거쳐 어른벌레가 된다. 애벌레와 어른벌레 생김새가 전혀 달라지는 탈바꿈을 하는데, 번데기를 거치는 탈바꿈을 '갖춘탈바꿈'이라고 한다. 애벌레는 커 가면서 껍질을 벗고 탈바꿈을 할 때마다 생김새나 몸집이 바뀐다. 이렇게 생김새가 다른 애벌레 시기를 '령'이라고 한다. 많은 나비가 5령을 거치며 큰다.

나비는 흔히 애벌레가 먹을 풀이나 나무에 알을 낳는다. 그래야 알에서 깬 애벌레가 잎을 갉아 먹고 클 수 있다. 알 생김새는 저마다 달라서 동그랗거나 길쭉하거나 호빵처럼 생긴 것도 있다. 빛깔도 여러 가지다. 겉에 돌기가 나거나 줄이 나 있거나 홈이 나 있기도 하다.

애벌레는 길쭉하게 생겼다. 꿈틀꿈틀 기어 다니면서 열심히 잎을 갉아 먹는다. 애벌레는 몸 앞쪽에 가슴다리가 세 쌍 있고, 몸 뒤쪽에 배다리가 있다. 배다리는 다섯 쌍을 넘지 않는다. 가슴다리는 날개돋이 하면 다리 세 쌍이 되고, 배다리는 없어진다. 애벌레 몸빛은 저마다 다르다. 풀이나 나뭇잎에 감쪽같이 숨을 수 있는 몸빛을 가진 애벌레도 있고, 오히려 눈에 잘 띄는 몸빛으로 독이 있다고 알리는 애벌레도 있다. 호랑나비 애벌레처럼 몸에서 고약한 냄새를 뿜어내기도 한다. 어른벌레는 입이 빨대처럼 길쭉하지만, 애벌레는 잎을 갉아 먹기 때문에 입이 집게처럼 생겼다. 애벌레는 허물을 벗으면서 몸집이 커지고, 벗은 허물은 자기가 먹어 치운다. 그렇게 점점 몸집이 커지다가 마지막에 번데기가 된다.

번데기가 되면 겉이 딱딱해지고 꼼짝을 못 한다. 기생벌이나 노린재 따위가 노리고 다가와도 어쩌지 못한다. 그래서 눈에 안 띄는 빛깔을 띠거나 안전한 곳을 찾아 번데기가 된다. 대부분 한두 주쯤 지나면 번데기가 갈라지면서 어른벌레가 나온다.

어른벌레와 애벌레는 생김새가 전혀 다르다. 날개도 생기고 입은 꿀을 빨기 좋게 길쭉한 빨대처럼 바뀐다. 여기저기 날아다니면서 꽃꿀을 빨다가 짝짓기를 하고 알을 낳는다. 암컷과 수컷은 서로 거꾸로 앉아 꽁무니를 맞대고 짝짓기를 한다. 어른이 되면 한두 달쯤 살다가 죽는다.

호랑나비 한살이

알

짝짓기를 마친 암컷은 알을 하나씩 낳기도 하고, 무더기로 낳기도 한다. 또 수노랑나비나 거꾸로여덟팔나비는 알을 탑처럼 쌓는다. 알은 잎 앞이나 뒤, 어린 가지, 새순에 낳는다. 담색긴꼬리부전나비는 참나무 껍질 틈에 알을 낳는다. 귤빛부전나비는 알을 낳은 뒤에 배에 난 털을 알에 붙여 덮는다.

나비 알은 무리마다 생김새나 빛깔이 다르다. 팔랑나비 무리 알은 거의 밑이 넓적한 공처럼 생기거나 호빵처럼 생겼다. 또 알에 세로줄이 열 줄쯤 나 있다. 빛깔은 누런 풀색이나 연한 누런색을 띤다.

호랑나비 무리 알은 저마다 모습이 다르다. 모시나비나 붉은점모시나비 알은 위쪽 가운데가 움푹 들어간 곰보빵처럼 생겼지만, 호랑나비와 제비나비는 겉이 매끈한 공처럼 생겼고, 노랗거나 하얗다. 호랑나비와 제비나비는 열흘 안팎이면 알에서 애벌레가 깬다. 흰나비 무리 알은 총알처럼 생겼다. 처음에는 하얗거나 노랗다가 노르스름한 밤색이나 밤색으로 바뀔 때가 많다. 두 주쯤 지나면 알이 깬다. 부전나비 무리 알은 거의 위쪽 가운데가 움푹 들어간 찐빵처럼 생겼다. 가까이 들여다보면 겉에 작은 돌기들이 빽빽이 돋아나 있다. 네발나비 무리 알은 고깔이나 대추알처럼 생기거나 공처럼 둥글다. 빛깔은 연한 풀빛이거나 흰색, 옅은 노란색처럼 여러 가지다.

여러 가지 나비 알

애벌레

나비 애벌레는 대부분 식물만 먹는다. 딱딱한 턱으로 자신이 좋아하는 식물을 갉아 먹는데, 몇몇 애벌레는 개미와 함께 더불어 살고, 진딧물을 잡아먹기도 한다. 우리나라 나비 280종 가운데 어떤 것을 먹고 사는지 알려진 나비 애벌레는 220종이다. 이 가운데 201종은 식물만 먹고, 식물을 갉아 먹으면서 개미와 더불어 사는 종이 12종, 개미에게서만 먹이를 얻는 종이 4종이다. 또 다른 동물을 잡아먹는 애벌레도 3종 있다.

팔랑나비 무리 애벌레는 거의 머리가 빨간 밤빛이거나 까맣다. 몸은 불그스름한 풀빛에 긴 옆줄 무늬가 있다. 먹이로 삼는 식물 잎을 엮어 그 속에 들어가 잎을 갉아 먹다가 번데기가 된다. 팔랑나비 무리 가운데 16종이 벼과 식물을 먹는다. 호랑나비 무리 애벌레 가운데 7종이 귤나무나 황벽나무, 유자나무, 산초나무 같은 운향과 식물을 먹는다. 호랑나비와 제비나비 애벌레는 4령까지는 새똥처럼 보이다가 다 자란 애벌레는 털 없이 매끈하고, 몸도 띠무늬가 있는 풀색이나 짙은 풀색으로 바뀐다. 흰나비 무리 애벌레는 가늘고 긴 원통처럼 생겼다. 거의 풀색을 띠고, 때때로 가로 줄무늬가 있다. 흰나비 무리 가운데 6종이 십자화과나 콩과 식물 잎을 갉아 먹는다. 부전나비 무리 애벌레는 거의 길쭉한 원통처럼 생겼는데 배는 넓적하고 등은 볼록하게 부풀어 있다. 부전나비 무리 가운데 20종이 참나무과 잎을 갉아 먹어서 부전나비 종류를 많이 보려면 참나무를 찾아보면 좋다. 소철꼬리부전나비만 바늘잎나무인 소철 잎을 갉아 먹는다. 바둑돌부전나비 애벌레는 진딧물을 잡아먹고, 쌍꼬리부전나비 애벌레나 담흑부전나비 애벌레는 개미와 더불어 살기도 한다. 네발나비 무리는 머리와 몸에 돌기가 튀어나온 애벌레가 많다. 몸빛이나 크기는 저마다 다르다. 네발나비 애벌레 가운데 15종이 느릅나무과와 제비꽃과 식물을 갉아 먹는다. 홍줄나비는 다른 나비와 달리 소나무와 잣나무 잎을 갉아 먹는다.

여러 가지 애벌레

팔랑나비과

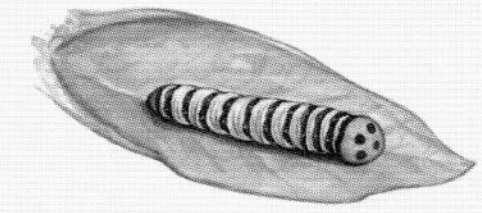

푸른큰수리팔랑나비 애벌레

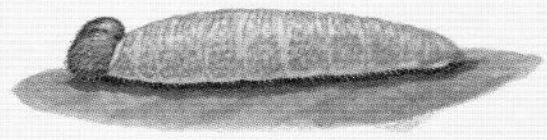

멧팔랑나비 애벌레

호랑나비과

모시나비 종령 애벌레

꼬리명주나비 종령 애벌레

사향제비나비 애벌레

흰나비과

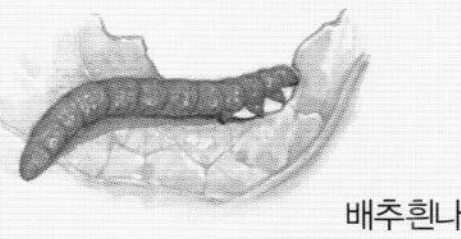

배추흰나비 애벌레

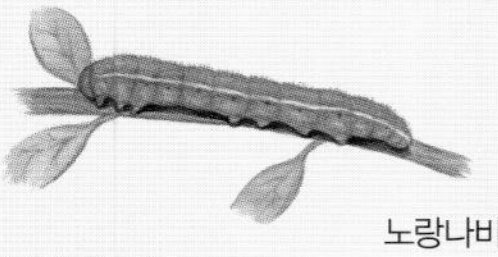

노랑나비 애벌레

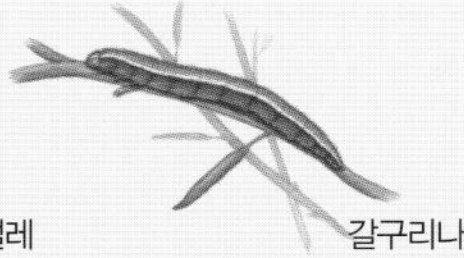

갈구리나비 애벌레

부전나비과

뾰족부전나비 애벌레

쌍꼬리부전나비 애벌레

네발나비과

황오색나비 애벌레

암끝검은표범나비 애벌레

줄나비 애벌레

번데기

애벌레는 어른벌레로 날개돋이를 하려고 번데기가 된다. 번데기가 되면 겉이 딱딱해지고 꼼짝을 못 한다. 번데기로 지내기 기간은 저마다 다른데, 대개 한두 주쯤 지나면 번데기가 갈라지면서 어른벌레가 나온다.

팔랑나비 무리 애벌레는 대부분 자기가 먹는 잎을 실로 엮어 집을 만들고 그 속에 들어가 번데기가 된다. 번데기는 흔히 머리 쪽이 길게 뾰족하고, 까만 밤색을 띤다. 호랑나비 무리는 거의 번데기로 겨울을 난다. 다 자란 애벌레가 번데기가 될 때는 고치 가운데쯤을 식물 줄기에 실로 둘러 흔들리지 않게 꼭 묶는다. 흰나비 무리도 고치 가운데를 실로 둘러 묶어 식물 줄기에 딱 붙어 있다. 흰나비 무리 거의 모든 번데기가 머리와 배 끝이 가늘고 뾰족해서 옆에서 보면 긴 삼각형처럼 보인다. 거의 모든 부전나비 무리 번데기는 위에서 보면 허리가 잘록하고, 옆에서 보면 배가 불룩하다. 네발나비 무리 번데기는 매끈하거나 배 쪽에 돌기가 있다. 먹이로 삼는 식물이나 그 둘레에 배 끝을 붙이고 거꾸로 매달린다.

여러 가지 번데기

어른벌레

나비는 어른벌레가 되면 용수철처럼 돌돌 말 수 있는 빨대 입을 쭉 뻗어 꽃꿀이나 나뭇진, 과일즙 따위를 빨아 먹는다. 때때로 짝짓기에 필요한 무기염을 많이 모으려고 물을 빨아 먹기도 하고, 짐승 똥에서 영양분을 얻기도 한다. 나비 어른벌레는 저마다 여러 가지 식물에서 꿀을 빠는데, 사는 곳과 깊은 관계가 있다.

팔랑나비 무리는 거의 낮에 날아다니는데, 큰수리팔랑나비처럼 늦은 오후부터 해거름까지 힘차게 날아다니는 나비도 있다. 암수 모두 꽃에서 꿀을 빨고, 수컷은 축축한 땅바닥에 모여 물을 빨아 먹기도 한다. 독수리팔랑나비는 동물이 싼 똥이나 말린 생선에도 잘 모인다. 호랑나비 무리와 흰나비 무리도 모두 꽃꿀을 빨고, 수컷은 축축한 땅바닥에 모여 물을 빨아 먹기도 한다. 들판부터 높은 산까지 어디서나 볼 수 있고, 봄부터 가을까지 날아다닌다. 부전나비 가운데 녹색부전나비 무리는 대부분 낮에 나무 높은 곳에서 기운차게 날아다니는데, 검정녹색부전나비 같은 몇몇 종은 흐린 날이나 늦은 오후에도 기운차게 날아다닌다. 거의 모든 어른벌레가 꽃꿀을 빨고, 수컷은 축축한 땅바닥에 모여 물을 빨아 먹기도 한다. 들판부터 높은 산까지 여러 곳에서 볼 수 있고, 이른 봄부터 늦가을까지 날아다닌다. 네발나비 무리는 낮에 기운차게 날아다닌다. 꽃꿀을 빨거나 나뭇진을 빨아 먹고, 축축한 땅바닥에 모여 물을 빨아 먹기도 한다. 왕오색나비나 어리세줄나비, 줄나비, 유리창나비 같은 나비는 동물 똥에도 잘 모인다. 들판부터 높은 산까지 여러 곳에서 살고, 이른 봄부터 늦가을까지 볼 수 있다.

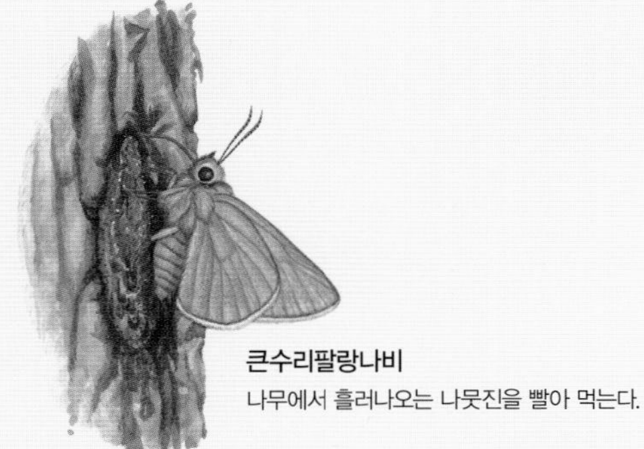

큰수리팔랑나비
나무에서 흘러나오는 나뭇진을 빨아 먹는다.

멧팔랑나비
이른 봄에 땅바닥에 내려앉아 햇볕을 잘 쬔다.

흑백알락나비
바닥에 앉아 물을 잘 빨아 먹는다.

겨울을 난 각시멧노랑나비
어른벌레로 겨울을 난 각시멧노랑나비는 대부분 날개가 해어진다.

노랑나비
가을에 도시공원에서도 쉽게 볼 수 있다. 서양민들레, 개망초, 엉겅퀴 같은 꽃에 잘 모인다.

나비 나오는 때

나비는 꽃꿀을 찾아 이리저리 부지런히 날아다닌다. 그래서 나비가 어느 때 나오고 어느 꽃에 잘 모이는지를 알면 더 쉽게 만날 수 있다. 나비가 살기 좋은 곳을 찾아가면 하루에 20 ~ 30종쯤 만날 수 있다.

봄

봄에는 햇볕이 따스한 맑은 날에 나비를 보러 가는 것이 좋다. 또 높은 산보다는 낮은 산언저리를 찾아다녀야 더 많은 봄 나비를 볼 수 있다. 어른벌레로 겨울을 난 뿔나비, 네발나비, 청띠신선나비와 이른 봄에 날개돋이 한 멧팔랑나비 같은 나비를 볼 수 있다. 남부 지방에서는 어른벌레로 겨울을 난 남방노랑나비, 극남노랑나비도 보인다. 각시멧노랑나비와 멧노랑나비 같은 나비는 몇몇 곳에서만 볼 수 있다.

4월 25일 안팎이나 5월 첫 주가 되면 더 많은 나비가 보인다. 봄에만 볼 수 있는 유리창나비는 4월 말부터 5월 초에 맑은 날 숲이 우거진 골짜기 둘레를 날아다닌다. 수컷은 아침에 물을 빨려고 축축한 땅바닥에 잘 앉아 있고, 골짜기 둘레 바위에서 햇볕을 쬔다. 모시나비는 산속 풀밭이나 숲 가장자리를 천천히 날아다닌다. 애호랑나비는 다른 호랑나비보다 이른 봄에 나오기 때문에 때를 잘 맞춰야 한다.

날씨가 맑은 봄날 한낮에는 산등성이나 산꼭대기에 호랑나비, 산호랑나비, 제비나비가 텃세를 부리며 몰려든다. 또 흑백알락나비는 5월 15일 앞뒤로 팽나무가 많은 산을 찾아가면 볼 수 있다.

우리나라에서 애호랑나비, 갈구리나비, 모시나비, 붉은점모시나비, 유리창나비는 봄에만 볼 수 있는 나비다. 이때를 놓치면 한 해를 더 기다려야 한다.

봄

3월 말부터 4월 중순

4월 말부터 5월 초

여름

여름에는 봄보다 더 많은 나비를 볼 수 있다. 녹색부전나비 무리는 6월 10일에서 20일쯤 참나무가 빽빽이 우거진 숲을 아침 일찍 찾아가면 볼 수 있다. 한낮에 가면 나무 높은 곳에서 날아다니기 때문에 보기 어렵다. 까마귀부전나비 무리는 6월 말에서 7월 초에 강원도 산에 핀 개망초 꽃밭을 찾아가면 볼 수 있다. 산은줄표범나비 같은 표범나비 무리나 산수풀떠들썩팔랑나비 같은 팔랑나비 무리는 큰까치수염 꽃이 피는 7월 중순 앞뒤로 높은 산에 가면 쉽게 볼 수 있다. 황세줄나비, 은판나비, 은줄표범나비, 뿔나비처럼 무리 지어 물을 빠는 나비들은 골짜기 둘레나 땅바닥이 축축이 젖은 산길을 찾아가면 가끔 한곳에서 수백 마리씩 볼 수도 있다. 이렇듯 나비마다 볼 수 있는 때와 장소가 조금씩 다르니까 미리 알아 두고 찾아가는 것이 좋다. 잘 모를 때는 6월 말부터 7월 초까지는 강원도, 7월 중순부터 8월에는 남부 지방으로 가면 여러 나비를 볼 수 있다.

여름이 되면 잠을 자는 나비도 있다. 나뭇잎 뒤나 그늘진 곳에 붙어 잠을 자며 꼼짝을 안 한다. 가을이 되어 서늘해지면 다시 나와서 돌아다닌다. 뿔나비, 은줄표범나비, 구름표범나비, 은점표범나비, 멧노랑나비, 들신선나비 따위가 여름잠을 잔다.

가을

배추흰나비처럼 한 해에 여러 번 날개돋이 하는 몇몇 종을 빼면 여름에 나온 나비들을 가을까지 볼 수 있다. 작은멋쟁이나비, 줄점팔랑나비, 남방부전나비, 노랑나비, 네발나비 같은 나비는 여름과 달리 무리 지어 물을 빠는 모습은 볼 수 없지만, 꽃에서 수백 마리씩 무리 지어 꽃꿀을 빤다. 또 남방부전나비 같은 나비는 무리 지어 짝짓기를 한다. 썩은 감이나 배처럼 썩은 과일에도 여러 가지 나비가 무리 지어 모인다. 가을에는 강원도 같은 중부 지방보다는 제주도나 남해안 같은 남부 지방으로 가야 나비를 더 많이 볼 수 있다. 이때는 '길 잃은 나비'도 제법 볼 수 있다.

겨울

호랑나비 무리는 거의 번데기로 겨울을 난다. 흰나비 무리에서 각시멧노랑나비, 멧노랑나비, 극남노랑나비, 남방노랑나비는 어른벌레로 겨울을 나고 나머지는 번데기로 겨울을 난다. 부전나비 무리는 알이나 번데기로 겨울을 난다. 네발나비 무리에서 뿔나비와 네발나비, 산네발나비, 들신선나비, 청띠신선나비는 어른벌레로 겨울을 나고, 다른 나비들은 거의 종령 애벌레나 번데기로 겨울을 난다.

여름잠을 자는 나비

은줄표범나비

멧노랑나비

들신선나비

여름 참나무 숲

귤빛부전나비

물빛긴꼬리부전나비

담색긴꼬리부전나비

참나무부전나비

큰까치수염 꽃이 핀 산길 둘레

산은줄표범나비

산수풀떠들썩팔랑나비

개망초가 핀 숲 가장자리나 풀밭

참까마귀부전나비

골짜기 축축한 곳

황세줄나비

은판나비

뿔나비

가을 꽃 핀 들판

배추흰나비
작은멋쟁이나비
줄점팔랑나비
노랑나비
네발나비

겨울 어른벌레로 겨울을 나는 나비

뿔나비
네발나비
각시멧노랑나비
들신선나비
청띠신선나비

나비 사는 곳

나비는 우리가 살고 있는 집 마당이나 동네 작은 공원에만 가도 볼 수 있다. 그만큼 만나기 쉽지만 꼭 보고 싶은 나비가 있다면 사는 곳과 먹는 식물, 어느 때 날개돋이 하는지를 알아야 한다.

나비와 식물 분포

나비는 애벌레가 살았던 곳에서 크게 벗어나지 않는다. 나비 애벌레들은 저마다 갉아 먹는 식물이 따로 있다. 그래서 애벌레가 먹는 식물 분포를 알면 나비가 어디서 사는지 알기 쉽다.

식물은 위도에 따라 자라는 식물이 뚜렷하게 다르다. 우리나라 식물 분포는 8개 지역으로 나뉘는데, 이것을 '아구'라고 한다. 남녘에는 5개 아구가 있다. 경기도, 강원도, 경상북도 몇몇 곳을 묶어 '중부아구', 충청도와 전라도, 경상도 몇몇 곳을 묶어 '남부아구', 서해 5도와 남부 바닷가를 묶어 '남해안아구', 제주도만 따로 '제주도아구', 그리고 울등도 지역을 묶어 '울릉도아구'로 나눈다.

남부 지방에 사는 푸른큰수리팔랑나비는 중부 지방인 경기도나 강원도에서는 볼 수 없다. 하지만 서해 5도인 대청도에서는 꾸준히 보인다. 아직 대청도에서 겨울을 난 애벌레를 못 찾았기 때문에 푸른큰수리팔랑나비가 꼭 살고 있다고 말할 수 없지만, 대청도에 자라는 식물을 보면 '남해안아구'에 들기 때문에 살 가능성이 높다.

하지만 애벌레가 먹는 식물이 있다고 나비를 꼭 볼 수 있는 것은 아니다. 상제나비 애벌레는 우리나라 어디에서나 자라는 살구나무나 개살구 같은 장미과 식물을 먹고 살지만, 지금은 거의 볼 수 없게 되어 멸종위기야생동물 I급으로 정해서 보호하고 있다.

우리나라 식물 분포

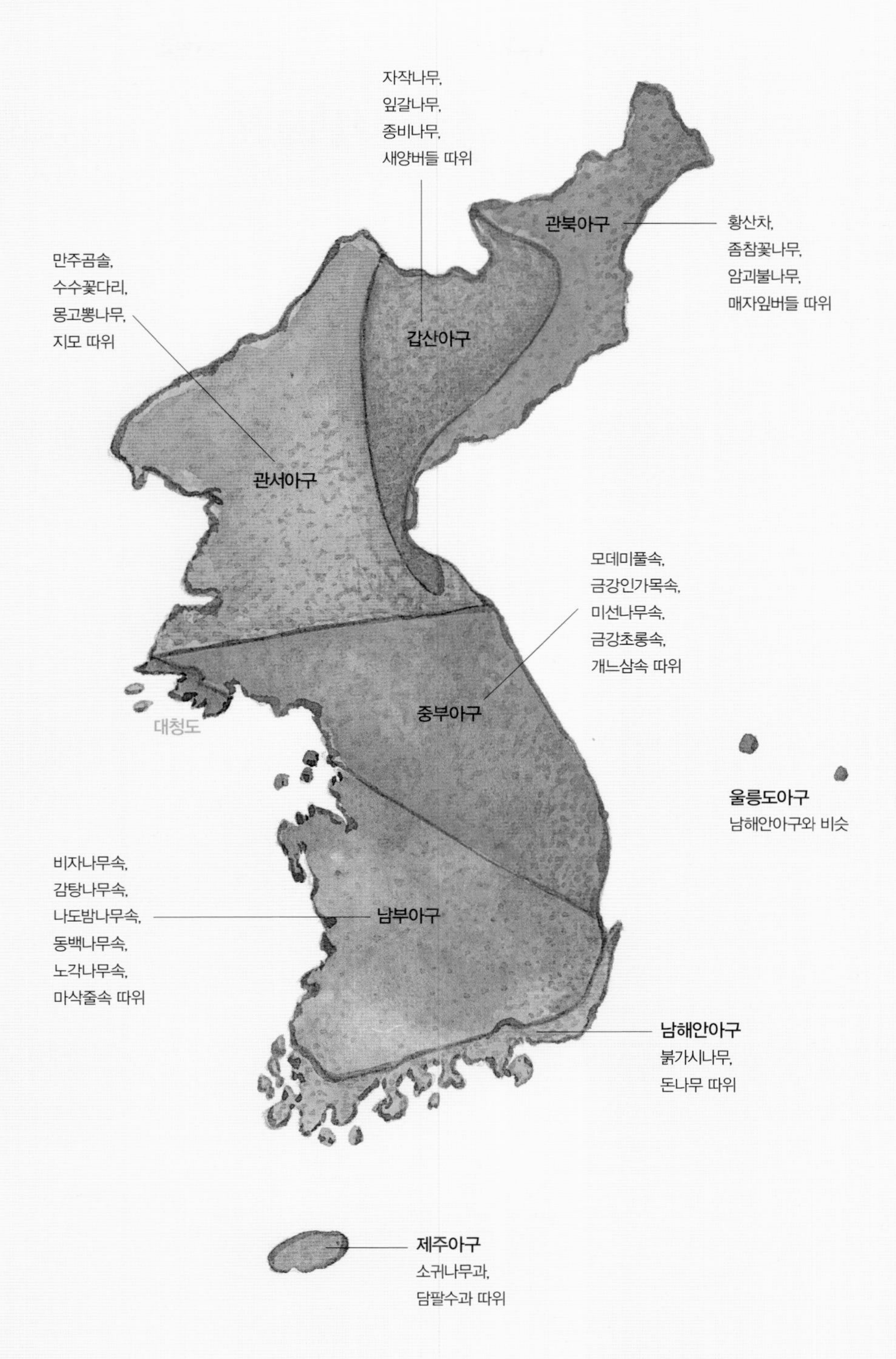
자작나무,
잎갈나무,
종비나무,
새양버들 따위
관북아구
황산차,
좀참꽃나무,
암괴불나무,
매자잎버들 따위
만주곰솔,
수수꽃다리,
몽고뽕나무,
지모 따위
갑산아구
관서아구
모데미풀속,
금강인가목속,
미선나무속,
금강초롱속,
개느삼속 따위
중부아구
대청도
울릉도아구
남해안아구와 비슷
비자나무속,
감탕나무속,
나도밤나무속,
동백나무속,
노각나무속,
마삭줄속 따위
남부아구
남해안아구
붉가시나무,
돈나무 따위
제주아구
소귀나무과,
담팔수과 따위

어디에나 사는 나비

늦봄부터 가을 들머리까지 배추흰나비, 노랑나비, 암먹부전나비, 푸른부전나비, 네발나비, 호랑나비 같은 스무 종쯤 되는 나비는 온 나라 어디에서나 들판부터 산꼭대기까지 고루 나타나고 수도 많다. 산에 갈 때는 숲 가장자리를 먼저 찾아가는 게 좋다. 어두운 숲속에서는 그늘나비 무리를 볼 수 있다.

하지만 풀밭이나 골짜기, 숲 가장자리, 숲속, 산처럼 사는 곳에 따라 나타나는 나비가 달라지기도 한다. 그래서 나비를 처음 만나러 갈 때는 꽃이 많이 핀 풀밭이나 한두 시간 안팎에 꼭대기까지 올라갈 수 있는 낮은 산에 가는 것이 좋다.

풀밭과 산

배추흰나비, 노랑나비, 암먹부전나비, 조흰뱀눈나비, 굴뚝나비, 돈무늬팔랑나비, 부처나비 같은 나비는 풀밭에서 쉽게 볼 수 있다. 은판나비, 왕오색나비, 황세줄나비, 먹그림나비, 유리창나비, 흑백알락나비, 홍줄나비 같은 나비는 숲 가장자리나 울창한 숲에서 보인다. 하지만 산에 산다고 어디에서나 보이는 것은 아니다. 배추흰나비는 온 나라 어디에서나 볼 수 있지만, 홍줄나비는 강원도 몇몇 곳에서만 드물게 볼 수 있다.

따뜻한 곳과 추운 곳

우리나라는 겨울이 추운 온대 지역에 들기 때문에 거의 모든 나비들이 추운 곳에 살기 알맞게 바뀌었다. 네발나비, 청띠신선나비, 들신선나비, 뿔나비, 각시멧노랑나비, 멧노랑나비 같은 나비는 어른벌레로 겨울을 날 정도로 추위를 잘 견딘다. 애호랑나비, 멧팔랑나비 같은 나비도 추위가 채 가시지 않은 이른 봄에 많이 나타난다. 청띠제비나비, 암끝검은표범나비, 남방노랑나비, 흰뱀눈나비, 물결부전나비는 따뜻한 날씨를 좋아한다. 그래서 흰뱀눈나비를 보려면 남해 바닷가나 제주도를 찾아가야 한다.

어디에서나 사는 나비

노랑나비

배추흰나비

푸른부전나비

네발나비

암먹부전나비

호랑나비

풀밭에 사는 나비

조흰뱀눈나비

굴뚝나비

돈무늬팔랑나비

부처나비

산에 사는 나비

은판나비

왕오색나비

황세줄나비

먹그림나비

유리창나비

흑백알락나비

홍줄나비

추위를 잘 견디는 나비

청띠신선나비

네발나비

뿔나비

들신선나비

각시멧노랑나비

멧노랑나비

따뜻한 곳에 사는 나비

청띠제비나비

암끝검은표범나비

물결부전나비

남방노랑나비

흰뱀눈나비

길 잃은 나비

'길 잃은 나비'는 우리나라에서 살지 않고, 큰 바람이나 태풍을 타고 우리나라에 오는 나비다. 멤논제비나비, 연노랑흰나비, 뾰족부전나비, 대만왕나비, 별선두리왕나비, 큰먹나비, 남방공작나비, 암붉은오색나비, 돌담무늬나비, 중국은줄표범나비 같은 나비가 '길 잃은 나비'다. 거의 따뜻한 남쪽에서 날아온다. 그 가운데 소철꼬리부전나비와 뾰족부전나비는 우리나라 날씨가 시나브로 따뜻해지면서 눌러살 가능성이 높다. 뾰족부전나비는 이미 눌러살고 있을지도 모른다.

멸종위기나비

나비에 따라 볼 수 있는 곳이 아주 드문 나비도 있다. 우리나라에서는 중요하거나 아주 드문 나비를 보호종으로 정해서 지키고 있다. 남녘에서 천연기념물이자 멸종위기야생동물 I급으로 정한 산굴뚝나비는 1400m보다 높은 곳에서만 산다. 하지만 지리산이나 설악산 높은 봉우리에서는 볼 수 없고 제주도 한라산에만 산다.

국외반출승인대상생물종

몇몇 나비들은 수가 아주 적거나 우리나라에서 귀하게 여기기 때문에 함부로 나라 밖으로 가지고 나갈 수 없다. 이런 나비를 '국외반출승인대상생물종'이라고 한다. 독수리팔랑나비, 대왕팔랑나비, 산꼬마부전나비, 꼬리명주나비, 오색나비, 홍줄나비, 어리세줄나비 따위가 있다.

길 잃은 나비

멸종위기나비

천연기념물 제458호

멸종위기야생동물 I급

멸종위기야생동물 II급

국외반출승인대상생물종

우리 땅에 사는 나비

팔랑나비과

팔랑나비과 HESPERIIDAE

팔랑나비 무리는 온 세계에 4100종이 넘게 산다. 나비 무리 가운데 몸집이 작거나 보통쯤 된다. 들판부터 높은 산지까지 여러 곳에서 볼 수 있고, 이른 봄부터 늦가을까지 날아다닌다. 몸이 뚱뚱하고, 날개가 작지만 팔랑팔랑 재빠르게 난다고 '팔랑나비'라는 이름이 붙었다. 팔랑나비 무리는 더듬이가 짧고, 끝이 뭉툭한 갈고리처럼 생겨서 다른 나비 무리와 다르다. 우리나라에는 4아과 37종이 알려져 있다. 북녘에서는 '희롱나비과'라고 한다.

알 거의 모든 알은 밑이 넓적한 공처럼 생기거나 호빵처럼 생겼다. 또 겉에 세로줄이 열 줄쯤 나 있다. 빛깔은 누런 풀색이나 연한 누런색을 띤다.

애벌레 애벌레는 흔히 머리가 빨간 밤빛이거나 까맣다. 몸은 불그스름한 풀빛이고 옆구리에 긴 줄무늬가 있다. 잎말이나방 무리처럼 잎을 엮어 그 속에 들어가 잎을 갉아 먹다가 번데기가 된다. 벼과, 사초과, 마과, 장미과, 참나무과, 콩과, 운향과, 나도밤나무과, 두릅나무과, 질경이과, 인동과 식물 잎을 먹는다고 알려져 있다. 그 가운데 줄꼬마팔랑나비는 바늘잎나무인 비자나무 잎도 먹는다. 팔랑나비 무리 가운데 16종이 벼과 식물을 먹는다.

번데기 애벌레는 대부분 잎을 실로 엮어 집을 만들고 그 속에 들어가 번데기가 된다. 번데기는 머리 쪽이 길게 뾰족한 종이 많고, 까만 밤색을 띤다.

어른벌레 어른벌레는 낮에 많이 날아다니는데, 큰수리팔랑나비처럼 늦은 오후부터 해거름까지 힘차게 날아다니는 나비도 있다. 암수 모두 꽃에서 꿀을 빨고, 수컷은 축축한 땅바닥에 모여 물을 빨아 먹기도 한다. 독수리팔랑나비는 동물이 싼 똥이나 말린 생선에도 잘 모인다.

푸른큰수리팔랑나비

독수리팔랑나비

Bibasis aquilina

종명인 *aquilina*가 '독수리'를 뜻한다고 '독수리팔랑나비'라는 이름이 붙었다. 북녘에서는 '독수리희롱나비'라고 한다. 큰수리팔랑나비와 닮았다. 큰수리팔랑나비는 뒷날개 아랫면이 풀빛을 띠지만, 독수리팔랑나비는 풀빛을 띠지 않는다.

독수리팔랑나비는 한 해에 한 번 나온다. 6월 말부터 8월까지 강원도처럼 제법 높은 산에서 볼 수 있다. 요즘에는 중부 지방으로 사는 곳이 넓어져 경기도 화야산에서도 보인다. 젖은 땅에서 물을 빨거나 꽃에서 수백 마리씩 무리 지어 꿀을 빠는 모습을 때때로 볼 수 있다. 7월에는 큰까치수염, 엉겅퀴, 개망초, 쉬땅나무 꽃에 잘 모인다. 강원도 높은 산속 골짜기나 잘 모이는 꽃을 찾아가면 쉽게 볼 수 있다. 애벌레는 음나무나 땃두릅나무 잎을 먹고 산다. 잎끝을 오므려 숨을 곳을 만들고, 그 안에 들어가 산다. 다 자란 애벌레로 겨울을 나는 것 같다.

독수리팔랑나비는 러시아 블라디보스토크에서 맨 처음 기록된 나비다. 중국 북동부나 일본에서도 산다. 우리나라에서는 1919년에 *Ismene acquilina*로 처음 기록되었다. 우리나라에서 귀하게 여기는 나비라 나라 밖으로 가져갈 때는 허락을 받아야 하는 '국외반출승인대상생물종'이다.

6월 말 ~ 8월
애벌레
국외반출승인대상생물종

북녘 이름 독수리희롱나비
사는 곳 높은 산
나라 안 분포 중동부, 북동부
나라 밖 분포 극동 러시아, 중국 북동부, 일본
잘 모이는 꽃 큰까치수염, 엉겅퀴, 개망초, 쉬땅나무
애벌레가 먹는 식물 음나무, 땃두릅나무

수컷 ×1.5

수컷 옆모습

암컷 ×1.5

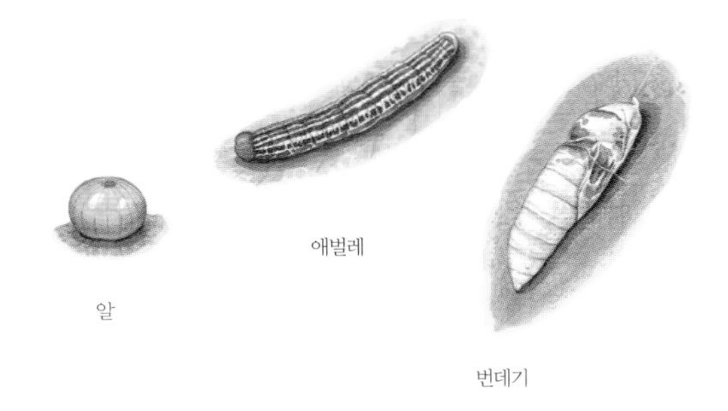

알

애벌레

번데기

날개 편 길이는 36 ~ 41mm이다. 온몸은 누런 밤색이다. 날개 바깥쪽 가장자리는 짙은 밤색을 띤다. 날개 아랫면은 윗면보다 빛깔이 옅고, 무늬가 없다. 앞날개 아랫면 뒤쪽부터 가운데까지 노란빛을 띤다. 암컷은 수컷과 달리 앞날개 윗면 가운데에 옅은 노란색 점무늬들이 있다.

큰수리팔랑나비 *Bibasis striata*

수컷 앞날개 가운데쯤에 까만 줄무늬가 있고, 뒷날개 아랫면이 풀빛을 띠어서 독수리팔랑나비와 다르다. 날개 편 길이는 50 ~ 55mm다. 경기도 광릉에서 살았지만 지금은 멸종위기야생동물 Ⅱ급으로 정해서 보호하고 있다.

수컷

암컷

수컷 옆모습

푸른큰수리팔랑나비

Choaspes benjaminii

큰수리팔랑나비나 독수리팔랑나비와 닮았지만 몸빛이 푸른색을 띤다고 푸른큰수리팔랑나비다. 북녘에서는 '푸른희롱나비'라고 한다.

푸른큰수리팔랑나비는 한 해에 두 번 나온다. 5월부터 8월에 걸쳐 남부 지방 넓은잎나무 숲에서 볼 수 있다. 여름에는 중부 지방에서도 보인다. 강원도와 경상북도 동해 바닷가 쪽에서는 볼 수 없고, 서해 대청도에서는 봄에 많이 나온다. 요즘에는 경기도 화야산에서도 가끔 볼 수 있다. 날씨가 따뜻하게 바뀌면서 사는 곳이 넓어지고 있다. 그래서 우리나라 날씨가 어떻게 바뀌는지 알 수 있는 나비로 지켜보고 있다.

푸른큰수리팔랑나비는 맑은 날 누리장나무나 산초나무 꽃에 잘 모인다. 수컷은 나무 꼭대기에서 서로 텃세를 부리며 다툰다. 안개가 많이 끼고 날씨가 축축한 날에도 나와 힘차게 돌아다니며 꽃꿀을 빤다. 짝짓기를 마친 암컷은 잎 뒤나 새순에 알을 하나씩 낳는다. 알은 젖빛이고 둥글다. 알에서 깬 애벌레는 나도밤나무나 합다리나무 잎을 갉아 먹고 산다. 잎을 양쪽으로 잘라 입에서 뽑은 실로 동그랗게 오므려 붙인 뒤에 그 속에 들어가 산다. 이런 잎은 눈에 잘 띄어서 쉽게 애벌레를 찾을 수 있다. 애벌레는 머리가 주황색이고 까만 점이 많다. 또 몸통에 까만색과 누르스름한 하얀 띠가 번갈아 나 있어 눈에 잘 띈다.

푸른큰수리팔랑나비는 인도 남부 닐기리 지역에서 맨 처음 기록된 나비다. 우리나라에서는 1919년에 *Rhopalocampta benjamini japonica*로 처음 기록되었다. 우리나라에서 귀하게 여기는 나비라 나라 밖으로 가져갈 때는 허락을 받아야 하는 '국외반출승인대상생물종'이다. 일본, 타이완, 인도에서도 산다.

5 ~ 8월
애벌레
국외반출승인대상생물종
국가기후변화생물지표종

북녘 이름 푸른희롱나비
사는 곳 산속 넓은잎나무 숲
나라 안 분포 중부, 남부
나라 밖 분포 일본, 타이완, 인도
잘 모이는 꽃 누리장나무, 산초나무
애벌레가 먹는 식물 나도밤나무, 합다리나무

수컷 ×1.2

수컷 옆모습

암컷 ×1.2

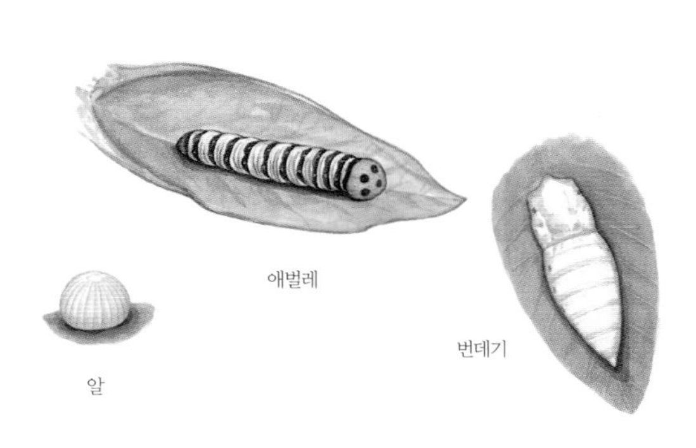

애벌레

알

번데기

날개 편 길이가 46 ~ 50mm다. 날개 윗면은 온통 번쩍거리는 파란 풀빛을 띠고, 뒷날개 뒤쪽 모서리는 옅은 주황색을 띤다. 날개 아랫면은 앞날개 뒤쪽 모서리를 빼고, 은빛이 도는 푸르스름한 풀빛을 띤다. 뒷날개 아랫면 뒤쪽 모서리도 주황색을 띠고, 그 안에 까만 무늬들이 있다.

왕팔랑나비

Lobocla bifasciata

몸집이 대왕팔랑나비와 왕자팔랑나비 사이여서 '왕팔랑나비'라는 이름이 붙었다. 북녘에서는 '큰검은희롱나비'라고 한다. 왕자팔랑나비와 닮았지만, 왕팔랑나비는 뒷날개 윗면 가운데에 띠무늬가 없다.

왕팔랑나비는 한 해에 한 번 나온다. 5월 말부터 7월까지 제주도와 울릉도를 뺀 우리나라 낮은 산 어디에서나 볼 수 있다. 한곳에 많이 모이지는 않지만 맑은 날 산속 풀밭이나 숲 가장자리에 핀 개망초, 꿀풀, 엉겅퀴, 큰금계국 같은 꽃에 잘 모인다. 수컷은 가끔 산속 빈터나 산꼭대기에서 빠르게 날아다니며 텃세를 부리고 물가에 앉아 물을 빨아 먹는다. 암컷은 물가에 오지 않는다. 짝짓기를 마친 암컷은 애벌레가 먹는 풀잎 뒤에 알을 하나씩 낳는다. 알에서 깬 애벌레는 잎끝을 둥그렇게 잘라 입에서 토해 낸 실로 오므려 붙여서 호떡처럼 납작하게 만든다. 그리고 그 속에 들어가 숨어 지낸다. 애벌레는 콩과에 속하는 풀싸리, 칡, 아까시나무 잎을 갉아 먹는다. 애벌레 머리는 몸에 비해 크고, 까만 밤빛을 띠어서 다른 애벌레와 쉽게 구별된다. 다 자란 애벌레로 겨울을 나고, 이듬해 땅으로 내려와 가랑잎 속에서 번데기가 된다.

왕팔랑나비는 중국 베이징 지역에서 맨 처음 기록된 나비다. 우리나라에서는 1883년에 인천에서 처음 찾아 *Plesioneura bifasciata* 로 기록되었다. 극동 러시아, 중국, 인도차이나, 타이완에서도 살고 있다.

5월 말 ~ 7월
애벌레

북녘 이름 큰검은희롱나비
사는 곳 낮은 산
나라 안 분포 제주도, 울릉도를 뺀 온 나라
나라 밖 분포 극동 러시아, 중국, 인도차이나, 타이완
잘 모이는 꽃 개망초, 꿀풀, 엉겅퀴, 큰금계국
애벌레가 먹는 식물 풀싸리, 칡, 아까시나무

수컷 ×1.2

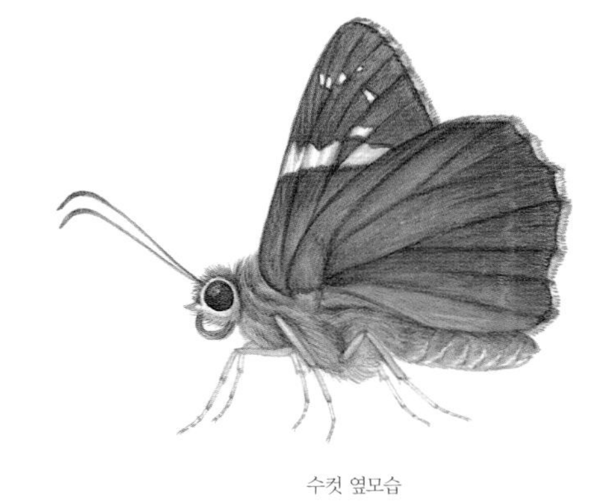

수컷 옆모습

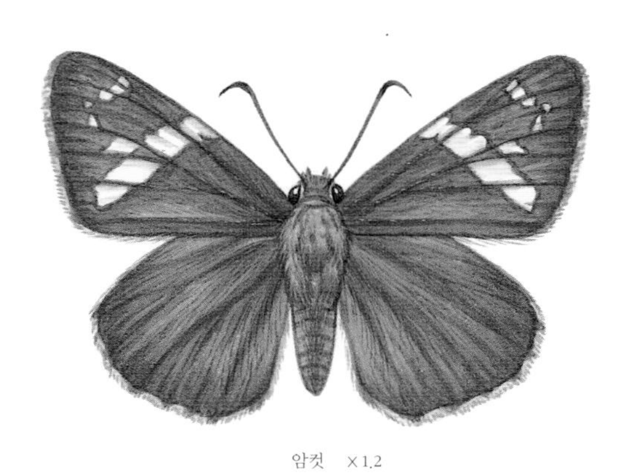

암컷 ×1.2

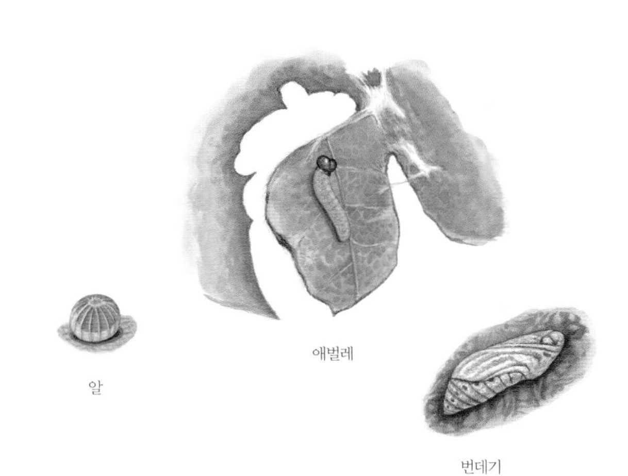

알

애벌레

번데기

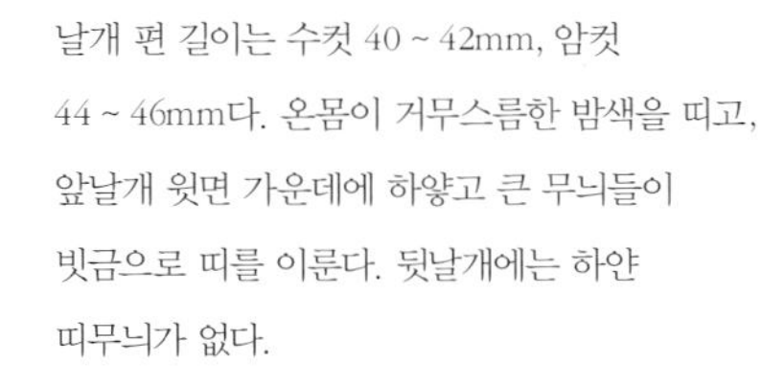

날개 편 길이는 수컷 40 ~ 42mm, 암컷 44 ~ 46mm다. 온몸이 거무스름한 밤색을 띠고, 앞날개 윗면 가운데에 하얗고 큰 무늬들이 빗금으로 띠를 이룬다. 뒷날개에는 하얀 띠무늬가 없다.

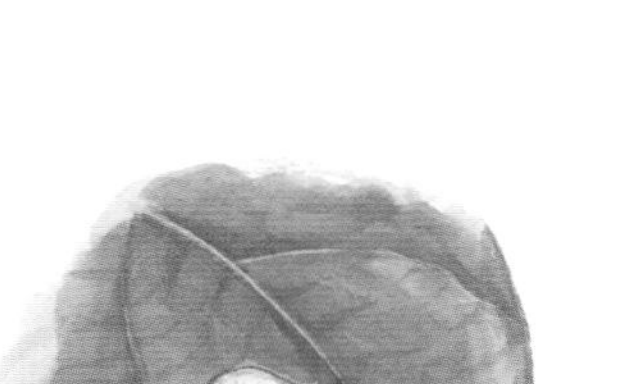

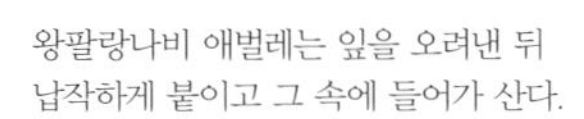

왕팔랑나비 애벌레는 잎을 오려낸 뒤
납작하게 붙이고 그 속에 들어가 산다.

왕자팔랑나비

Daimio tethys

왕팔랑나비보다 작다고 '왕자팔랑나비'라는 이름이 붙었다. 북녘에서는 '꼬마금강희롱나비'라고 한다. 왕팔랑나비와 닮았지만, 왕자팔랑나비는 앞날개 윗면 가운데와 가운데 가장자리에 하얀 무늬가 삐뚤빼뚤 나 있다. 또 뒷날개 윗면 가운데에 좁고 하얀 띠무늬가 있다. 하지만 제주도에 사는 것은 하얀 띠무늬가 굵고 뚜렷하다.

왕자팔랑나비는 한 해에 두세 번 나온다. 5월부터 9월까지 낮은 산과 숲 가장자리 곳곳에서 볼 수 있다. 한곳에 많이 모이지는 않지만 생김새가 닮은 왕팔랑나비보다는 많아서 쉽게 볼 수 있다. 맑은 날 산딸기나무, 엉겅퀴, 개망초, 주홍서나물, 익모초, 꿀풀 꽃에 잘 모여 날개를 쫙 펴고 꿀을 빤다. 수컷은 호기심이 많아서인지 텃세가 심해서인지 날개를 쫙 펴고 햇볕을 쬐다가 다른 나비들이 오면 재빠르게 뒤따라 갈 때가 많다. 짝짓기를 마친 암컷은 알을 낳고 나서 배 끝에 있는 누런 밤색 털을 알에 잔뜩 묻힌다. 그래서 다른 알과 달리 둥그렇게 보이지 않는다. 알에서 깬 애벌레는 마과에 속하는 마, 참마, 단풍마, 부채마 잎을 갉아 먹는다. 애벌레는 왕팔랑나비 애벌레처럼 잎끝을 둥그렇게 자른 뒤 입에서 토해 낸 실로 납작하게 엮는다. 그리고 그 속에 들어가 숨는다. 다 자란 애벌레로 겨울을 난다.

왕자팔랑나비는 일본 혼슈 지방에서 맨 처음 기록된 나비다. 우리나라에서는 1887년에 *Daimio tethys*로 처음 기록되었다. 극동 러시아, 일본, 타이완에도 살고 있다. 뭍에 사는 나비와 제주도에 사는 나비 무늬가 조금 다르다. 그래서 예전에는 제주에서 사는 나비를 '제주왕자팔랑나비'라고 따로 불렀다.

5 ~ 9월
애벌레

북녘 이름 꼬마금강희롱나비
사는 곳 낮은 산, 숲 가장자리
나라 안 분포 온 나라
나라 밖 분포 극동 러시아, 일본, 타이완
잘 모이는 꽃 산딸기나무, 엉겅퀴, 개망초 따위
애벌레가 먹는 식물 마, 참마, 단풍마, 부채마

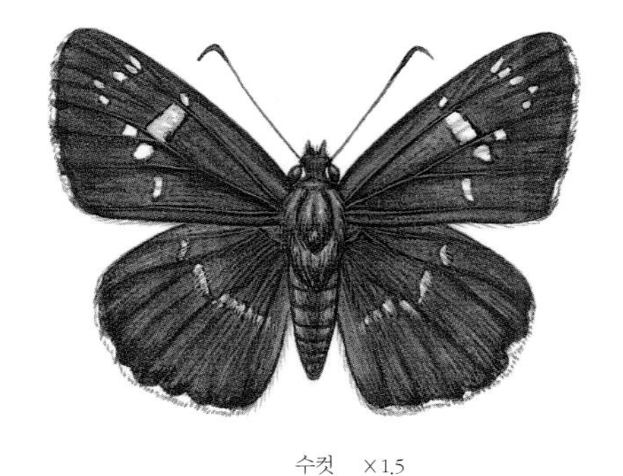

수컷 ×1.5

수컷 옆모습

암컷 ×1.5

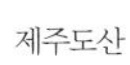

제주도산

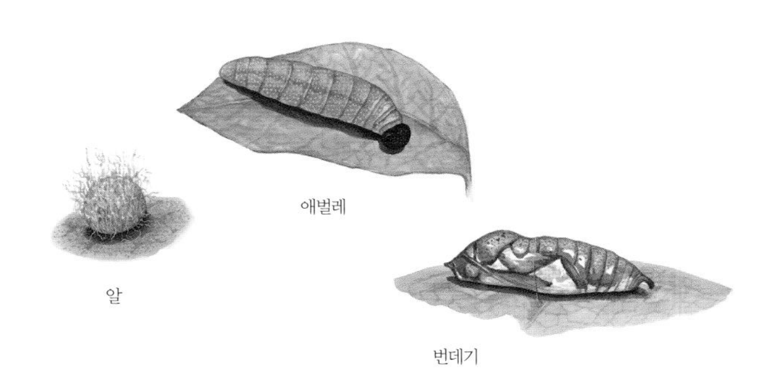

애벌레

알

번데기

날개 편 길이는 수컷 33 ~ 35mm, 암컷 36 ~ 38mm다. 온몸이 까맣고, 앞날개 바깥쪽 가장자리와 가운데에는 하얀 무늬가 제멋대로 여러 개 나 있다. 뒷날개 윗면 가운데에는 좁고 하얀 띠무늬가 있는데, 나비마다 무늬 생김새가 다르다. 제주도에 사는 왕자팔랑나비는 뒷날개 가운데에 난 하얀 띠무늬가 더 뚜렷하다.

대왕팔랑나비 *Satarupa nymphalis*

왕자팔랑나비와 닮았지만 몸집이 더 크고, 뒷날개 윗면 가운데에 있는 하얀 띠가 훨씬 넓다. 날개 편 길이는 59 ~ 65mm다. 팔랑나비 무리 가운데 가장 크다. 경기도에서도 가끔 보이기는 하지만, 거의 강원도 산에서 산다. 지리산 밑으로는 보이지 않는다.

수컷

암컷

수컷 옆모습

멧팔랑나비

Erynnis montanus

'산에 사는 팔랑나비'라는 뜻인 일본 이름에서 따와 '멧팔랑나비'라는 이름이 붙었다. 북녘에서는 '멧희롱나비'라고 한다. 날개가 빨간 밤빛을 띠고, 뒷날개 바깥쪽 가장자리에 누런 점무늬가 줄지어 있다.

멧팔랑나비는 한 해에 한 번 나온다. 이른 봄 참나무 숲에서 가장 쉽게 만날 수 있는 나비 가운데 하나다. 중부와 남부 지방에서는 3월 말부터 5월까지 햇볕이 잘 드는 참나무 숲 길가나 가장자리에서 쉽게 볼 수 있다. 높은 산에서는 6월 중순까지 날아다닌다. 산딸기나무, 국수나무, 쥐오줌풀, 고들빼기 꽃에 잘 모여 꿀을 빤다. 맑은 날에는 자주 땅바닥에 앉아 날개를 쫙 펴고 햇볕을 쬔다. 앉을 때는 늘 나방처럼 날개를 쫙 편다.

짝짓기를 마친 암컷은 참나무 순에 알을 하나씩 낳는다. 알에서 깬 애벌레는 잎을 잘라 덮어서 집을 만들고 그 속에 들어가 산다. 잎을 갉아 먹을 때만 머리를 내민다. 몸집이 커지면 다른 잎으로 옮겨 가 또 집을 짓는다. 애벌레는 떡갈나무, 졸참나무, 신갈나무 잎을 갉아 먹는다. 다 큰 애벌레는 땅으로 내려와 입에서 토해 낸 실로 가랑잎을 엮어 그 속에서 겨울을 난다. 그리고 이듬해 봄에 바로 번데기가 된다.

멧팔랑나비는 러시아 아무르 지방에서 맨 처음 기록된 나비다. 우리나라에서는 1887년에 *Nisoniades montanus*로 처음 기록되었다. 극동 러시아, 일본, 타이완에도 산다.

3월 말 ~ 5월
애벌레

북녘 이름 멧희롱나비
다른 이름 메팔랑나비, 묏팔랑나비, 두메팔랑나비, 멧희롱나비
사는 곳 참나무 숲
나라 안 분포 제주도를 뺀 온 나라
나라 밖 분포 극동 러시아, 일본, 타이완
잘 모이는 꽃 산딸기나무, 국수나무, 쥐오줌풀, 고들빼기
애벌레가 먹는 식물 떡갈나무, 졸참나무, 신갈나무

수컷 ×1.5

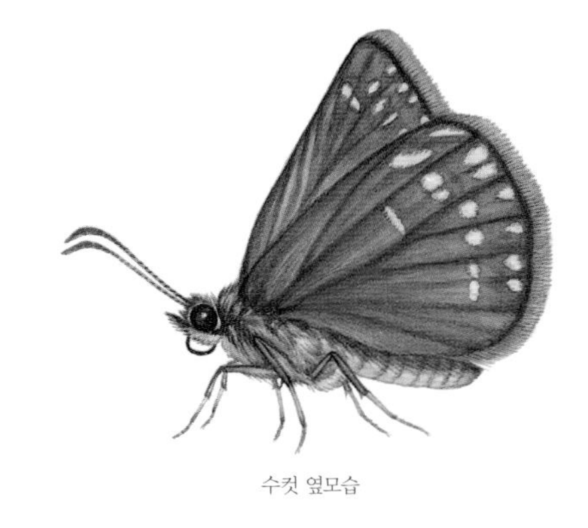

수컷 옆모습

암컷 ×1.5

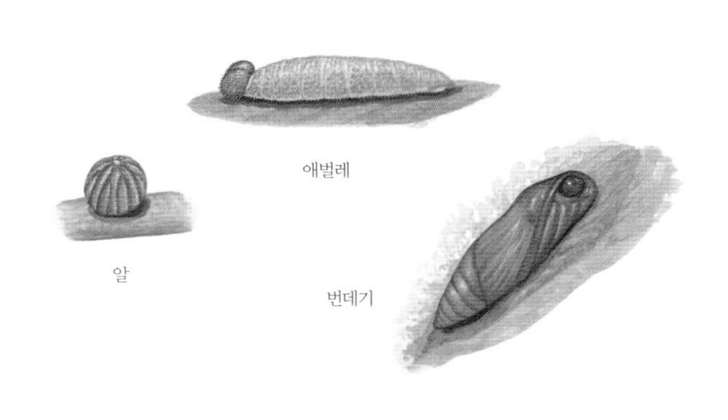

애벌레

알

번데기

날개 편 길이는 수컷 31 ~ 37mm, 암컷 37 ~ 39mm다. 날개는 붉은 밤색을 띠고, 뒷날개 바깥쪽 가장자리에 누런 점무늬가 줄지어 있다. 암컷은 수컷보다 앞날개 윗면 가운데에 있는 하얀 띠가 더 넓다.

이른 봄에 나온 멧팔랑나비

흰점팔랑나비

Pyrgus maculatus

날개에 작은 하얀 점이 많다고 '흰점팔랑나비'다. 북녘에서는 '알락희롱나비'라 한다. 꼬마흰점팔랑나비와 닮았는데, 흰점팔랑나비는 뒷날개 아랫면에 하얀 띠가 죽 이어져 나 있다. 또 날개 뿌리 쪽에 하얀 점무늬가 한 개만 있다.

흰점팔랑나비는 한 해에 봄과 여름 두 번 나온다. 봄과 여름 나비 생김새가 사뭇 다르다. 봄에는 4월부터 5월, 여름에는 7월 중순부터 8월에 산속 풀밭에서 볼 수 있다. 하지만 수는 적고 몇몇 곳에서만 보인다. 우리나라 어디에나 살지만, 울릉도에서는 볼 수 없다. 숲 가장자리나 산속 풀밭에서 기운차고 날쌔게 이리저리 날아다닌다. 크기가 작아서 찬찬히 눈여겨봐야 한다. 수컷은 맑은 날 땅바닥에 날개를 쫙 펴고 앉아 햇볕을 쬔다. 흐린 날에는 잎 뒤에 숨어 꼼짝 않는다. 봄에는 서양민들레와 양지꽃, 여름에는 엉겅퀴 꽃에 잘 모이고 축축한 땅에도 잘 앉는다. 짝짓기를 마친 암컷은 애벌레가 먹을 잎에 알을 하나씩 붙여 낳는다. 알에서 깬 애벌레는 잎을 접어 입에서 토해 낸 실로 엮은 뒤에 그 속에 들어가 산다. 잎을 먹을 때만 나온다. 양지꽃, 세잎양지꽃, 딱지꽃 잎을 갉아 먹고, 번데기로 겨울을 난다.

흰점팔랑나비는 중국 베이징 지역에서 맨 처음 기록된 나비다. 우리나라에서는 1887년에 *Syrichthus maculatus*로 처음 기록되었다. 극동 러시아부터 중국 남부, 일본, 타이완에도 산다.

4~5월, 7월 중순~8월
번데기

북녘 이름 알락희롱나비
사는 곳 산속 풀밭, 숲 가장자리
나라 안 분포 울릉도를 뺀 온 나라
나라 밖 분포 극동 러시아, 중국 남부, 일본, 타이완
잘 모이는 꽃 서양민들레, 양지꽃, 엉겅퀴
애벌레가 먹는 식물 양지꽃, 세잎양지꽃, 딱지꽃

수컷 ×2

수컷 옆모습

암컷 ×2

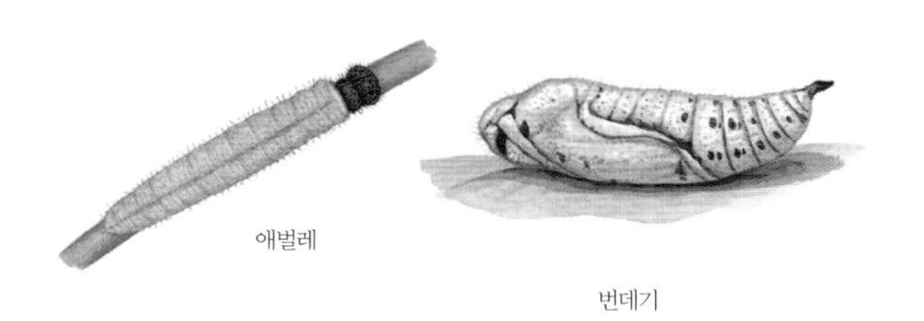
애벌레

번데기

날개 편 길이는 봄형 24 ~ 25mm, 여름형 27 ~ 30mm이다. 날개 윗면은 까만 밤색을 띠고, 작고 하얀 무늬가 흩어져 있다. 다른 팔랑나비보다 크기가 작은 편이다. 봄형은 뒷날개 뿌리 쪽이 짙은 밤색을 띠는데, 여름형은 누런 밤색이다. 뒷날개 아랫면에는 하얀 띠가 뚜렷하게 줄지어 나 있고, 날개 뿌리 쪽에 하얀 점무늬가 한 개 있다.

꼬마흰점팔랑나비 *Pyrgus malvae*

흰점팔랑나비랑 닮았지만, 꼬마흰점팔랑나비는 뒷날개 아랫면 날개 뿌리 쪽에 하얀 점무늬가 세 개 있고, 가운데에 있는 하얀 띠가 제멋대로 떨어져 있다. 흰점팔랑나비는 하얀 점무늬가 한 개 있고, 하얀 띠가 죽 이어진다. 날개 편 길이는 22 ~ 24mm다. 동쪽 지역 산속 풀밭에서 가끔 볼 수 있다.

수컷

암컷

수컷 옆모습

수풀알락팔랑나비

Carterocephalus silvicola

숲에서 살며 날개에 얼룩무늬가 있다고 '수풀알락팔랑나비'라는 이름이 붙었다. 북녘에서는 '수풀알락점희롱나비'라고 한다. 수컷은 밝은 누런색, 암컷은 까만 밤색을 띤다. 뒷날개 가운데쯤에는 동그랗거나 둥글길죽한 누런 무늬가 여러 개 있다.

수풀알락팔랑나비는 한 해에 한 번 나온다. 지리산보다 북쪽에 있는 산속에서 볼 수 있다. 남녘에서는 5월 말부터 6월 초에 강원도 높은 산속 풀밭이나 산길 둘레에 핀 꽃을 찾아가면 쉽게 볼 수 있다. 다른 곳에는 드물다. 맑은 날 재빠르게 날다가 붉은병꽃나무, 쥐오줌풀, 고추나무, 얇은잎고광나무와 여러 십자화과 식물 꽃에 잘 모인다. 애벌레는 벼과에 속하는 큰조아재비, 기름새, 큰기름새 잎을 갉아 먹는다. 잎 가장자리를 둥그렇게 말아 숨을 곳을 만들고 그 속에 들어가 산다.

수풀알락팔랑나비는 독일 브라운슈바이크 지역에서 맨 처음 기록된 나비다. 우리나라에서는 1923년에 *Pamphila silvius*로 처음 기록되었다. 극동 러시아, 일본, 중앙아시아, 유럽에서도 살고 있다.

5월 말 ~ 6월 초
아직 모름

북녘 이름 수풀알락점희롱나비
사는 곳 산속 풀밭, 숲 가장자리
나라 안 분포 중부, 북부
나라 밖 분포 극동 러시아, 일본, 중앙아시아, 유럽
잘 모이는 꽃 붉은병꽃나무, 쥐오줌풀, 고추나무 따위
애벌레가 먹는 식물 큰조아재비, 기름새, 큰기름새

수컷 ×2

수컷 옆모습

암컷 ×2

알

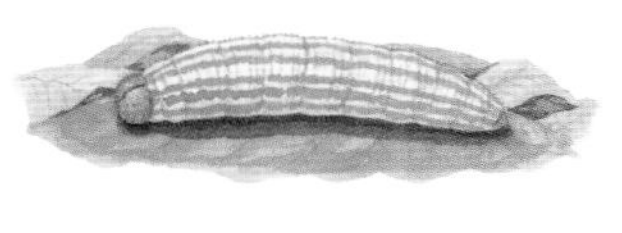

애벌레

날개 편 길이는 26 ~ 30mm다. 수컷은 밝은 누런색, 암컷은 까만 밤색을 띤다. 날개에는 무늬와 점들이 잘 어우러져 있다. 수컷 앞날개 바깥쪽 가장자리에 작고 까만 점들이 줄지어 있고, 가운데에는 까만 무늬가 네 개 있다. 뒷날개 바깥쪽 가장자리와 가운데에 동그랗거나 둥글길죽한 노란 무늬가 여러 개 나 있다.

참알락팔랑나비 *Carterocephalus dieckmanni*

수풀알락팔랑나비랑 닮았지만, 참알락팔랑나비는 뒷날개 윗면 가운데에 하얀 무늬가 한 개만 있다. 날개 편 길이는 25 ~ 28mm다. 백두 대간 몇몇 산속 풀밭에서 드물게 볼 수 있다.

수컷

암컷

수컷 옆모습

돈무늬팔랑나비

Heteropterus morpheus

뒷날개 아랫면에 동전처럼 동그란 무늬가 10개쯤 있어서 '돈무늬팔랑나비'라는 이름이 붙었다. 이 무늬를 보고 쉽게 알아볼 수 있다. 북녘에서는 '노랑별희롱나비'라고 한다.

돈무늬팔랑나비는 우리나라 중부와 남부 지방에서는 한 해에 두 번 나온다. 5월부터 6월에 한 번, 7월부터 8월에 또 한 번 나온다. 산속 풀밭에서 볼 수 있다. 북녘 북부 지방에서는 6월 말부터 8월 중순까지 한 해에 한 번 나온다. 산속 풀밭이 줄어들면서 예전보다 볼 수 있는 곳이나 수가 시나브로 줄어들고 있다. 맑은 날 풀숲 사이를 천천히 날아다니다가 날개를 펴고 앉아 햇볕을 쬔다. 붉은토끼풀, 큰까치수염, 개망초, 토끼풀, 기린초, 조뱅이 꽃에 잘 모여 꿀을 빤다. 짝짓기를 마친 암컷은 애벌레가 먹을 풀 위에 알을 하나씩 낳는다. 애벌레는 벼과에 속하는 기름새, 큰기름새 잎을 갉아 먹는다. 잎을 대롱처럼 오므려 숨을 곳을 만들고 그 속에 들어가 산다.

돈무늬팔랑나비는 러시아 서남부 볼가 지역에서 맨 처음 기록된 나비다. 우리나라에서는 1887년에 *Cyclopides morpheus*로 처음 기록되었다. 러시아 우수리 지역부터 극동 러시아, 중앙아시아, 유럽 중부와 남부에도 살고 있다.

5 ~ 6월, 7 ~ 8월

애벌레

북녘 이름 노랑별희롱나비

사는 곳 산속 풀밭, 숲 가장자리

나라 안 분포 온 나라

나라 밖 분포 극동 러시아, 중앙아시아, 유럽 중부와 남부

잘 모이는 꽃 붉은토끼풀, 큰까치수염, 개망초, 토끼풀 따위

애벌레가 먹는 식물 기름새, 큰기름새

수컷 ×1.5

수컷 옆모습

암컷 ×1.5

날개 편 길이는 수컷 29 ~ 34mm, 암컷 36 ~ 38mm다. 날개 윗면은 까만 밤색을 띤다. 뒷날개 윗면에는 무늬가 없지만, 뒷날개 아랫면에는 동그란 무늬가 10개쯤 있다. 수컷 배 끝에는 잔털이 뭉쳐 있는데 암컷에는 없다. 그리고 암컷은 앞날개 끄트머리에 작고 하얀 무늬가 있다.

은줄팔랑나비 *Leptalina unicolor*

날개 윗면이 까만 밤색을 띠고, 뒷날개 아랫면에 기다란 은빛 줄무늬가 있어서 다른 종과 다르다. 날개 편 길이는 수컷 26 ~ 28mm, 암컷 30 ~ 32mm다. 산속이나 마을 둘레 풀밭에서 가끔 보인다. 2017년에 멸종위기야생동물 II급으로 정해서 보호하고 있다.

수컷

암컷

수컷 옆모습

줄꼬마팔랑나비

Thymelicus leonina

날개에 줄무늬가 있고, 크기가 작다고 '줄꼬마팔랑나비'라는 이름이 붙었다. 북녘에서는 '검은줄희롱나비'라고 한다. 수풀꼬마팔랑나비랑 닮았는데, 줄꼬마팔랑나비 수컷은 앞날개 윗면 가운데부터 뒤쪽으로 까만 선이 비스듬히 나 있고 뚜렷해서 수풀꼬마팔랑나비 수컷과 쉽게 구별한다. 암컷은 앞날개 윗면 테두리 무늬가 일정한 폭으로 나 있고, 누런 바탕색과 뚜렷하게 나뉘어 있어서 수풀꼬마팔랑나비 암컷과 다르다.

줄꼬마팔랑나비는 한 해에 한 번 나온다. 6월 말부터 8월까지 지리산보다 북쪽 몇몇 곳에서 볼 수 있다. 남녘에서는 7월에 경기도나 강원도 산속 풀밭에서 꽤 많이 볼 수 있다. 맑은 날 기운차고 재빠르게 날아다니며, 때때로 날개를 반쯤 펴고 앉아 햇볕을 쬐기도 한다. 박주가리, 큰까치수염, 개망초, 갈퀴나물과 여러 가지 싸리 꽃에 잘 모여 꿀을 빤다. 애벌레는 잎을 동그랗고 길게 말아 그 속에 들어가 숨고 입구를 실로 촘촘하게 막는다. 먹을 때만 밖으로 나와 벼과에 속하는 개밀, 갈풀, 꼬리새, 기름새, 큰기름새와 주목과에 속하는 비자나무, 사초과에 속하는 방동사니, 인동과에 속하는 인동덩굴 같은 여러 가지 잎을 갉아 먹는다. 잎 속에서 다 자란 애벌레로 겨울을 난다.

줄꼬마팔랑나비는 일본에서 맨 처음 기록된 나비다. 우리나라에서는 1894년 북녘 원산 지역에서 처음 찾아 *Adopaea leonina* 로 기록되었다. 극동 러시아, 중국 남부, 일본에도 산다.

6월 말 ~ 8월
애벌레

북녘 이름 검은줄희롱나비
사는 곳 산속 풀밭, 숲 가장자리
나라 안 분포 중부, 북부
나라 밖 분포 극동 러시아, 중국 남부, 일본
잘 모이는 꽃 박주가리, 큰까치수염, 개망초, 갈퀴나물, 싸리 따위
애벌레가 먹는 식물 벼과, 주목과, 사초과 몇몇 식물

수컷 ×2

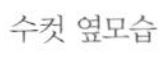

수컷 옆모습

암컷 ×2

날개 편 길이는 26 ~ 30mm다. 날개는 누렇고 까만 밤색 테두리가 뚜렷하다. 날개맥도 까만 밤색으로 뚜렷해서 까만 줄무늬처럼 보인다. 수컷은 까만 선이 앞날개 윗면 가운데부터 뒤쪽으로 비스듬히 나 있고 뚜렷하다. 암컷은 앞날개 윗면 테두리 무늬가 일정한 폭으로 나 있고, 누런 바탕색과 뚜렷하게 나뉜다.

수풀꼬마팔랑나비 *Thymelicus sylvatica*

수컷은 줄꼬마팔랑나비와 달리 앞날개 윗면 가운데에서 뒤쪽으로 비스듬히 난 까만 선이 없다. 암컷은 앞날개 윗면에 있는 까만 밤색 테두리가 뒤쪽으로 내려가면서 넓어져서 줄꼬마팔랑나비 암컷과 다르다. 날개 편 길이는 25 ~ 28mm다. 산길 둘레 꽃이나 숲 가장자리 풀밭에서 쉽게 볼 수 있다.

수컷

암컷

수컷 옆모습

꽃팔랑나비

Hesperia florinda

산에 핀 꽃에서 많이 볼 수 있는 팔랑나비라고 '꽃팔랑나비'라는 이름이 붙었다. 북녘에서는 '은점꽃희롱나비'라고 한다. 수풀떠들썩팔랑나비와 닮았지만, 꽃팔랑나비 수컷은 앞날개 윗면 가운데쯤에 있는 까만 무늬 가운데가 은빛을 띤다. 수풀떠들썩팔랑나비 수컷은 가운데가 그냥 까맣다. 꽃팔랑나비 암컷은 뒷날개 아랫면이 풀빛을 띠는 누런 밤색이고, 누런 점이 아주 작다.

꽃팔랑나비는 한 해에 한 번 나온다. 남녘에서는 7월부터 8월에 강원도와 제주도 몇몇 곳에서 볼 수 있다. 산길 둘레에 핀 꽃이나 숲 가장자리 풀밭이나 꽃에서 가끔 보인다. 수가 아주 적어서 때와 장소를 미리 알고 찾아가야 겨우 볼 수 있다. 맑은 날 재빠르고 기운차게 날아다니며 개망초, 엉겅퀴, 마타리 꽃에 잘 모인다. 애벌레는 사초과에 속하는 그늘사초 잎을 갉아 먹는데, 한살이는 더 밝혀져야 한다.

꽃팔랑나비는 일본에서 맨 처음 기록된 나비다. 우리나라에서는 1887년에 *Hesperia comma*로 처음 기록되었다. 그 뒤 *Hesperia comma florinda*로 쓰다가 지금은 *Hesperia florinda*로 바뀌었다. 극동 러시아, 중국, 일본에서도 살고 있다.

7 ~ 8월
아직 모름

북녘 이름 은점꽃희롱나비
다른 이름 은점박이꽃팔랑나비, 붉은꽃희롱나비
사는 곳 산속 풀밭, 숲 가장자리
나라 안 분포 남부, 중부, 북부 몇몇 곳
나라 밖 분포 극동 러시아, 중국, 일본
잘 모이는 꽃 개망초, 엉겅퀴, 마타리
애벌레가 먹는 식물 그늘사초

수컷 ×1.8

수컷 옆모습

암컷 ×1.8

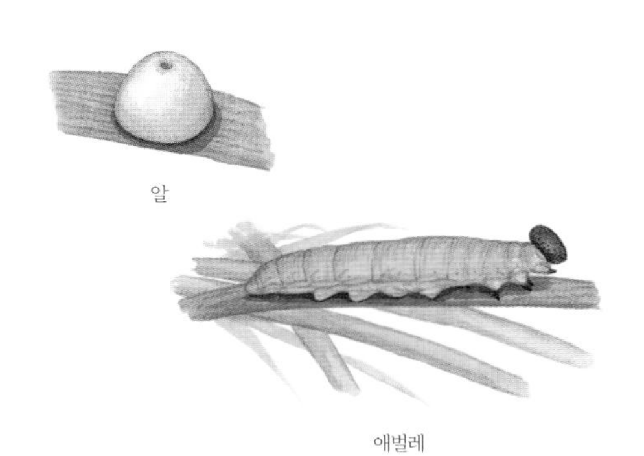

알

애벌레

날개 편 길이는 수컷 29 ~ 32mm, 암컷 34 ~ 37mm다. 수컷은 날개 윗면이 누렇고 날개 테두리는 밤색이다. 암컷은 누런 밤색 바탕에 노르스름한 하얀 점무늬가 있다. 날개 아랫면은 풀빛을 띠는 누런 밤색이며, 뒷날개 아랫면에 있는 누런 점이 아주 작다.

수풀떠들썩팔랑나비

Ochlodes venata

풀밭에서 쉴 새 없이 이리저리 떠들썩하게 날아다닌다고 '수풀떠들썩팔랑나비'라는 이름이 붙었다. 북녘에서는 '수풀노랑희롱나비'라고 한다. 산수풀떠들썩팔랑나비와 닮았지만, 수풀떠들썩팔랑나비 수컷은 날개 윗면이 누렇고, 날개 테두리가 아주 좁다. 암컷은 뒷날개 아랫면에 있는 누런 밤색 무늬가 더 흐릿하다.

수풀떠들썩팔랑나비는 한 해에 한 번 나온다. 6월 말부터 8월에 걸쳐 산속 풀밭이나 산길 둘레에서 볼 수 있다. 남녘에서는 서해 바닷가와 경상남도 바닷가를 뺀 어느 곳에나 살지만 수가 많지 않아서 보기 힘들다. 맑은 날 날개를 반쯤 펴서 햇볕을 쬐고, 기운차고 재빠르게 날아다닌다. 큰까치수염, 개망초, 꼬리풀, 꿀풀, 갈퀴나물 꽃에 잘 모여 꿀을 빤다. 애벌레는 벼과에 속하는 참억새, 기름새, 왕바랭이와 사초과에 속하는 새방울사초, 그늘사초 잎을 갉아 먹고 산다. 다 자란 애벌레로 겨울을 난다.

수풀떠들썩팔랑나비는 중국 베이징 지역에서 맨 처음 기록된 나비다. 우리나라에서는 1882년에 *Pamphila venata*로 처음 기록되었다. 극동 아시아에도 살고 있다.

6월 말 ~ 8월
애벌레

북녘 이름 수풀노랑희롱나비
사는 곳 산속 풀밭, 숲 가장자리
나라 안 분포 서해와 경남 바닷가를 뺀 온 나라
나라 밖 분포 극동 아시아
잘 모이는 꽃 큰까치수염, 개망초, 꼬리풀, 꿀풀, 갈퀴나물
애벌레가 먹는 식물 참억새, 기름새, 왕바랭이, 새방울사초, 그늘사초

수컷 ×1.5

수컷 옆모습

암컷 ×1.5

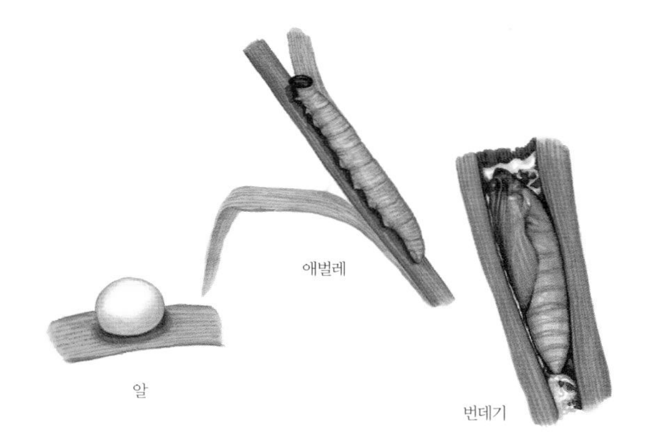

날개 편 길이는 수컷 31 ~ 34mm, 암컷 36 ~ 37mm다. 수컷 날개 윗면은 누렇다. 날개 테두리는 아주 좁고, 앞날개 윗면 가운데쯤에 까만 사선이 있다. 암컷은 앞날개 윗면 가운데쯤에 까만 사선이 없고, 가장자리 쪽으로 누런 무늬가 여러 개 나 있다. 그리고 날개 아랫면은 연한 풀빛이 도는 누런색이고, 흐릿한 누런 밤색 무늬가 여러 개 있다.

산수풀떠들썩팔랑나비 *Ochlodes sylvanus*

유리창떠들썩팔랑나비와도 닮았는데, 산수풀떠들썩팔랑나비는 앞날개 아랫면 뒤쪽 가운데쯤이 거무스름하다. 날개 편 길이는 30 ~ 34mm이다. 남녘에서는 주로 강원도 높은 산에서 보인다.

수컷

암컷

수컷 옆모습

검은테떠들썩팔랑나비

Ochlodes ochracea

떠들썩팔랑나비 무리 가운데 까만 날개 테두리 폭이 넓다고 '검은테떠들썩팔랑나비'라는 이름이 붙었다. 북녘에서는 '검은테노랑희롱나비'라고 한다. 크기가 작고, 날개 테두리 폭이 아주 넓어서 다른 떠들썩팔랑나비와 구별된다.

검은테떠들썩팔랑나비는 한 해에 한두 번 나온다. 5월부터 9월에 걸쳐 산속 풀밭이나 산길 둘레에서 볼 수 있다. 남녘에서는 여기저기 산속과 제주도 산에 폭넓게 살지만 수는 많지 않다. 맑은 날에는 날개를 반쯤 펴서 햇볕을 쬐고, 기운차고 재빠르게 날아다니다가 큰까치수염, 엉겅퀴, 둥근이질풀, 꿀풀 꽃에 잘 모인다. 애벌레는 벼과에 속하는 주름조개풀, 큰기름새, 참억새와 콩과에 속하는 벌노랑이, 사초과에 속하는 식물 잎을 갉아 먹는다. 잎을 길게 말아 숨을 곳을 만들고 그 속에 들어가 지낸다. 다 자란 애벌레로 겨울을 난다.

검은테떠들썩팔랑나비는 러시아 우수리 지역에서 맨 처음 기록된 나비다. 우리나라에서는 1887년에 북녘 원산에서 처음 찾아 *Hesperia ochracea* 로 기록되었다. 극동 러시아, 중국 남동부, 일본에도 살고 있다.

5 ~ 9월
애벌레

북녘 이름 검은테노랑희롱나비
사는 곳 산속 풀밭, 숲 가장자리
나라 안 분포 온 나라 몇몇 곳
나라 밖 분포 극동 러시아, 중국 남동부, 일본
잘 모이는 꽃 큰까치수염, 엉겅퀴, 둥근이질풀, 꿀풀
애벌레가 먹는 식물 주름조개풀, 벌노랑이, 참억새 따위

수컷 ×2

수컷 옆모습

암컷 ×2

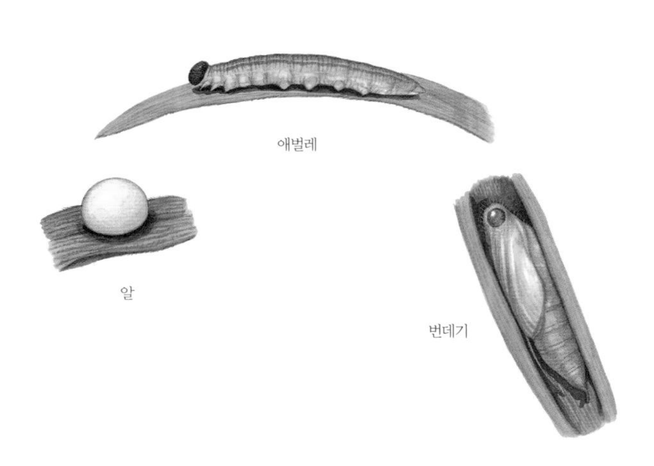

애벌레

알

번데기

날개 편 길이는 27 ~ 30mm이다. 날개 윗면은 누렇다. 날개 테두리는 까만 밤색이고 넓다. 수컷은 앞날개 윗면 가운데에 굵고 까만 줄무늬가 있고 암컷은 없다. 뒷날개 윗면 가운데에 있는 누런 무늬가 넓다.

유리창떠들썩팔랑나비

Ochlodes subhyalina

앞날개에 유리창 같은 반투명한 무늬가 있는 떠들썩팔랑나비라고 '유리창떠들썩팔랑나비'라는 이름이 붙었다. 북녘에서는 '유리창노랑희롱나비'라고 한다. 산수풀떠들썩팔랑나비와 닮았지만, 유리창떠들썩팔랑나비는 앞날개에 유리창 같은 반투명한 무늬가 있고, 앞날개 아랫면 바깥쪽 가장자리가 까만 밤색을 띤다.

유리창떠들썩팔랑나비는 한 해에 한 번 나온다. 5월 말부터 8월에 숲 가장자리나 산길 둘레에서 흔히 보인다. 여름에는 수가 많아서 어디에서나 쉽게 볼 수 있다. 큰까치수염, 엉겅퀴, 타래난초, 풀협죽도, 개망초, 고삼, 갈퀴나물 꽃에 잘 모인다. 맑은 날에는 날개를 반쯤 펴서 햇볕을 쬔다. 늦은 오후에는 한꺼번에 날아다니면서 서로 자리다툼을 한다. 축축한 땅에 내려앉아 물을 빨고, 동물 똥에도 모인다. 애벌레는 벼과에 속하는 기름새 잎을 갉아 먹는다. 잎을 둥글게 말아 그 속에서 살다가 다 자란 애벌레로 겨울을 난다.

유리창떠들썩팔랑나비는 중국 베이징 지역에서 맨 처음 기록된 나비다. 우리나라에서는 1887년에 *Hesperia subhyalina*로 처음 기록되었다. 중국, 일본, 몽골, 인도 동부에서부터 미얀마 북부까지 살고 있다.

5월 말 ~ 8월

애벌레

북녘 이름 유리창노랑희롱나비

사는 곳 논밭, 숲 가장자리, 산길 둘레

나라 안 분포 온 나라

나라 밖 분포 중국, 일본, 몽골, 인도 동부부터 미얀마 북부까지

잘 모이는 꽃 큰까치수염, 엉겅퀴, 타래난초 따위

애벌레가 먹는 식물 기름새

수컷 ×1.5

수컷 옆모습

암컷 ×1.5

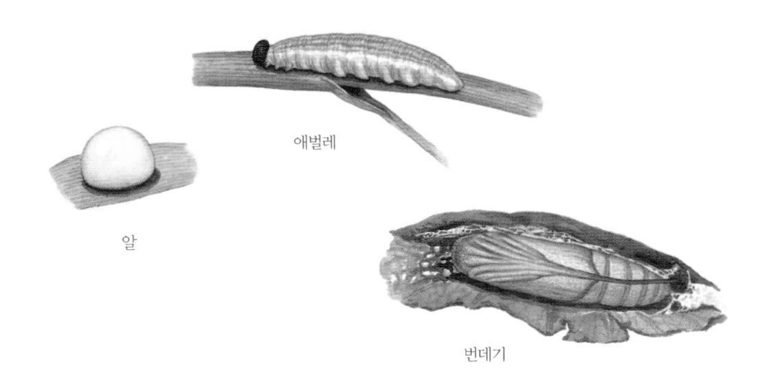

애벌레

알

번데기

날개 편 길이는 수컷 33 ~ 35mm, 암컷 36 ~ 39mm이다. 날개는 누런 밤색이고 앞날개 윗면 가운데방 바깥쪽에 반투명한 무늬가 있다. 수컷은 앞날개 윗면 가운데에 굵고 까만 줄무늬가 있어서 암컷과 쉽게 구별된다. 수컷 앞날개 아랫면 날개맥 1b실과 2실 바깥쪽이 까만 밤색을 띤다.

황알락팔랑나비

Potanthus flava

누런 무늬들이 잘 어우러져 알록달록하다고 '황알락팔랑나비'라는 이름이 붙었다. 크기가 작고, 날개 가운데쯤에 누런 무늬가 뚜렷하게 나 있어서 다른 알락팔랑나비와 다르다. 북녘에서는 '노랑알락희롱나비'라고 한다.

황알락팔랑나비는 한 해에 한두 번 나온다. 6월부터 9월까지 숲 가장자리나 산길 둘레에서 볼 수 있다. 남녘에는 여기저기 폭넓게 살지만 수는 적다. 맑은 날 풀밭 위를 재빠르게 날아다닌다. 또 날개를 반쯤 펴고 앉아 햇볕을 쬐고 개망초, 딱지꽃, 쑥부쟁이, 꿀풀, 갈퀴나물 꽃에 잘 모여 꿀을 빤다. 애벌레는 벼과에 속하는 강아지풀, 참억새, 주름조개풀, 띠, 바랭이, 나도바랭이새, 돌피, 참바랭이, 기름새, 큰기름새 잎을 갉아 먹는다. 잎을 길게 말아 그 속에 들어가 숨어 있다가 먹이를 먹을 때만 나온다. 겨울을 어떻게 나는지는 알려지지 않았지만 다른 비슷한 나비를 보면 거의 다 자란 애벌레로 나는 것 같다.

황알락팔랑나비는 중국에서 맨 처음 기록된 나비이다. 우리나라에서는 1887년에 *Hesperia dara flava* 로 처음 기록되었다. 극동 러시아, 일본, 중국, 타이완, 필리핀에도 살고 있다.

6 ~ 9월
애벌레

북녘 이름 노랑알락희롱나비
사는 곳 숲 가장자리, 산길 둘레
나라 안 분포 온 나라
나라 밖 분포 극동 러시아, 일본, 중국, 타이완, 필리핀
잘 모이는 꽃 개망초, 딱지꽃, 쑥부쟁이, 꿀풀, 갈퀴나물
애벌레가 먹는 식물 강아지풀, 참억새, 띠, 바랭이 따위

수컷 ×2

수컷 옆모습

암컷 ×2

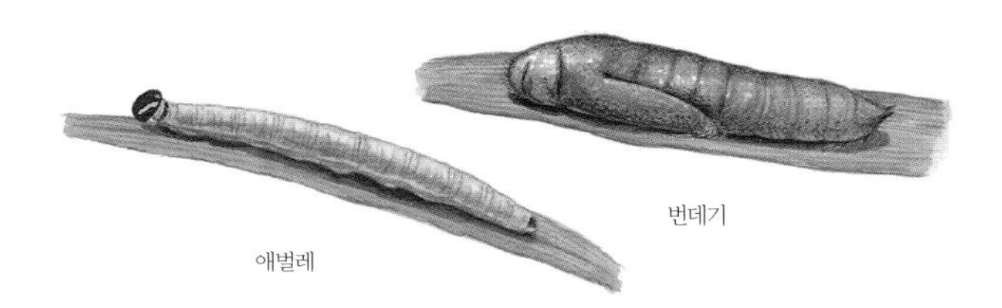

번데기

애벌레

날개 편 길이는 24 ~ 30mm이다. 날개 윗면은 까만 밤색이고 누런 무늬가 뚜렷하다. 윗면과 아랫면 무늬가 비슷하다. 뒷날개 아랫면 가운데 가장자리에는 누런 밤색 점무늬들이 나 있고, 뒤쪽 가장자리는 까만 밤색을 띤다.

줄점팔랑나비

Parnara guttatus

뒷날개 아랫면에 하얀 점들이 줄지어 나 있어서 '줄점팔랑나비'라는 이름이 붙었다. 북녘에서는 '한줄꽃희롱나비'라고 한다. 산줄점팔랑나비와 닮았지만, 줄점팔랑나비는 뒷날개 아랫면 날개 뿌리 쪽에 있는 하얀 점무늬가 작고, 날개 가운데쯤에 있는 하얀 점무늬가 한 줄로 나란히 늘어선다.

줄점팔랑나비는 한 해에 두세 번 나온다. 5월 말부터 11월까지 도랑이나 시냇가, 논밭, 숲 가장자리, 산길 둘레 어디서나 흔히 볼 수 있다. 가을에 핀 꽃에 날아오는 팔랑나비 무리 가운데 가장 많이 날아오는 팔랑나비다. 그리고 꿀을 빠는 꽃이 안 피는 서해안 무인도에서도 볼 수 있을 만큼 멀리까지 날 수 있다. 맑은 날 날개를 반쯤 펴서 햇볕을 쬐고 원추리, 꽃향유, 익모초, 고마리, 붉은토끼풀, 뚝갈, 국화 꽃뿐만 아니라 루드베키아, 란타나, 페튜니아같이 일부러 기르는 꽃에도 잘 모인다. 애벌레는 벼과에 속하는 해장죽, 피, 강아지풀, 바랭이, 참억새, 띠, 벼, 보리, 돌피 잎을 갉아 먹는다. 벼 잎을 갉아 먹어서 농사에 피해를 주기도 한다. 잎 가장자리를 실로 드문드문 엮어서 긴 대롱처럼 만들어 숨어 지내고 먹을 때만 나온다. 그 속에서 다 자란 애벌레로 겨울을 난다.

줄점팔랑나비는 중국 베이징 지역에서 맨 처음 기록된 나비다. 우리나라에서는 1887년에 북녘 원산 지역에서 처음 찾아 *Pamphila guttata* 로 기록되었다. 극동 러시아, 중국, 일본, 타이완, 필리핀에도 살고 있다.

5월 말 ~ 11월
애벌레

북녘 이름 한줄꽃희롱나비
다른 이름 벼줄점팔랑나비
사는 곳 도랑, 시내, 논밭, 숲 가장자리, 산길 둘레
나라 안 분포 온 나라
나라 밖 분포 극동 러시아, 중국, 일본, 타이완, 필리핀
잘 모이는 꽃 여러 가지 들꽃, 마당에 피는 꽃
애벌레가 먹는 식물 피, 갈풀, 강아지풀, 바랭이 따위

수컷 ×1.5

수컷 옆모습

암컷 ×1.5

애벌레

알

번데기

날개 편 길이는 33 ~ 40mm이다. 날개는 까만 밤색을 띤다. 앞날개와 뒷날개 가운데쯤에 하얀 무늬가 띠를 이룬다. 날개 윗면과 아랫면 무늬가 거의 똑같다. 뒷날개 아랫면 날개 뿌리 쪽에 작고 하얀 점무늬가 있고, 가운데쯤에 또 하얀 점무늬가 한 줄로 늘어서 있다. 암컷은 수컷보다 날개폭이 눈에 띄게 넓고, 날개 무늬도 크다.

산줄점팔랑나비

Pelopidas jansonis

줄점팔랑나비와 닮았지만 산에서 더 많이 산다고 '산줄점팔랑나비'라는 이름이 붙었다. 북녘에서는 '멧꽃희롱나비'라고 한다. 줄점팔랑나비보다 뒷날개 아랫면 날개 뿌리 쪽에 있는 하얀 점무늬가 훨씬 크다. 또 뒷날개 날개맥 4실에 있는 하얀 점무늬가 가장 크다.

산줄점팔랑나비는 한 해에 두 번 나온다. 4월부터 5월에 한 번 날개돋이 하고, 7 ~ 8월에 또 한다. 봄부터 가을까지 산속 풀밭이나 숲 가장자리에서 볼 수 있다. 우리나라 곳곳에서 보이지만 수는 많지 않다. 맑은 날 날개를 반쯤 펴서 햇볕을 쬔다. 수컷은 오후에 확 트인 곳에서 텃세를 부리기도 한다. 산철쭉, 풀협죽도, 큰까치수염, 엉겅퀴, 고들빼기 꽃에 잘 모인다. 애벌레는 벼과에 속하는 참억새, 기름새, 억새 잎을 갉아 먹는다. 애벌레는 잎을 대롱처럼 길고 둥글게 말아 그 속에 들어가 숨고, 거기에서 번데기로 겨울을 난다. 애벌레 머리에는 길쭉한 까만 밤색 무늬가 두 개 있어서 다른 팔랑나비 애벌레와 쉽게 구별한다.

산줄점팔랑나비는 일본 혼슈 지방에서 맨 처음 기록된 나비다. 우리나라에서는 1887년에 북녘 원산에서 처음 찾아 *Pamphila jansonis*로 기록되었다. 극동 러시아, 중국, 일본에도 살고 있다.

4 ~ 5월, 7 ~ 8월
번데기

북녘 이름 멧꽃희롱나비
사는 곳 산속 풀밭, 숲 가장자리
나라 안 분포 제주도, 북동부를 뺀 온 나라
나라 밖 분포 극동 러시아, 중국, 일본
잘 모이는 꽃 산철쭉, 풀협죽도, 큰까치수염, 엉겅퀴, 고들빼기
애벌레가 먹는 식물 참억새, 기름새, 억새

수컷 ×2

수컷 옆모습

암컷 ×2

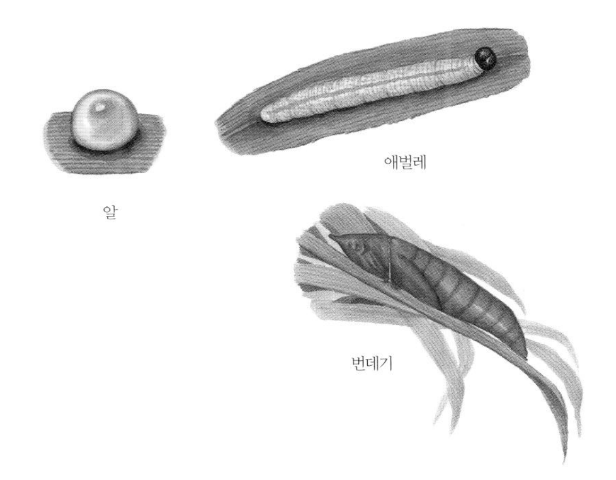

알

애벌레

번데기

날개 편 길이는 27 ~ 35mm이다. 날개는 까만 밤색을 띠고 앞날개와 뒷날개 가운데쯤에 하얀 무늬가 줄지어 있다. 뒷날개 아랫면 날개 뿌리 쪽에 커다랗고 하얀 점무늬가 있고, 가운데쯤에 있는 하얀 점무늬 가운데 날개맥 4실에 있는 점무늬가 가장 크다.

산팔랑나비 *Polytremis zina*

산줄점팔랑나비와 닮았지만, 산팔랑나비는 뒷날개 윗면과 아랫면 날개 뿌리에 하얀 점이 없고, 날개 가운데쯤에 있는 하얀 무늬가 번갈아 들쭉날쭉 늘어서 있다. 날개 편 길이는 33 ~ 38mm이다. 제주도를 뺀 우리나라 몇몇 곳에서 드물게 볼 수 있다.

수컷

암컷

수컷 옆모습

제주꼬마팔랑나비

Pelopidas mathias

제주도에 사는 작은 팔랑나비라고 '제주꼬마팔랑나비'다. 북녘에서는 '제주꽃희롱나비'라고 한다. 흰줄점팔랑나비와 닮았지만, 제주꼬마팔랑나비는 뒷날개 윗면 가운데쯤에 하얀 점무늬가 없다.

제주꼬마팔랑나비는 한 해에 두 번 나온다. 5월부터 11월까지 도랑이나 시냇가, 논밭 둘레, 숲 가장자리, 낮은 산길 둘레에서 볼 수 있다. 제주도와 남해 서부 바닷가 쪽에만 살고 있어서 중부 지방에서는 볼 수 없다. 맑은 날 날개를 반쯤 펴고 햇볕을 쬐는 모습을 흔히 볼 수 있다. 엉겅퀴, 쑥부쟁이, 천수국, 꿀풀, 란타나, 국화 꽃에 잘 모인다. 애벌레는 벼과에 속하는 벼, 참억새, 그령, 잔디, 띠, 바랭이, 강아지풀, 왕바랭이와 질경이과에 속하는 질경이 잎을 갉아 먹는다. 애벌레는 잎을 대롱처럼 길게 말아 그 속에 들어가 살면서 잎을 갉아 먹는다. 겨울을 어떻게 나는지는 아직 밝혀지지 않았다. 비슷한 다른 나비 애벌레로 미루어 볼 때 다 자란 애벌레로 겨울을 나는 것 같다.

제주꼬마팔랑나비는 인도 남동부 나가파티남 지역에서 맨 처음 기록된 나비다. 우리나라에서는 1906년에 제주도에서 처음 찾아 *Parnara mathias*로 기록되었다. 일본, 중국, 타이완, 미얀마, 인도, 아라비아 반도, 열대 아프리카에서도 산다.

5 ~ 11월
아직 모름

북녘 이름 제주꽃희롱나비
사는 곳 도랑, 시냇가, 논밭, 숲 가장자리, 낮은 산길 둘레
나라 안 분포 남서부 지방, 제주도
나라 밖 분포 일본, 중국, 타이완, 미얀마, 인도, 아라비아 반도, 열대 아프리카
잘 모이는 꽃 꿀풀과, 마편초과, 국화과 식물
애벌레가 먹는 식물 벼, 참억새, 그령, 잔디, 띠 따위

수컷 ×1.5

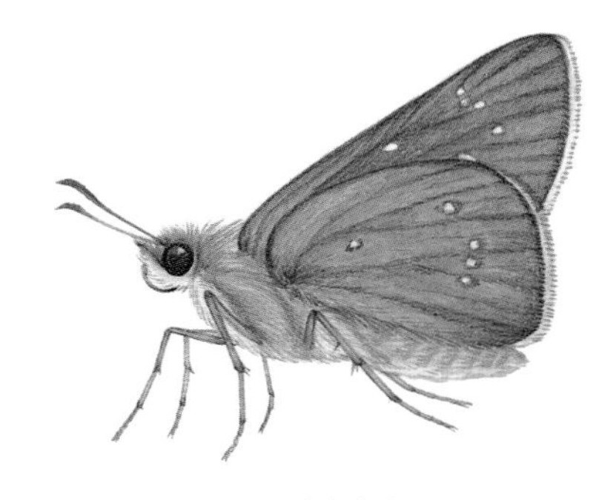

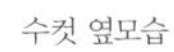

수컷 옆모습

암컷 ×1.5

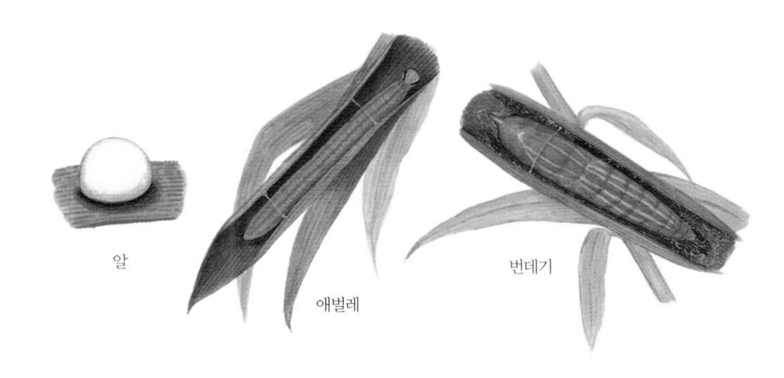

알

애벌레

번데기

날개 편 길이는 30 ~ 35mm이다. 앞날개 가운데쯤에 하얀 무늬가 있는데, 뒷날개에는 없다. 뒷날개 아랫면 날개 뿌리 쪽에 작고 하얀 점무늬가 있고, 가운데쯤에 하얀 점무늬가 둥그스름하게 늘어선다. 수컷 앞날개 윗면에는 가늘지만 뚜렷한 잿빛 줄무늬가 있어서 암컷과 쉽게 구별된다. 암컷은 앞날개 윗면 뒤쪽에 작고 하얀 점무늬가 있다.

흰줄점팔랑나비 *Pelopidas sinensis*

제주꼬마팔랑나비와 닮았지만, 흰줄점팔랑나비는 뒷날개 윗면 가운데쯤에 하얀 점무늬들이 있다. 날개 편 길이는 수컷 32 ~ 33mm, 암컷 39 ~ 41mm이다. 강원도 정선처럼 중부 지방 몇몇 곳에서만 볼 수 있을 만큼 수가 적다.

수컷

암컷

수컷 옆모습

지리산팔랑나비

Isoteinon lamprospilus

지리산에서 처음 찾았다고 '지리산팔랑나비'라는 이름이 붙었다. 북녘에서는 '가는날개희롱나비'라고 한다. 누런 밤색인 뒷날개 아랫면에 동그랗고 하얀 점무늬가 여러 개 있어서 다른 팔랑나비와 다르다.

지리산팔랑나비는 한 해에 한 번 날개돋이 한다. 7월부터 8월까지 산속 풀밭이나 숲 가장자리에서 볼 수 있다. 우리나라에서는 중부와 남부 지방 몇몇 곳에서 이따금 볼 수 있는데, 볼 수 있는 곳이나 수가 갈수록 줄어들고 있다. 서해 중부에 있는 대청도에서는 살지만 제주도와 울릉도 같은 다른 섬에서는 볼 수 없다. 맑은 날 날개를 반쯤 펴서 햇볕을 쬐고 개망초, 큰까치수염, 꿀풀, 꼬리풀 꽃에 잘 모인다. 애벌레는 벼과에 속하는 참억새, 큰기름새, 띠 잎을 갉아 먹는다. 제법 큰 애벌레로 겨울을 난다.

지리산팔랑나비는 중국 저장성 지역에서 맨 처음 기록된 나비다. 우리나라에서는 1936년에 지리산에서 처음 찾아 *Isoteinon lamprospilus*로 기록되었다. 중국, 일본, 타이완에서도 살고 있다.

7 ~ 8월
애벌레

북녘 이름 가는날개희롱나비
다른 이름 지이산팔랑나비
사는 곳 산속 풀밭, 숲 가장자리
나라 안 분포 중부와 남부 몇몇 곳
나라 밖 분포 중국, 일본, 타이완
잘 모이는 꽃 개망초, 큰까치수염, 꿀풀, 꼬리풀
애벌레가 먹는 식물 참억새, 큰기름새, 띠

수컷 ×2

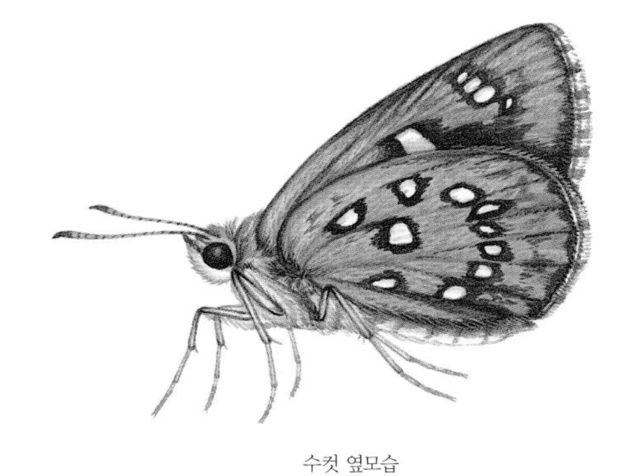

수컷 옆모습

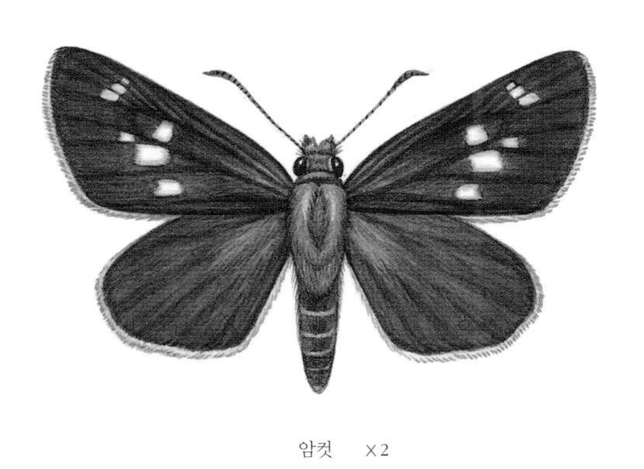

암컷 ×2

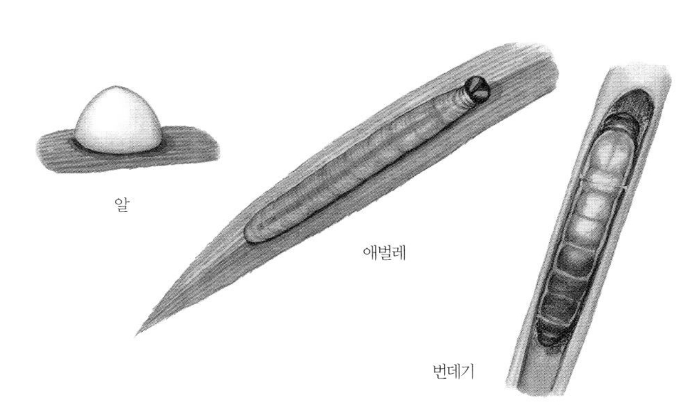

알

애벌레

번데기

날개 편 길이는 수컷 30 ~ 33mm, 암컷 35 ~ 37mm이다. 날개는 까만 밤색을 띠고, 뒷날개가 앞날개보다 작고 둥글다. 앞날개 윗면에는 하얀 무늬가 여러 개 있지만, 뒷날개 윗면에는 무늬가 없다. 뒷날개 아랫면에는 하얀 점무늬가 여러 개 있다.

파리팔랑나비

Aeromachus inachus

파리만큼 아주 작은 팔랑나비라고 '파리팔랑나비'다. 북녘에서는 '별희롱나비'라고 한다. 크기가 무척 작고, 앞날개 윗면 가운데쯤에 작고 하얀 점무늬가 줄지어 있어서 다른 팔랑나비와 다르다.

파리팔랑나비는 한 해에 한두 번 날개돋이 한다. 5월부터 9월까지 풀밭이나 숲 가장자리에서 볼 수 있다. 제주도와 울릉도를 뺀 온 나라에서 살지만, 몇몇 곳에서밖에 볼 수 없고 수가 적다. 오후 늦게 기운차고 빠르게 날아다니는데, 크기가 아주 작아서 잘 눈여겨봐야만 찾을 수 있다. 개망초, 엉겅퀴, 큰까치수염, 갈퀴나물 꽃에 잘 모인다. 애벌레는 벼과에 속하는 큰기름새, 기름새 잎을 갉아 먹는다. 다른 팔랑나비처럼 입에서 실을 토해 잎을 대롱처럼 길게 엮어 숨을 곳을 만들고, 그 속에 들어가 산다. 보금자리에서 3령 애벌레로 겨울을 난다.

파리팔랑나비는 러시아 아무르 지방에서 맨 처음 기록된 나비다. 우리나라에서는 1887년에 *Syrichthus inachus*로 처음 기록되었다. 극동 러시아, 중국, 일본, 타이완에서도 산다.

5 ~ 9월
애벌레

북녘 이름 별희롱나비
다른 이름 글라이더-팔랑나비
사는 곳 풀밭, 숲 가장자리
나라 안 분포 제주도를 뺀 온 나라
나라 밖 분포 극동 러시아, 중국, 일본, 타이완
잘 모이는 꽃 개망초, 엉겅퀴, 큰까치수염, 갈퀴나물
애벌레가 먹는 식물 큰기름새, 기름새

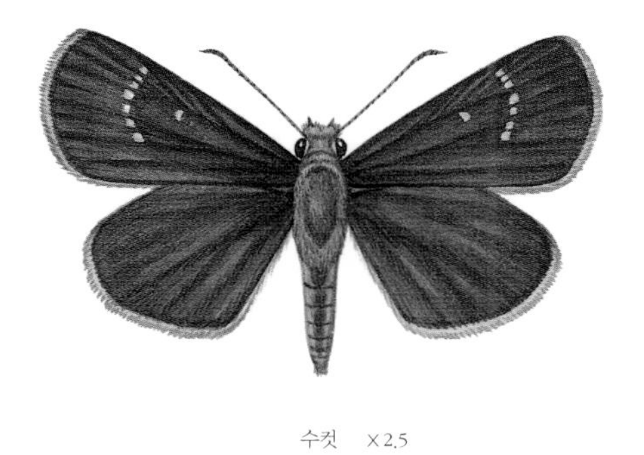

수컷 ×2.5

수컷 옆모습

암컷 ×2.5

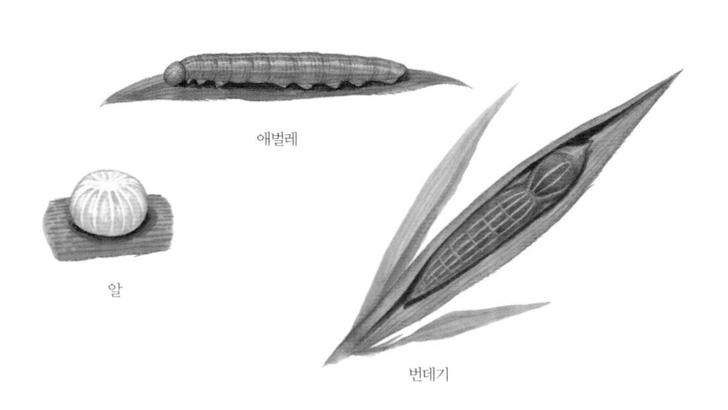

애벌레

알

번데기

날개 편 길이는 20 ~ 26mm이다. 팔랑나비 무리 가운데 크기가 가장 작다. 날개 윗면은 까만 밤색이고 앞날개 가운데쯤에 허연 무늬가 줄지어 있다. 날개 아랫면은 누런 밤색을 띤다. 뒷날개 아랫면 가운데에는 작고 허연 무늬들이 줄지어 있다.

호랑나비과

호랑나비과 PAPILIONIDAE

호랑나비 무리는 온 세계에 570종 넘게 살고 있다. 극동 아시아에서는 20종쯤 산다. 날개 무늬가 범 무늬를 닮았다고 '호랑나비'라는 이름이 붙었다. 몸집이 아주 큰 나비 무리로 날개 색이 짙고 고우며 띠무늬가 뚜렷하다. 여러 가지 모시나비와 몇몇 종을 빼고는 모두 뒷날개에 꼬리처럼 생긴 돌기가 길쭉하게 나 있다. 또 앞날개 뿌리에서 뻗은 1a 날개맥이 가장자리까지 뻗고, 첫 번째 날개맥과 떨어져 있어서 다른 과 나비와 다르다. 우리나라에는 2아과 16종이 알려져 있다. 북녘에서는 '범나비과'라고 한다.

알 모시나비나 붉은점모시나비 알은 위쪽 가운데가 움푹한 곰보빵처럼 생겼지만, 호랑나비와 여러 가지 제비나비는 겉이 매끈한 공처럼 생겼고, 노랗거나 하얗다. 온도에 따라 알에서 애벌레가 깨어 나오는 기간이 다르지만, 많은 호랑나비와 제비나비가 열흘 안팎쯤 걸린다.

애벌레 다 자란 모시나비나 붉은점모시나비 애벌레는 털이 수북하고 까만 몸에 불그스름한 누런색을 띤 가는 옆줄 무늬가 있다. 여러 가지 호랑나비와 제비나비는 어린 애벌레와 다 자란 애벌레 생김새가 사뭇 다르다. 4령까지는 새똥처럼 보이지만 다 자란 애벌레는 털 없이 매끈하고, 띠무늬가 있는 풀색이나 짙은 풀색으로 바뀐다. 애벌레는 소나무과, 운향과, 쥐방울덩굴과, 피나무과, 현호색과, 돌나물과, 마편초과, 방기과, 녹나무과, 콩과, 산형과, 층층나무과, 박주가리과, 쥐꼬리망초과, 꼭두서니과 식물 잎을 갉아 먹는다. 호랑나비 무리 가운데 7종이 운향과 식물을 먹는다. 귤나무나 유자나무, 산초나무 같은 운향과 식물을 찾으면 호랑나비 무리를 제법 쉽게 볼 수 있다.

번데기 번데기가 될 때는 고치 가운데쯤을 식물 줄기에 가느다란 실로 묶어 흔들리지 않게 꼭 붙인다. 이런 번데기를 한자로 '대용(帶蛹)'이라고 한다. 거의 번데기로 겨울을 난다.

어른벌레 어른이 된 암수 나비는 모두 꽃꿀을 빨고, 수컷은 축축한 땅바닥에 모여 물을 빨아 먹기도 한다. 들판부터 높은 산까지 여기저기서 볼 수 있고, 봄부터 가을까지 날아다닌다.

산호랑나비

모시나비

Parnassius stubbendorfii

날개가 하얗고 속이 훤히 보이는 모시와 닮았다고 '모시나비'라는 이름이 붙었다. 북녘에서는 '모시범나비'라고 한다. 붉은점모시나비와 닮았지만 크기가 더 작고, 날개에 빨간 점무늬가 없다.

모시나비는 한 해에 한 번 날개돋이 한다. 중부와 남부 지방에서는 5월쯤에 보이고, 높은 산에서는 6월 중순까지 날아다닌다. 함경도 같은 북부 지방에서는 6월 중순부터 7월 초까지 볼 수 있다. 예전에는 도시 가까이에서도 많이 볼 수 있었다. 산속 풀밭이나 숲 가장자리에서 무리 지어 천천히 날아다닌다. 맑은 날에 쥐오줌풀, 기린초, 엉겅퀴, 서양민들레 꽃에 잘 모인다. 수컷은 짝짓기가 끝나면 암컷 배 끝에 끈적한 분비물을 발라 독수리 발톱처럼 생긴 딱딱한 주머니를 만든다. 이것을 '수태낭'이라고 한다. 그래서 짝짓기를 마친 암컷과 그렇지 않은 암컷을 한눈에 알아볼 수 있다. 알 속에서 애벌레가 깨어 밖으로 안 나오고 그대로 겨울을 난다. 겨울을 난 애벌레는 알에서 나와 왜현호색, 산괴불주머니, 현호색, 들현호색 잎을 먹고 큰다. 다 자란 애벌레는 까만 몸에 가늘고 불그스름한 누런 옆줄 무늬가 뚜렷하다. 주로 가랑잎 뒷면에 거무스름한 누런빛을 띤 고치를 만들고 그 속에서 번데기가 된다.

모시나비는 몽골과 가까운 러시아 이르쿠츠크 지역에서 맨 처음 기록된 나비다. 우리나라에서는 1887년에 *Parnassius stubbendorfi* 로 처음 기록되었다. 러시아, 중국, 몽골에서도 산다.

5 ~ 6월 중순,
6월 중순 ~ 7월초
애벌레

북녘 이름 모시범나비
사는 곳 산속 풀밭, 숲 가장자리
나라 안 분포 제주도, 울릉도를 뺀 온 나라
나라 밖 분포 러시아, 중국, 몽골
잘 모이는 꽃 쥐오줌풀, 기린초, 엉겅퀴, 서양민들레
애벌레가 먹는 식물 왜현호색, 산괴불주머니, 현호색 따위

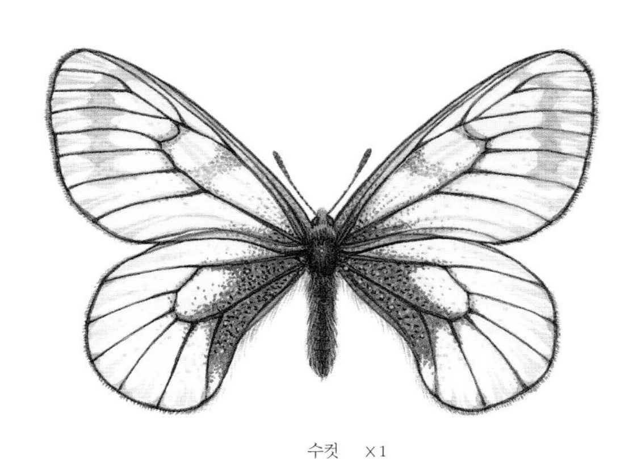

수컷 ×1

수컷 옆모습

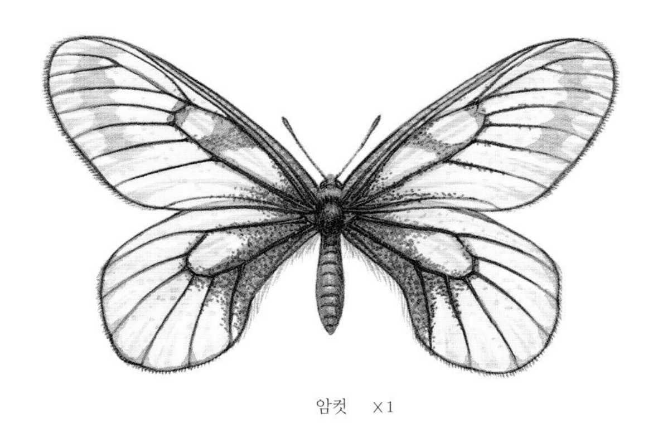

암컷 ×1

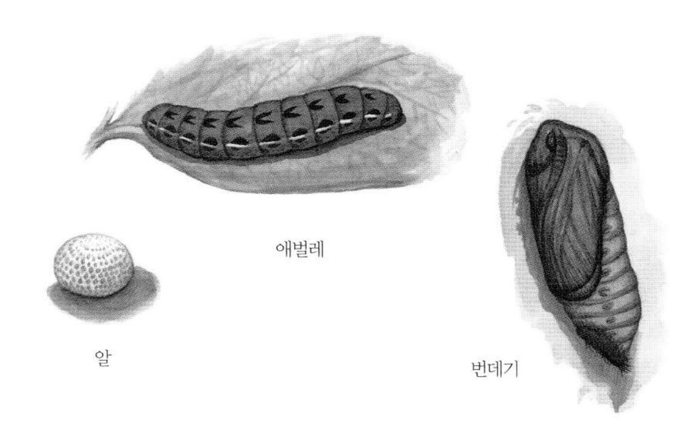

애벌레

알

번데기

날개 편 길이는 43 ~ 60mm이다. 모시나비 무리 가운데 크기가 작은 편이다. 날개는 하얗고, 앞날개 윗면에 옅은 가로 띠무늬가 있는 나비가 많다. 날개 테두리와 날개맥은 까매서 뚜렷하게 보인다. 뒷날개 뒤쪽 가장자리는 폭넓게 까맣다.

붉은점모시나비

Parnassius bremeri

모시나비와 닮았는데 날개에 붉은 점이 있어서 '붉은점모시나비'라는 이름이 붙었다. 북녘에서는 '붉은점모시범나비'라고 한다.

붉은점모시나비는 한 해에 한 번 날개돋이 한다. 중부와 남부 지방에서는 5월 초부터 6월 중순까지 볼 수 있고, 북녘 동북부 높은 산에서는 6월 말부터 7월 말까지 볼 수 있다. 남녘에서는 1990년대에 들어 거의 사라져 멸종위기야생동물 I급으로 정해서 보호하고 있다.

붉은점모시나비는 산속 풀밭이나 큰 돌이 많은 수풀 가장자리에서 무리 지어 천천히 낮게 날아다닌다. 산딸기나무, 엉겅퀴, 기린초 꽃에 잘 모인다. 애벌레는 모시나비 애벌레와 닮았다. 돌나물과에 속하는 기린초 잎을 갉아 먹는다. 모시나비처럼 알 속에서 애벌레가 깨어 그대로 겨울을 난다. 날개돋이 해서 어른이 되어도 애벌레가 처음 나온 곳에서 멀리 벗어나지 않는다. 예전에는 마을 둘레나 사람들이 땔감을 구하던 산언덕에 많이 살았던 것으로 보아 숲이 너무 우거지지 않는 곳에서 잘 사는 것 같다.

붉은점모시나비는 러시아 아무르 지방에서 맨 처음 기록된 나비다. 우리나라에서는 1919년 평안북도 영변군 구장리에서 처음 찾아 *Parnassius bremeri*로 기록되었다. 러시아, 중국 동북부에서도 산다.

5월 초 ~ 6월 중순, 6월 말 ~ 7월 말
애벌레
멸종위기야생동물 I급

북녘 이름 붉은점모시범나비
사는 곳 산속 풀밭, 수풀 가장자리
나라 안 분포 내륙 몇몇 곳
나라 밖 분포 러시아, 중국 동북부
잘 모이는 꽃 산딸기나무, 엉겅퀴, 기린초
애벌레가 먹는 식물 기린초

날개 편 길이는 60 ~ 65mm이다. 모시나비 무리 가운데 크기가 큰 편이다. 날개는 하얗고, 앞날개 윗면에 짙고 굵은 무늬가 있다. 날개 가운데 가장자리쯤에 짙은 무늬가 있을 때가 많다. 날개 테두리와 날개맥은 까매서 뚜렷하게 보인다. 뒷날개에는 까만 테두리를 두른 빨간 점무늬가 2개씩 있는데, 사는 곳에 따라 조금씩 다르다. 뒷날개 뒤쪽 가장자리는 폭넓게 까만색을 띤다.

꼬리명주나비

Sericinus montela

뒷날개에 꼬리처럼 생긴 돌기가 길고, 날개 색이 명주 옷감과 닮았다고 '꼬리명주나비'라는 이름이 붙었다. 북녘에서는 '꼬리범나비'라고 한다. 수컷은 누런 밤색이고, 암컷은 짙은 밤색을 띠어서 서로 다르다. 조선 시대 화가 남계우가 그린 '호접도'에도 그려져 있을 만큼 오래전부터 우리에게 친숙한 나비다. 꼬리명주나비는 호랑나비와 생김새가 많이 닮았지만, 모시나비 무리와 더 가까운 나비다.

우리나라에서는 꼬리명주나비가 한 해에 두세 번 날개돋이 한다. 따뜻한 지방에서는 한 해에 너덧 번 나오기도 한다. 남녘에서는 제주도, 울릉도, 서해 남쪽 바닷가 몇몇 곳을 빼고 어디서나 산다. 하지만 요즘에는 수가 시나브로 줄고 있다. 4월부터 9월까지 수컷은 낮은 산 가장자리나 논밭, 도랑이나 시내 둘레 풀밭에서 천천히 날아다닌다. 맑은 날뿐만 아니라 흐린 날, 가랑비 내리는 날에도 날아다닌다. 날개를 잘 펄럭이지 않고 미끄러지듯 날다가 땅과 가까워지면 날개를 조금 펄럭인다. 어른 키 높이쯤에서 난다. 암컷은 수컷보다 덜 날아다닌다. 오전에는 날개를 쫙 펴서 햇볕을 쬐고, 더운 오후에는 날개를 접고 앉는다. 개망초와 산형과 꽃에 잘 모인다. 짝짓기 때는 암컷이 위에서 풀 줄기를 잡고 있으면, 뒤쪽에서 수컷이 배를 내밀어 짝짓기를 한다. 짝짓기를 마치면 알을 한군데에 10개부터 200개쯤까지 낳는다. 알에서 나온 애벌레는 서로 모여서 쥐방울덩굴과 방울꽃 잎을 갉아 먹는다. 애벌레는 자라면서 뿔뿔이 흩어진다. 다 자란 애벌레는 까만 몸에 가시처럼 생긴 연한 누런색 돌기가 줄지어 나 있다. 앞으로 뻗은 까만 돌기는 유난히 길어서 다른 모시나비아과 애벌레들과 쉽게 구별된다. 번데기로 겨울을 난다.

꼬리명주나비는 중국 상하이 지역에서 맨 처음 기록된 나비다. 우리나라에서는 1887년에 *Sericinus telamon greyi*로 처음 기록되었다. 극동 러시아, 중국에서도 산다.

4 ~ 9월
번데기
국외반출승인대상생물종

북녘 이름 꼬리범나비
사는 곳 숲 가장자리, 풀밭
나라 안 분포 남서부와 제주도를 뺀 온 나라
나라 밖 분포 극동 러시아, 중국
잘 모이는 꽃 개망초, 산형과 꽃
애벌레가 먹는 식물 쥐방울덩굴, 방울꽃

날개 편 길이는 봄형 42 ~ 54mm, 여름형 52 ~ 58mm이다. 여름형이 더 크다. 수컷은 누런 밤색, 암컷은 짙은 밤색을 띤다. 날개는 멀리서 보면 얼룩덜룩하게 보이고, 뒷날개 가운데 가장자리에는 빨간 띠무늬가 있다. 뒷날개 돌기가 꼬리처럼 아주 길다.

애호랑나비

Luehdorfia puziloi

호랑나비나 산호랑나비와 닮았는데 크기가 작아서 '애호랑나비'라는 이름이 붙었다. 북녘에서는 '애기범나비'라고 한다. 호랑나비나 산호랑나비보다 뒷날개에 있는 꼬리처럼 생긴 돌기가 아주 짧다.

애호랑나비는 한 해에 한 번 날개돋이 한다. 생김새가 호랑나비 무리와 닮았지만, 앞날개 윗면에 있는 날개맥 가운데방 끝 가로맥이 안쪽으로 크게 굽어서 모시나비 무리에 든다. 남녘에서는 이른 봄부터 5월까지 산에서 볼 수 있는데, 암컷은 높은 산에서 6월 초까지 볼 수 있다. 제주도와 울릉도를 뺀 온 나라에서 살지만 요즘에는 사는 곳과 수가 시나브로 줄고 있다. 따스한 날 산 길가나 숲 가장자리에서 천천히 날아다닌다. 줄딸기, 서양민들레, 산민들레, 제비꽃, 진달래, 얼레지 꽃에 잘 모인다. 짝짓기를 마친 암컷은 애벌레가 먹는 족도리풀, 개족도리풀 잎 뒤에 알을 5 ~ 15개쯤 낳아 붙인다. 어린 애벌레들은 서로 줄을 잘 맞춰 한쪽으로 움직이며 잎을 모조리 갉아 먹는다. 다 자란 애벌레들도 서로 모여 잎을 갉아 먹다가 싹 갉아 먹으면 먹을 잎을 찾아 뿔뿔이 흩어진다. 그리고 가랑잎 속으로 들어가 번데기가 되어 겨울을 난다.

애호랑나비는 러시아 우수리 지역에서 맨 처음 기록된 나비다. 우리나라에서는 1919년에 *Luehdorfia puziloi*로 처음 기록되었다. 극동 러시아, 중국, 일본에도 살고 있다.

이른 봄 ~ 5월
번데기

북녘 이름 애기범나비
다른 이름 이른봄애호랑나비, 이른봄범나비, 이른봄애호랑이
사는 곳 산 길가, 숲 가장자리
나라 안 분포 남서부와 제주도를 뺀 온 나라
나라 밖 분포 극동 러시아, 중국, 일본
잘 모이는 꽃 줄딸기, 서양민들레, 제비꽃 따위
애벌레가 먹는 식물 족도리풀, 개족도리풀

수컷 ×1.5

수컷 옆모습

암컷 ×1.5

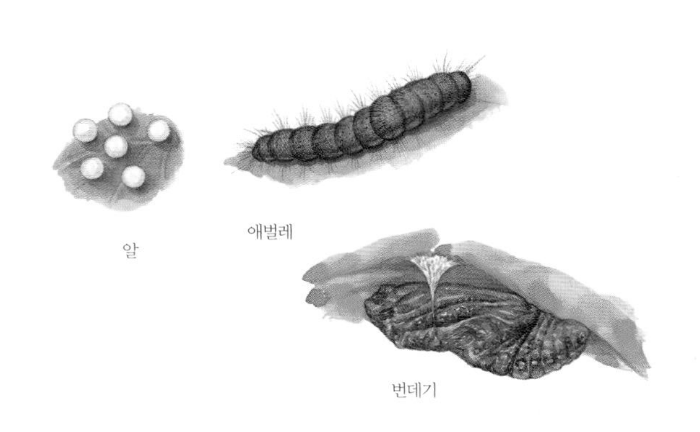

날개 편 길이는 39 ~ 49mm이다. 누렇고 까만 줄무늬가 날개에 어우러진다. 수컷은 배에 털이 많고, 암컷은 매끈하다. 뒷날개 끝 모서리에 빨간 점무늬가 있다. 호랑나비나 산호랑나비보다 크기가 작고, 꼬리처럼 생긴 돌기가 아주 짧다.

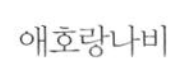

애호랑나비 모시나비 꼬리명주나비

모시나비 무리 특징

호랑나비

Papilio xuthus

날개 무늬가 범 무늬와 닮았다고 '호랑나비'라는 이름이 붙었다. 북녘에서는 '범나비'라고 한다. 산호랑나비와 닮았지만, 호랑나비는 앞날개 윗면 날개맥 가운데방에서 날개 뿌리 쪽으로 허연 줄무늬가 있다. 조선 시대 화가 남계우가 그린 '호접도'에 나올 만큼 오래전부터 우리에게 잘 알려진 나비다.

호랑나비는 한 해에 두세 번 날개돋이 한다. 봄에 한 번 날개돋이 하고, 여름과 가을에 또 날개돋이를 한다. 여름에 나온 나비는 날개 무늬가 더 짙고 몸집도 더 크다. 3월 말부터 11월 초까지 온 나라 산과 숲 가장자리에서 볼 수 있다. 봄에는 산등성이나 산꼭대기에서 날아다닌다. 맑은 날 날개를 쫙 펴고 햇볕을 쬔다. 장딸기, 갓, 엉겅퀴, 산초나무, 참나리, 익모초, 계요등, 코스모스, 참싸리, 꽃무릇, 진달래 같은 여러 꽃에 잘 모인다. 짝짓기를 마치면 잎이나 새싹, 작은 가지에 알을 하나씩 낳는다. 알에서 깬 애벌레는 운향과에 속하는 황벽나무, 백선, 산초나무, 탱자나무, 귤나무, 유자나무, 머귀나무, 초피나무 잎을 갉아 먹는다. 숨을 곳을 안 만들고 잎 위에서 잎을 갉아 먹기 때문에 찾기 쉽다. 어린 애벌레와 다 자란 애벌레는 생김새가 아주 다르다. 4령까지는 새똥처럼 보이다가 다 자라면 몸도 커지고 몸빛도 띠무늬가 있는 풀빛으로 바뀐다. 번데기로 겨울을 나는데, 번데기 가운데쯤을 실로 둘러 가지에 묶고 딱 붙어 있다.

호랑나비는 중국 광저우 지역에서 맨 처음 기록된 나비다. 우리나라에서는 1883년에 인천에서 처음 찾아 *Papilio xuthulus*로 기록되었다. 러시아, 중국, 타이완, 일본에서도 살고 있다.

3월 말 ~ 11월 초
번데기

북녘 이름 범나비
사는 곳 들판, 물가 둘레, 숲 가장자리, 산속
나라 안 분포 온 나라
나라 밖 분포 러시아, 중국, 타이완, 일본
잘 모이는 꽃 엉겅퀴, 산초나무, 참나리 따위
애벌레가 먹는 식물 산초나무, 탱자나무, 귤나무 따위

수컷 ×1

수컷 옆모습

암컷 ×1

날개 편 길이는 봄형 56 ~ 66mm, 여름형 75 ~ 97mm이다. 앞날개는 젖빛 바탕에 까만 줄무늬가 어울려 있다. 앞날개 윗면 가운데쯤에 누르스름한 하얀 줄무늬가 있다. 날개 바깥쪽 가장자리에는 젖빛 반달무늬가 줄지어 있다. 뒷날개 아랫면 모서리에는 빨간 점무늬가 있다. 꼬리처럼 생긴 돌기는 길다.

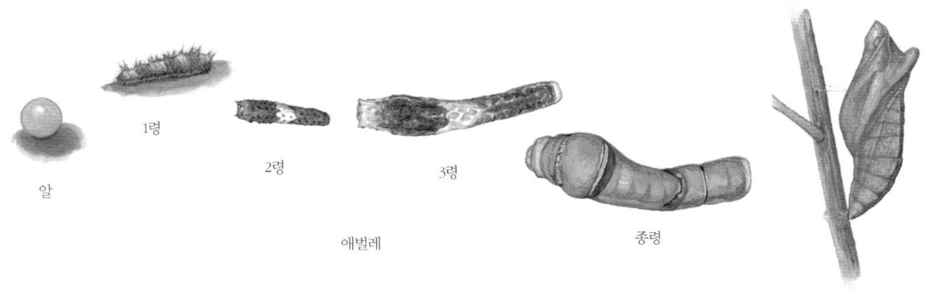

산호랑나비

Papilio machaon

산에 사는 호랑나비라고 '산호랑나비'다. 북녘에서는 '노랑범나비'라고 한다. 호랑나비와 닮았지만, 산호랑나비는 앞날개 윗면 날개맥 가운데방에 하얀 줄무늬가 없고, 날개가 더 노랗다.

산호랑나비는 한 해에 두세 번 날개돋이 한다. 4월부터 10월까지 온 나라 산과 숲 가장자리에서 볼 수 있다. 때때로 강가 같은 들판에서도 볼 수 있지만 호랑나비보다는 수가 적다. 봄에는 호랑나비처럼 산등성이나 산꼭대기에서 쉽게 볼 수 있다. 맑은 날 자기 사는 곳 둘레를 빙 돌아 날아다니며 다른 수컷이 못 들어오게 막는다. 한 번 빙 돌아 난 뒤에는 바위나 나무 끝에 앉아 날개를 쫙 펴고 햇볕을 쬔다. 진달래, 코스모스, 개망초, 철쭉, 수수꽃다리, 복숭아나무, 이질풀, 미나리 같은 여러 꽃에 잘 모인다.

산호랑나비 알은 공처럼 동그랗고 노랗다. 알에서 나온 애벌레는 알 껍질을 먹어 치운다. 다 자란 애벌레는 누런 풀빛 몸에 까만 테를 두르고 빨간 점무늬가 있다. 애벌레를 건드리면 머리에서 노란 뿔이 튀어나와 고약한 냄새를 풍겨 천적을 쫓는다. 이 냄새 뿔은 호랑나비아과에 속한 나비 애벌레는 모두 가지고 있다. 애벌레는 운향과에 속하는 백선, 탱자나무, 유자나무와 산형과에 속하는 갯기름나물, 당근, 인삼, 파드득나물, 미나리, 방풍, 기름나물 잎을 갉아 먹는다. 다 자란 애벌레는 고치를 만들고 그 속에서 번데기가 되어 겨울을 난다.

산호랑나비는 스웨덴에서 맨 처음 기록된 나비다. 우리나라에서는 1883년에 *Papilio hippocrates*로 처음 기록되었다. 아시아, 유럽, 북아프리카까지 호랑나비보다 더 폭넓은 지역에서 산다.

4 ~ 10월
번데기

북녘 이름 노랑범나비
사는 곳 산, 숲 가장자리, 강가
나라 안 분포 온 나라
나라 밖 분포 아시아, 유럽, 북아프리카
잘 모이는 꽃 진달래, 코스모스, 개망초 따위
애벌레가 먹는 식물 백선, 탱자나무, 유자나무 따위

수컷 ×1

수컷 옆모습

암컷 ×1

알 번데기

날개 편 길이는 봄형 65 ~ 75mm, 여름형 85 ~ 95mm이다. 앞날개는 누런 바탕에 까만 줄무늬가 어우러져 있다. 앞날개 윗면 가운데방에 하얀 줄무늬가 없다. 뒷날개 가운데 가장자리를 따라 파란 반달꼴 무늬가 있다. 날개 바깥쪽 가장자리에는 누런 반달무늬가 줄지어 있다. 날개 끝 모서리에는 동그란 주황색 무늬가 있고, 꼬리처럼 생긴 돌기가 길다.

산호랑나비 애벌레는 위험할 때 머리에서 노란 뿔이 돋고 고약한 냄새를 풍긴다.

제비나비

Papilio bianor

날개 색이 제비 몸빛과 닮았다고 '제비나비'다. 북녘에서는 '검은범나비'라고 한다. 산제비나비와 닮았지만, 제비나비는 앞날개 아랫면 가장자리를 따라 허연 무늬가 폭넓게 있고, 뒷날개 아랫면 가운데 가장자리를 따라 누런 띠무늬가 없다. 제비나비는 조선 시대 신사임당이 그린 '초충도'에 그려질 만큼 호랑나비와 함께 오래전부터 우리에게 익숙한 나비다.

제비나비는 우리나라에서는 한 해에 두세 번 날개돋이 한다. 4월부터 9월까지 온 나라에서 볼 수 있다. 봄에는 산길을 따라 산등성이로 올라오는 제비나비를 쉽게 만날 수 있다. 여름에는 산뿐만 아니라 숲 가장자리나 도시공원 꽃밭에서도 볼 수 있다. 맑은 날 철쭉, 참나리, 왕원추리, 산초나무, 누리장나무, 자귀나무, 코스모스, 엉겅퀴 같은 여러 꽃에 잘 모인다. 꽃에 앉아 꿀을 빨 때도 끊임없이 날개를 퍼덕인다. 축축한 땅에 수십 마리가 모여 물을 빨아 먹다가 한꺼번에 날아오르기도 한다. 애벌레는 호랑나비 애벌레처럼 4령까지는 새똥처럼 보이다가 다 자라면 띠무늬가 있는 진한 풀빛으로 바뀐다. 운향과에 속하는 황벽나무, 상산, 머귀나무, 산초나무, 탱자나무, 유자나무, 초피나무, 왕초피나무 잎을 잘 갉아 먹는다. 위험할 때는 노란 뿔이 돋아 고약한 냄새를 풍긴다. 번데기 생김새도 호랑나비와 닮았다. 번데기로 겨울을 난다.

제비나비는 중국 광저우에서 맨 처음 기록된 나비다. 우리나라에서는 1883년에 인천에서 처음 찾아 *Papilio dehaanii*로 기록되었다. 극동 러시아, 중국, 일본에도 살고 있다.

4 ~ 9월
번데기

북녘 이름 검은범나비
사는 곳 산속 수풀, 숲 가장자리
나라 안 분포 온 나라
나라 밖 분포 극동 러시아, 중국, 일본
잘 모이는 꽃 개망초, 철쭉, 참나리 따위
애벌레가 먹는 식물 황벽나무, 산초나무, 탱자나무 따위

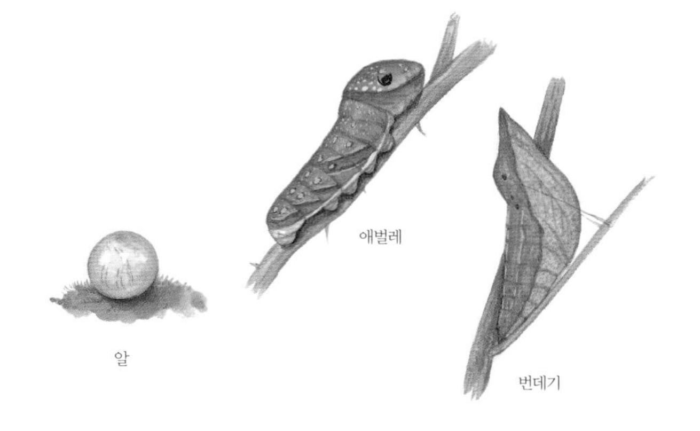

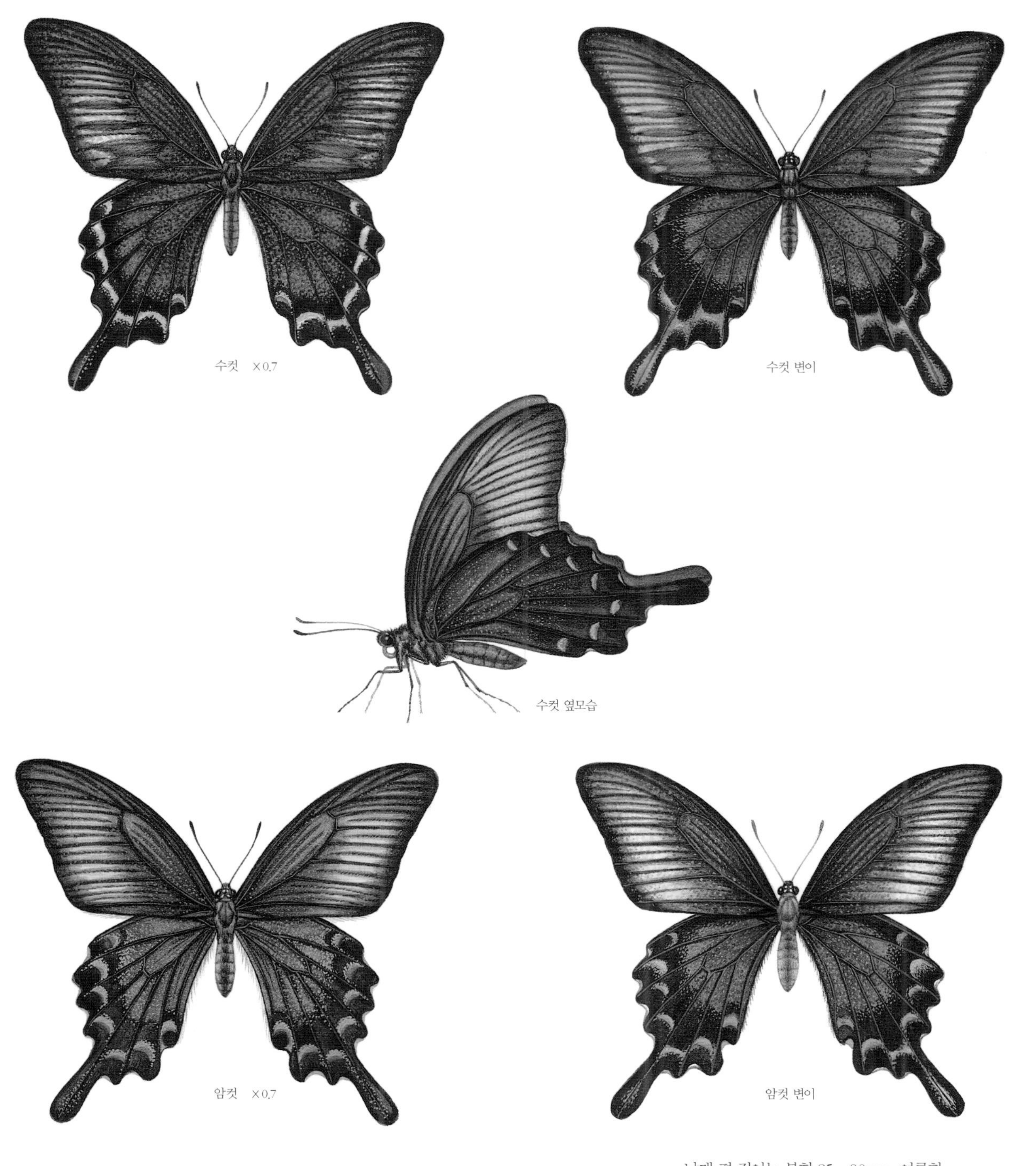

날개 편 길이는 봄형 85 ~ 90mm, 여름형 105 ~ 120mm이다. 날개 윗면은 쇠붙이처럼 빛나는 짙은 푸른색을 띠는데 지역에 따라 조금씩 다르다. 앞날개 아랫면 가운데 가장자리를 따라 나 있는 누런빛을 띤 하얀 무늬 폭이 넓다. 뒷날개 아랫면 가운데 가장자리에 누런 띠무늬가 없고, 주황색 반달무늬가 줄지어 있다. 수컷은 앞날개 윗면 뒤쪽 가장자리에 까만 무늬가 있고, 암컷은 없다.

산제비나비

Papilio maackii

높은 산에 사는 제비나비라고 '산제비나비'라는 이름이 붙었다. 북녘에서는 '산검은범나비'라고 한다. 제비나비와 닮았지만, 산제비나비는 앞날개 아랫면 가운데 가장자리에 있는 허연 무늬 폭이 좁고, 뒷날개 아랫면 가운데 가장자리에 누런 띠무늬가 있다.

산제비나비는 한 해에 두 번 날개돋이 한다. 4월부터 9월까지 온 나라 산에서 볼 수 있는데, 제비나비보다 높은 산에서 산다. 수컷은 산길이나 산등성이, 산꼭대기에서 다른 나비가 못 들어오게 텃세를 세게 부린다. 산길 축축한 곳이나 골짜기에서 무리 지어 앉아 물을 빠는 모습을 자주 볼 수 있다. 맑은 날 날개를 쫙 펴고 햇볕을 쬐며 붉은병꽃나무, 참나리, 엉겅퀴, 쉬땅나무, 누리장나무, 철쭉, 자귀나무, 민들레, 큰까치수염 꽃에 잘 모여 꿀을 빤다. 자리에 앉아 있을 때에는 날개를 살며시 파르르 떤다. 암컷이 나타나면 수컷 여러 마리가 뒤를 쫓아 난다. 짝짓기를 마친 암컷은 애벌레가 먹는 식물 잎 뒤에 알을 하나씩 낳는다. 알에서 깬 애벌레는 운향과에 속하는 황벽나무, 머귀나무, 탱자나무, 초피나무 잎을 갉아 먹는다. 그리고 번데기로 겨울을 난다.

산제비나비는 러시아 아무르 지방에서 맨 처음 기록된 나비다. 우리나라에서는 1889년에서 *Papilio maackii maackii*로 처음 기록되었다. 극동 러시아, 중국 동부, 일본에도 살고 있다.

4 ~ 9월
번데기

북녘 이름 산검은범나비
사는 곳 산, 산골짜기
나라 안 분포 온 나라
나라 밖 분포 극동 러시아, 중국 동부, 일본
잘 모이는 꽃 붉은병꽃나무, 참나리, 엉겅퀴 따위
애벌레가 먹는 식물 황벽나무, 머귀나무, 탱자나무, 초피나무

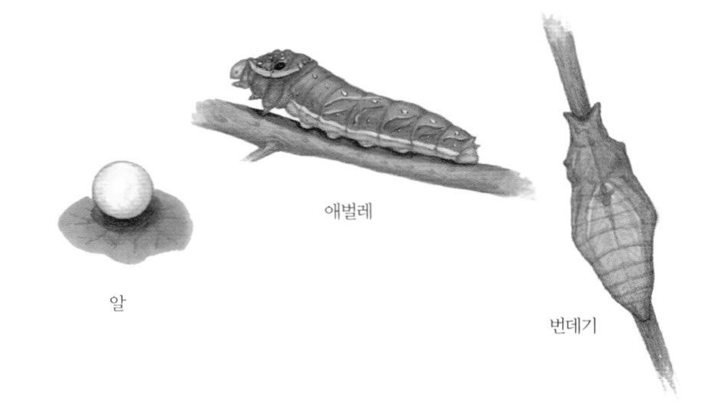

수컷 봄형 ×1

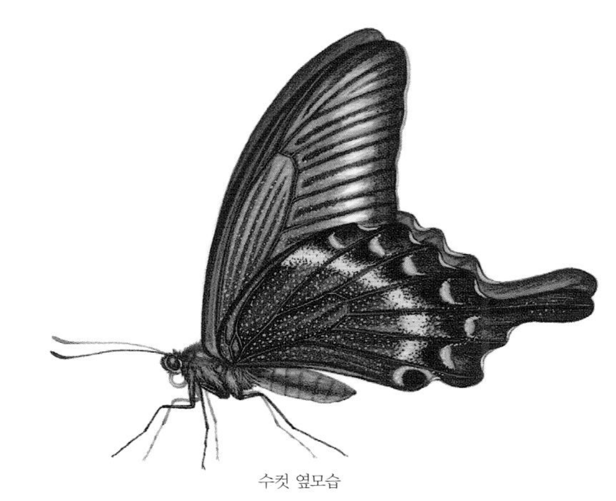
수컷 옆모습

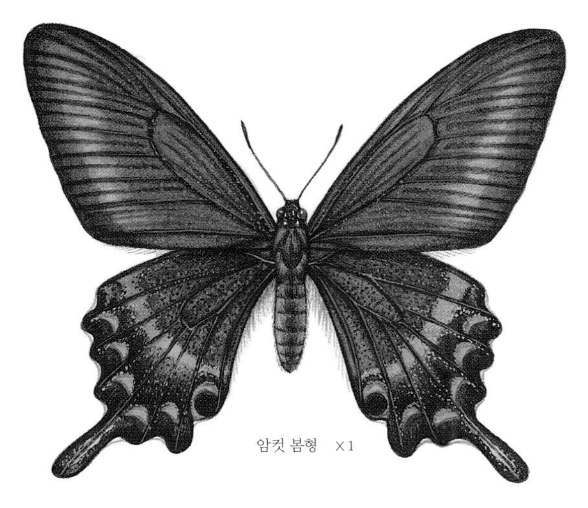
암컷 봄형 ×1

수컷 봄형 변이

수컷 여름형

암컷 봄형 변이

암컷 여름형

날개 편 길이는 봄형 63 ~ 93mm, 여름형 95 ~ 118mm이다. 날개 윗면은 쇠붙이처럼 빛나는 남색을 띠는데 지역에 따라 조금씩 다르다. 날개 아랫면은 까만 밤색을 띠고, 뒷날개 아랫면 바깥쪽 가장자리를 따라 주황색 반달무늬가 늘어선다. 앞날개 아랫면 가운데 가장자리에 있는 누르스름한 무늬 폭이 좁고, 뒷날개 아랫면 가운데에 누런 띠무늬가 있다. 수컷은 앞날개 윗면 뒤쪽 가장자리에 까만 가로 줄무늬가 있고, 암컷은 없다.

긴꼬리제비나비

Papilio macilentus

제비나비 가운데 날개폭이 좁고 뒷날개가 길어서 '긴꼬리제비나비'라는 이름이 붙었다. 북녘에서는 '긴꼬리범나비'라고 한다. 남방제비나비와 닮았지만, 뒷날개 폭이 더 좁고 꼬리처럼 생긴 돌기가 더 길다.

긴꼬리제비나비는 한 해에 두 번 날개돋이 한다. 4월 말부터 9월에 걸쳐 온 나라 산과 숲 가장자리에서 볼 수 있다. 여름에 나오는 나비가 봄에 나오는 나비보다 몸집이 더 크다. 수풀이나 골짜기 둘레에서 천천히 날아다니는데, 가끔 숲 가장자리에서 빠르게 날아다니기도 한다. 맑은 날 보리수나무, 야광나무, 원추리, 고추나무, 노랑코스모스, 큰까치수염, 누리장나무, 엉겅퀴 같은 꽃에 잘 모인다. 수컷은 축축한 곳에서 물을 자주 빨고, 그늘진 숲속에서 암컷과 짝짓기를 한다. 짝짓기를 마친 암컷은 탱자나무나 산초나무 잎 앞뒤나 가지에 알을 낳는다. 애벌레는 운향과에 속하는 산초나무, 상산, 탱자나무, 머귀나무와 피나무과에 속하는 구주피나무, 마편초과에 속하는 누리장나무 잎을 갉아 먹는다. 애벌레가 사는 모습이나 번데기는 다른 제비나비 무리와 닮았다. 번데기로 겨울을 난다.

긴꼬리제비나비는 일본 오야마 지역에서 맨 처음 기록된 나비다. 우리나라에서는 1923년에 *Papilio macilentus*로 처음 기록되었다. 극동 러시아, 일본, 중국 동부에도 살고 있다.

4 ~ 9월
번데기

북녘 이름 긴꼬리범나비
사는 곳 산속 수풀
나라 안 분포 북부를 뺀 온 나라
나라 밖 분포 극동 러시아, 일본, 중국 동부
잘 모이는 꽃 보리수나무, 야광나무, 원추리 따위
애벌레가 먹는 식물 산초나무, 상산, 탱자나무 따위

수컷 ×1

수컷 옆모습

암컷 ×1

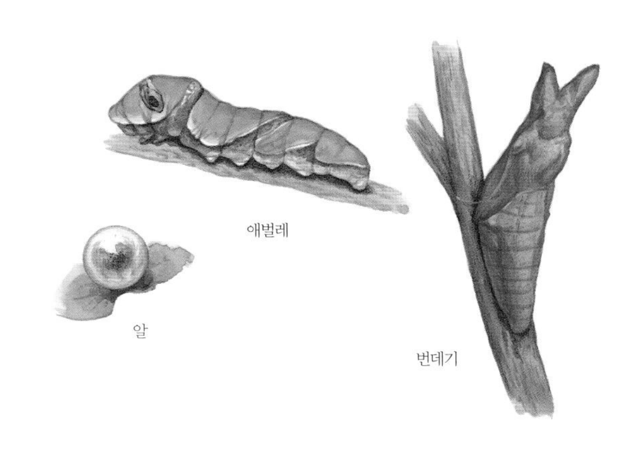

애벌레

알

번데기

날개 편 길이는 봄형 60 ~ 80mm, 여름형 102 ~ 120mm이다. 날개 윗면은 까맣고, 날개맥이 뚜렷하게 보인다. 뒷날개 윗면 뒤쪽 모서리에 주황색 점무늬가 있고, 아랫면 가장자리와 모서리에는 반달처럼 생긴 주황색 무늬가 늘어서 있다. 주황색 무늬 생김새는 저마다 다르다. 수컷은 뒷날개 윗면 앞쪽 가장자리에 허연 무늬가 있고, 암컷은 없다.

무늬박이제비나비

Papilio helenus

뒷날개 가운데에 커다란 젖빛 무늬가 있어서 '무늬박이제비나비'라는 이름이 붙었다. 북녘에서는 '노랑무늬범나비'라고 한다. 뒷날개 가운데에 있는 하얀 무늬 때문에 다른 제비나비와 쉽게 구별할 수 있다.

무늬박이제비나비는 한 해에 두 번 날개돋이 한다. 5월부터 9월에 걸쳐 남해 몇몇 섬이나 바닷가에서 드물게 볼 수 있다. 우리나라에서는 사는 모습이 아직 많이 밝혀지지 않았다. 그래서 우리나라에 눌러살고 있는지 아닌지 아직 뚜렷하지 않다. 요즘에는 거문도, 오동도, 거제도, 동도, 부산 같은 남해 바닷가에 자주 나타난다. 몇몇 곳에서는 제법 많이 볼 수 있어서 눌러사는 나비로 여기기도 한다. 우리나라 기온이 올라가면서 사는 곳이 넓어지고 있는 것 같다. 맑은 날 섬에 있는 산등성이나 산꼭대기에서 날개를 활짝 펴고 천천히 날아다니고, 때로는 숲 가장자리에서 빠르게 날아다니기도 한다. 자귀나무, 금어초, 누리장나무 꽃에 잘 모인다. 애벌레는 운향과에 속하는 황벽나무, 머귀나무, 귤, 유자나무, 산초나무, 피나무과에 속하는 구주피나무 잎을 갉아 먹는다.

무늬박이제비나비는 중국 광저우 지역에서 맨 처음 기록된 나비다. 우리나라에서는 1883년에 *Papilio nicconicolens*로 처음 기록되었다. 일본, 중국, 타이완에도 산다.

5 ~ 9월
아직 모름
국가기후변화생물지표종

북녘 이름 노랑무늬범나비
다른 이름 무늬백이제비나비
사는 곳 숲
나라 안 분포 남해 바닷가와 몇몇 섬
나라 밖 분포 일본, 중국, 타이완
잘 모이는 꽃 자귀나무, 금어초, 누리장나무
애벌레가 먹는 식물 황벽나무, 머귀나무, 귤, 유자나무 따위

수컷 ×0.5

수컷 옆모습

암컷 ×0.5

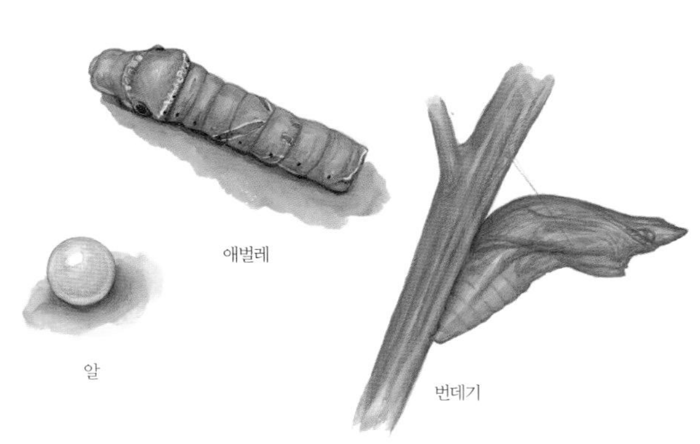

애벌레

알

번데기

날개 편 길이는 120 ~ 130mm이다. 날개는 까맣고, 바깥쪽 가장자리로 갈수록 색이 옅어진다. 뒷날개 폭은 넓고, 꼬리처럼 생긴 돌기는 길다. 뒷날개 가운데쯤에 커다란 젖빛 무늬들이 있다.

멤논제비나비

Papilio memnon

멤논제비나비는 우리나라에 사는 나비가 아니다. 바람을 타고 우리나라에 가끔 날아오는 '길 잃은 나비'다. 한자로 '미접'이라고 한다. 2004년에 전라남도 완도에서 처음 찾았는데 그 뒤로 볼 수 없다. 본디 인도네시아 자바섬 지역에서 사는 나비다. 멤논제비나비는 2006년에 학명을 따라 이름을 지었다. 날개 아랫면 날개 뿌리에 빨간 무늬들이 있고, 뒷날개에 꼬리처럼 생긴 돌기가 없어서 다른 제비나비와 다르다. 암컷은 가끔 돌기가 있다. 인도네시아, 미얀마, 중국, 타이완, 일본에서 살고 있다. 북녘에서는 아직 보이지 않는다.

모름
모름
길 잃은 나비

사는 곳 숲
나라 안 분포 남해 몇몇 곳
나라 밖 분포 인도네시아, 미안마, 중국, 타이완, 일본
잘 모이는 꽃 모름
애벌레가 먹는 식물 금감(중국)

수컷 ×0.7

수컷 옆모습

암컷 ×0.7

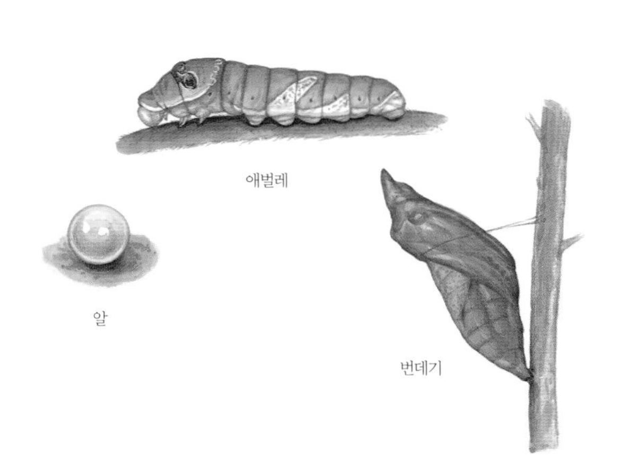

애벌레

알

번데기

날개 편 길이는 106mm이다. 날개 윗면은 까맣고, 날개 아랫면 날개 뿌리에는 빨간 무늬들이 있다. 뒷날개에 꼬리처럼 생긴 돌기가 없다.

남방제비나비

Papilio protenor

주로 남부 지방에 사는 제비나비라고 '남방제비나비'라는 이름이 붙었다. 북녘에서는 '먹범나비'라고 한다. 긴꼬리제비나비와 닮았지만, 남방제비나비는 뒷날개 폭이 더 넓고, 꼬리처럼 생긴 돌기가 조금 더 짧다.

남방제비나비는 한 해에 두세 번 날개돋이 한다. 4월부터 10월 초까지 남부 지방에 있는 산과 숲 가장자리에서 볼 수 있다. 맑은 날 누리장나무, 자귀나무, 아까시나무, 엉겅퀴, 참나리, 쑥부쟁이 꽃에 잘 모이고, 수풀이나 골짜기 둘레를 기운차게 날아다닌다. 때때로 숲속 그늘진 곳으로 들어가기도 한다. 여름에는 서해 바다에 있는 신도, 영종도 같은 섬이나 중부와 남부 내륙 지역에서도 가끔 볼 수 있어 멀리까지 잘 나는 것 같다. 요즘에는 봄에 서해에 있는 대청도에서도 볼 수 있다. 애벌레는 운향과에 속하는 탱자나무, 유자나무, 귤나무, 머귀나무, 상산, 산초나무, 초피나무, 황벽나무와 피나무과에 속하는 구주피나무, 마편초과에 속하는 누리장나무 잎을 갉아 먹는다. 번데기로 겨울을 난다. 번데기 생김새나 애벌레 사는 모습은 다른 제비나비 무리와 비슷하다.

남방제비나비는 중국에서 맨 처음 기록된 나비다. 우리나라에서는 1905년에 *Papilio demetrius*로 처음 기록되었다. 일본, 중국, 타이완, 미얀마, 인도에서도 살고 있다.

4 ~ 10월 초
번데기

북녘 이름 먹범나비
다른 이름 민남방제비나비
사는 곳 산속 수풀, 숲 가장자리
나라 안 분포 남부, 제주도
나라 밖 분포 일본, 중국, 타이완, 미얀마, 인도
잘 모이는 꽃 누리장나무, 자귀나무, 아까시나무 따위
애벌레가 먹는 식물 탱자나무, 유자나무, 초피나무 따위

날개 편 길이는 봄형 100 ~ 105mm, 여름형 108 ~ 118mm이다. 날개 윗면은 온통 까만데, 푸르스름한 비늘가루나 무늬가 있기도 하다. 날개 아랫면은 윗면보다 빛깔이 옅고, 날개 뿌리 쪽은 진하다. 뒷날개 폭이 넓고, 꼬리처럼 생긴 돌기가 조금 짧다. 수컷은 뒷날개 윗면 앞쪽 가장자리에 허연 무늬가 있고, 암컷은 없다.

사향제비나비

Atrophaneura alcinous

수컷에서 사향 냄새가 난다고 '사향제비나비'라는 이름이 붙었다. 북녘에서는 '사향범나비'라고 한다. 긴꼬리제비나비와 닮았지만, 사향제비나비는 가슴과 배 옆쪽이 빨갛다.

사향제비나비는 한 해에 두 번 날개돋이 한다. 5월부터 9월까지 제주도를 뺀 온 나라 산과 숲 가장자리에서 볼 수 있다. 맑은 날 산길 둘레나 숲 가장자리를 천천히 날아다니다가 고추나무, 흰민들레, 라일락, 쥐오줌풀, 누리장나무, 민들레, 큰까치수염 꽃에 모여 날개를 펼치고 꿀을 빤다. 수컷은 다른 제비나비들과 달리 텃세를 안 부린다. 짝짓기를 마친 암컷은 낮게 날아다니면서 쥐방울덩굴이나 등칡 잎에 알을 1 ~ 6개 낳는다. 알에서 깬 애벌레는 쥐방울덩굴과에 속하는 쥐방울덩굴과 등칡, 박주가리과에 속하는 박주가리, 방기과에 속하는 댕댕이덩굴 잎을 갉아 먹는다. 처음에는 잎 뒤에 한데 모여 있다가 몸집이 커지면 뿔뿔이 흩어진다. 애벌레는 위험을 느끼면 불그스름한 뿔이 나와서 고약한 냄새를 풍긴다. 번데기로 겨울을 난다. 애벌레나 번데기 생김새나 애벌레 사는 모습은 다른 제비나비 무리와 비슷한데, 다 자란 애벌레 몸 가운데와 뒤쪽에 튀어나온 돌기가 하얘서 쉽게 알아볼 수 있다.

사향제비나비는 일본 홋카이도 지역에서 맨 처음 기록된 나비다. 우리나라에서는 1887년에 *Papilio alcinous*로 처음 기록되었다. 일본, 중국, 타이완에서도 살고 있다.

5 ~ 9월
번데기

북녘 이름 사향범나비
사는 곳 산이나 숲 가장자리
나라 안 분포 제주도, 울릉도를 뺀 온 나라
나라 밖 분포 일본, 중국, 타이완
잘 모이는 꽃 고추나무, 흰민들레, 라일락, 쥐오줌풀 따위
애벌레가 먹는 식물 쥐방울덩굴, 등칡, 박주가리, 댕댕이덩굴

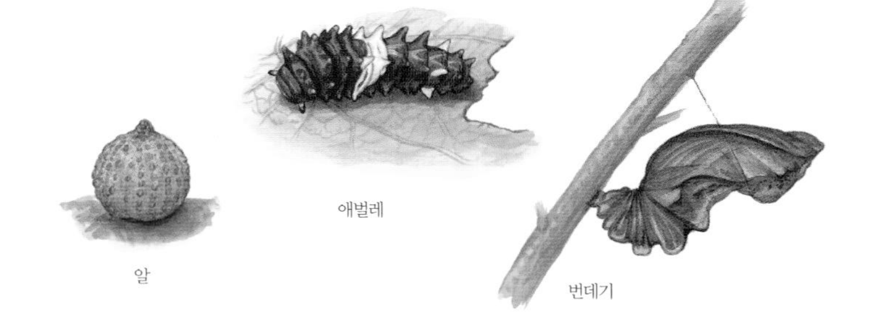

날개 편 길이는 봄형 65 ~ 71mm, 여름형 75 ~ 90mm이다. 수컷은 날개 윗면이 검고 조금 번쩍거린다. 암컷은 날개 윗면이 누런 밤색이고 번쩍거리지 않는다. 가슴과 배 옆쪽은 빨갛다. 수컷은 뒷날개 윗면 바깥쪽 가장자리에 주황색 반달무늬가 없거나 희미하게 나타나지만, 암컷은 뚜렷하다.

청띠제비나비

Graphium sarpedon

앞날개부터 뒷날개까지 날개 가운데로 파란 띠무늬가 넓게 가로지르고 있어서 '청띠제비나비'라는 이름이 붙었다. 북녘에서는 '파란줄범나비'라고 한다.

청띠제비나비는 한 해에 두세 번 날개돋이 한다. 5월부터 8월에 많이 나타나는데, 제주도에서는 11월 초까지 볼 수 있다. 봄에 나온 나비와 여름에 나온 나비는 생김새가 조금 다르다. 봄에 나온 나비가 더 작고 파란 띠무늬가 더 넓다. 우리나라 남부 지방 섬이나 바닷가에 살고 울릉도에도 산다. 요즘에는 사는 곳이 시나브로 넓어져서 서해 중부 지방에 있는 외연도, 불모도, 가의도, 울도 같은 섬에서도 볼 수 있다.

청띠제비나비는 낮은 곳보다는 높은 나무 위에서 무리 지어 날아다니는데, 다른 나비들보다 빠르게 난다. 지느러미엉겅퀴, 망초, 산초나무, 란타나, 초피나무 같은 꽃에 잘 모인다. 꽃에 앉으면 날개를 줄곧 떤다. 떼 지어 물가에 날아와 물을 빨기도 한다. 짝짓기를 마친 암컷은 어린 줄기나 새순에 알을 하나씩 낳는다. 애벌레는 녹나무과에 속하는 녹나무, 후박나무와 층층나무과에 속하는 식나무 잎을 갉아 먹는다. 애벌레는 허물을 네 번 벗고 다 큰 뒤 번데기가 되어 겨울을 난다.

청띠제비나비는 중국 남부 광둥성 지역에서 맨 처음 기록된 나비다. 우리나라에서는 1905년에 *Graphium sarpedon*으로 처음 기록되었다. 중국, 타이완, 인도 남부, 미얀마, 오스트레일리아에도 살고 있다.

5 ~ 8월
번데기

북녘 이름 파란줄범나비
사는 곳 바닷가 숲
나라 안 분포 남부 바닷가, 제주도, 울릉도, 서해 몇몇 섬
나라 밖 분포 중국, 타이완, 인도 남부, 미얀마, 오스트레일리아
잘 모이는 꽃 지느러미엉겅퀴, 망초, 산초나무, 초피나무 따위
애벌레가 먹는 식물 녹나무, 후박나무, 식나무 따위

수컷 ×1

수컷 옆모습

암컷 ×1

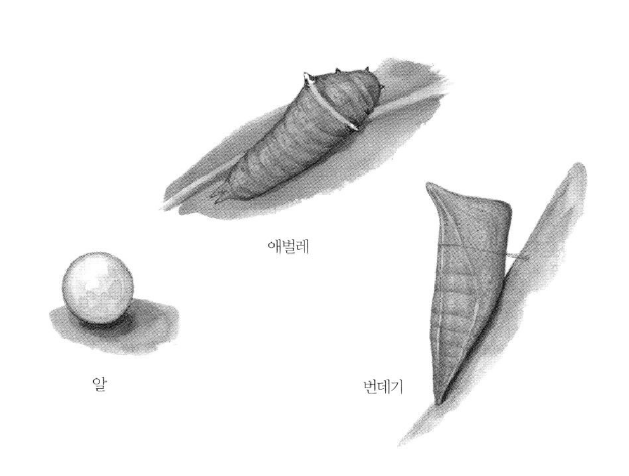

애벌레

알

번데기

날개 편 길이는 57 ~ 79mm이다. 날개는 까맣고, 앞날개와 뒷날개 가운데에 파란 띠무늬가 넓게 가로지른다. 뒷날개 윗면 앞쪽 가장자리에는 하얀빛이 도는 청색 무늬가 있고, 바깥쪽 가장자리를 따라 파란 반달무늬가 있다. 그리고 뒷날개 아랫면 가운데쯤에 작고 빨간 무늬가 있다. 수컷은 뒷날개 뒤쪽 가장자리가 말려 있고, 그 속에 옅은 밤색 털이 기다랗게 나 있지만 암컷은 없다.

흰나비과

흰나비과 PIERIDAE

흰나비 무리는 온 세계에 1100종 넘게 사는데, 거의 아프리카와 아시아에 산다. 나비 무리 가운데 크기가 작거나 보통쯤 된다. 몸빛은 하얗거나 누런 바탕에 까만 무늬가 있다. 흰나비 무리는 날개 색이 하얘서 '흰나비'라는 이름이 붙었다. 흰나비 무리는 앞날개 날개맥 7맥이 3개나 4개로 갈라져 있고, 드물게 5개로 갈라진다. 암수 모두 앞다리가 길고 튼튼해서 네발나비 무리와 다르다. 그리고 앞날개 윗면 뒤쪽 가장자리 날개 뿌리 쪽에 있는 날개맥 1a맥이 없고, 앞발마디 발톱이 두 개로 갈라져서 호랑나비 무리와도 다르다. 우리나라에는 3아과 22종이 알려져 있다. 북녘에서도 '흰나비과'라고 한다.

알 알은 총알처럼 생겼고, 색깔은 처음에는 하얗거나 노랗다가 누런 밤색이나 밤색으로 바뀔 때가 많다. 두 주쯤 지나면 알에서 애벌레가 나온다.

애벌레 애벌레는 가늘고 긴 원통처럼 생겼다. 거의 풀색을 띠고, 때때로 가로 줄무늬가 있다. 애벌레는 십자화과, 콩과, 장미과, 가래나무과, 갈매나무과, 진달래과 식물 잎을 갉아 먹는다. 흰나비과 무리 가운데 6종이 십자화과나 콩과 식물 잎을 갉아 먹는다.

번데기 번데기는 식물 줄기에 몸 가운데를 실로 묶어 딱 붙어 있다. 거의 모든 번데기는 머리와 배 끝이 가늘고 뾰쪽해서 옆에서 보면 긴 삼각형처럼 보인다.

어른벌레 각시멧노랑나비, 멧노랑나비, 극남노랑나비, 남방노랑나비는 어른벌레로 겨울을 나고, 나머지는 번데기로 겨울을 난다. 어른벌레 암수 모두 여러 가지 꽃에서 꿀을 빨고, 수컷은 축축한 땅바닥에 잘 앉는다. 들판부터 산속까지 여기저기에서 이른 봄부터 늦가을까지 볼 수 있다.

상제나비

기생나비

Leptidea amurensis

작고 귀여운 생김새나 천천히 날아다니는 모습이 '기생'을 떠올린다고 '기생나비'라는 이름이 붙었다. 북녘에서는 '애기흰나비'라고 한다. 북방기생나비와 닮았지만, 기생나비는 앞날개 날개 끝이 조금 더 뾰족하고, 뒷날개 아랫면 가운데쯤에 까만 줄이 하나 있다.

기생나비는 한 해 두세 번 날개돋이 한다. 4월부터 9월까지 볼 수 있다. 우리나라에서는 지리산 위쪽 중부 내륙 몇몇 곳에서 볼 수 있다. 지리산 산청 지역이 기생나비가 사는 가장 아래쪽 지역으로 알려졌다. 요즘에는 수가 가파르게 줄고 있다.

기생나비는 맑은 날 낮은 산속 풀밭이나 햇볕이 잘 드는 숲 가장자리 풀밭, 논밭 둘레에서 무리 지어 천천히 날아다닌다. 익모초, 개망초, 꿀풀, 제비꽃, 타래난초 꽃에 잘 모여 꿀을 빤다. 짝짓기를 마친 암컷은 애벌레가 먹는 식물 줄기나 싹에 알을 하나씩 붙여 낳는다. 두 주쯤 지나면 애벌레가 깨어 나온다. 애벌레는 콩과에 속하는 등갈퀴나물, 얼치기완두, 벌노랑이, 살갈퀴, 갈퀴나물, 연리초 잎을 갉아 먹는다. 어릴 때는 잎맥만 남기고 먹지만, 크면 잎을 남김없이 싹 갉아 먹는다. 몸이 풀빛이라 눈에 잘 안 띈다. 번데기로 겨울을 난다.

기생나비는 러시아 아무르 지방에서 맨 처음 기록된 나비다. 우리나라에서는 1882년에 *Leptidea amurensis*로 처음 기록되었다. 극동 러시아, 일본, 중국에도 살고 있다.

4~9월

번데기

북녘 이름 애기흰나비

사는 곳 산속 풀밭, 숲 가장자리, 논밭 둘레

나라 안 분포 중부, 북부

나라 밖 분포 극동 러시아, 일본, 중국

잘 모이는 꽃 익모초, 개망초, 꿀풀, 제비꽃, 타래난초

애벌레가 먹는 식물 등갈퀴나물, 얼치기완두, 벌노랑이 따위

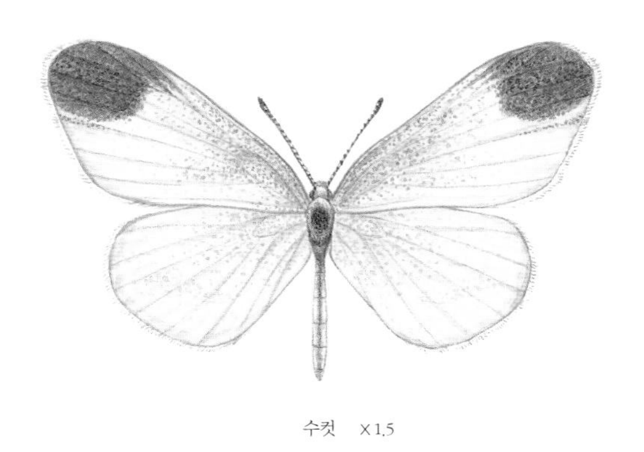
수컷 ×1.5

수컷 옆모습

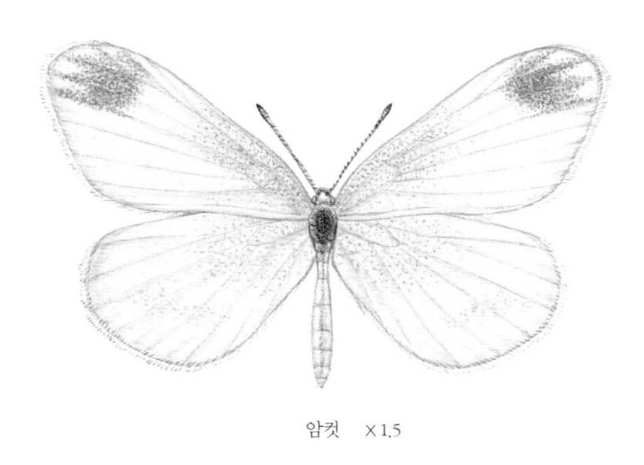
암컷 ×1.5

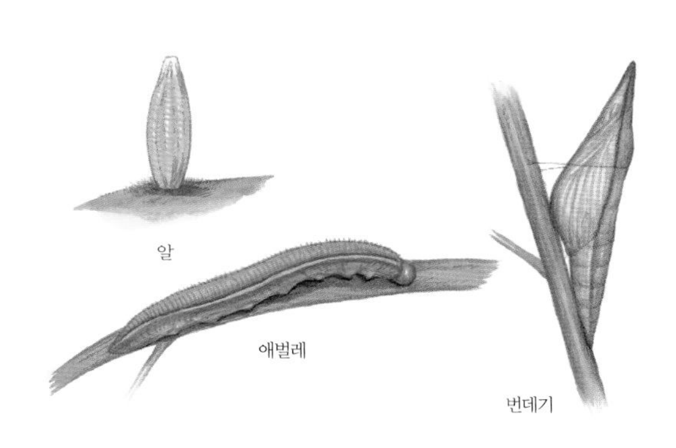

날개 편 길이는 34 ~ 44mm이다. 날개 윗면은 하얗고 아랫면은 누르스름하다. 앞날개 끝이 뾰족하고, 여름형은 앞날개 윗면 날개 끝에 커다랗고 까만 무늬가 있다. 날개 앞쪽 가장자리는 까만 비늘가루로 덮여 있다. 뒷날개 윗면에는 무늬가 없고, 아랫면 가운데쯤에 까만 줄이 하나 있다.

북방기생나비 *Leptidea morsei*

기생나비와 닮았지만, 북방기생나비는 날개 생김새가 더 둥글고, 뒷날개 아랫면에 까만 무늬 두 줄이 뚜렷하게 나 있다. 날개 편 길이는 42 ~ 51mm이다. 남녘에서는 경기도 북부와 강원도 몇몇 곳에서 드물게 나타난다.

수컷

암컷

수컷 옆모습

노랑나비

Colias erate

날개가 노랗다고 '노랑나비'다. 북녘에서도 '노랑나비'라고 한다. 수컷은 노랗지만, 암컷은 허옇다. 앞날개 끝이 둥그스름하고, 뒷날개 윗면 가운데에 점무늬가 있어서 다른 노랑나비 무리와 다르다.

노랑나비는 우리나라 산과 들 어디서나 쉽게 볼 수 있다. 한 해에 서너 번 날개돋이 해서 2월 말부터 11월 초까지 날아다닌다. 봄보다는 가을에 숲 가장자리, 논밭 둘레, 시내나 도랑 둘레, 도시공원에서 수백 마리씩 무리 지어 꽃꿀을 빤다. 갓, 뱀딸기, 토끼풀, 서양민들레, 기생초, 개망초, 유채, 큰금계국, 참싸리, 미국쑥부쟁이, 엉겅퀴 꽃에 잘 모인다. 다른 흰나비와 달리 빠르고 똑바로 난다. 짝짓기를 마친 암컷은 애벌레가 먹는 식물 잎 앞이나 뒤에 알을 하나씩 붙여 낳는다. 알은 좁쌀처럼 길쭉하고 세로로 줄이 나 있다. 처음에는 하얗다가 빨갛게 바뀐다. 알에서 막 나온 애벌레는 맨 먼저 알 껍질을 깨끗이 먹어 치운다. 그러고는 콩과에 속하는 들완두, 개자리, 자운영, 아까시나무, 붉은토끼풀, 토끼풀, 콩, 새콩, 고삼, 돌콩, 비수리 같은 잎을 갉아 먹으며 큰다. 번데기는 다른 노랑나비 무리처럼 등 가운데가 움푹 들어가고, 배는 불룩하게 튀어나온다. 번데기로 겨울을 난다.

노랑나비는 러시아 볼고그라드 지역에서 맨 처음 기록된 나비다. 우리나라에서는 1887년에 *Colias hyale polyographus*로 처음 기록되었다. 중국, 일본, 타이완, 유럽과 아시아 여러 나라에서 살고 있다.

2월 말 ~ 11월 초
번데기

사는 곳 들판, 숲 가장자리, 낮은 산
나라 안 분포 온 나라
나라 밖 분포 중국, 일본, 타이완, 유럽, 아시아
잘 모이는 꽃 갓, 뱀딸기, 토끼풀, 서양민들레 따위
애벌레가 먹는 식물 들완두, 개자리, 자운영, 아까시나무 따위

수컷 ×1.5

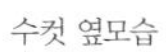

수컷 옆모습

암컷 ×1.5

암컷 옆모습

날개 편 길이는 38 ~ 50mm이다. 앞날개 윗면 바깥쪽 가장자리에는 까만 밤색 무늬가 폭넓게 나 있다. 가운데 위쪽에는 까만 점이 있다. 뒷날개 윗면 바깥쪽 가장자리에 작고 까만 밤색 무늬가 있고, 가운데 윗면에 점무늬가 있다. 수컷은 거의 노란색을 띠지만, 경기도 섬이나 바닷가에는 누르스름한 붉은색을 띠기도 한다. 암컷은 날개 바탕색이 젖빛이지만 가끔 옅은 노란색을 띠기도 한다.

남방노랑나비

Eurema mandarina

남쪽에 사는 노랑나비라고 '남방노랑나비'다. 북녘에서는 '애기노랑나비'라고 한다. 극남노랑나비와 닮았지만, 앞날개 윗면 바깥쪽 까만 테두리 가운데가 움푹 들어가 있다.

남방노랑나비는 남부 지방에서 많이 볼 수 있다. 남부 지방에서 위로 올라오면서 한 해에 서너 번 날개돋이 한다. 여름에 나오는 나비와 가을에 나오는 나비 생김새가 다르다. 가을에 나오는 나비가 여름에 나오는 나비보다 더 크고, 앞날개 윗면 바깥쪽 까만 테두리 무늬가 줄어들어 앞날개 끄트머리에만 남는다. 또 아랫면에 까만 점무늬가 더 많다. 여름에는 5월 중순부터 9월, 가을에는 10월부터 11월까지 볼 수 있다. 어른벌레로 겨울을 난 뒤 알을 낳고 죽는다. 요즘에는 날씨가 따뜻해지면서 늦여름이나 가을에 경기도에 있는 영종도 같은 섬이나 강원도 동해 강릉 바닷가에서도 볼 수 있지만, 이곳에서는 어른벌레로 겨울을 못 난다.

남방노랑나비는 낮은 산에 있는 풀밭이나 햇볕이 드는 숲 가장자리, 논밭 둘레를 천천히 날아다닌다. 쥐꼬리망초, 꿀풀, 쑥부쟁이, 국화 꽃에 잘 모인다. 애벌레는 콩과에 속하는 비수리, 싸리, 좀싸리, 괭이싸리, 참싸리, 차풀, 아까시나무, 결명자, 자귀나무, 실거리나무 잎을 갉아 먹는다. 다 자란 애벌레는 나뭇가지에 붙어 번데기가 된다.

남방노랑나비는 중국 광둥성 지역에서 맨 처음 기록된 나비다. 우리나라에서는 1883년에 *Terias mariesii* 로 처음 기록되었고, 요즘까지 *Eurema hecabe* 라고 했다. 일본, 중국 중남부에도 살고 있다.

5월 중순 ~ 9월, 10 ~ 11월
어른벌레
국가기후변화생물지표종

북녘 이름 애기노랑나비
다른 이름 남노란나비
사는 곳 낮은 산속 풀밭, 숲 가장자리, 논밭 둘레
나라 안 분포 남부, 제주도, 울릉도
나라 밖 분포 일본, 중국 중남부
잘 모이는 꽃 쥐꼬리망초, 꿀풀, 쑥부쟁이, 국화
애벌레가 먹는 식물 비수리, 싸리, 좀싸리 따위

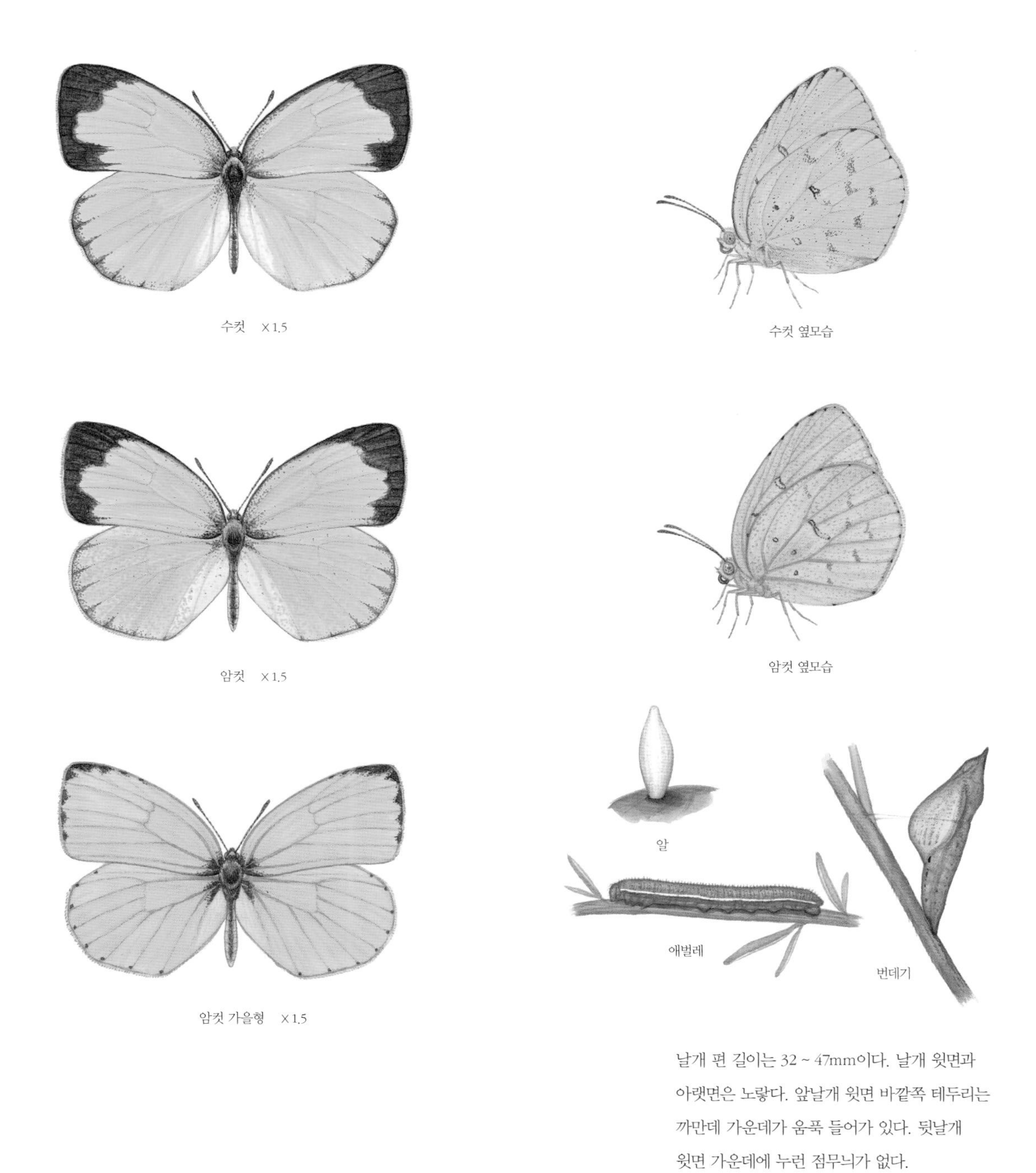

수컷 ×1.5

수컷 옆모습

암컷 ×1.5

암컷 옆모습

암컷 가을형 ×1.5

알

애벌레

번데기

날개 편 길이는 32 ~ 47mm이다. 날개 윗면과 아랫면은 노랗다. 앞날개 윗면 바깥쪽 테두리는 까만데 가운데가 움푹 들어가 있다. 뒷날개 윗면 가운데에 누런 점무늬가 없다.

새연주노랑나비 *Colias fieldii*

날개 윗면은 주황색을 띤다. 앞날개 가운데 윗면에 까만 점이 있고, 뒷날개 가운데 윗면에 커다란 노란 무늬가 있어서 다른 노랑나비와 다르다. 가끔 우리나라로 날아오는 '길 잃은 나비'다. 날개 편 길이는 48 ~ 52mm이다.

수컷

암컷

수컷 옆모습

극남노랑나비

Eurema laeta

남방노랑나비보다 더 남쪽에 산다고 '극남노랑나비'라는 이름이 붙었다. 북녘에서는 '남방애기노랑나비'라고 한다. 노랑나비 무리 가운데 가장 작다. 남방노랑나비와 닮았지만, 앞날개 윗면에 있는 까만 테두리가 날개 끝 모서리 쪽으로 몰려 있다.

극남노랑나비는 한 해에 서너 번 날개돋이 한다. 어른벌레로 겨울을 나고 봄에 짝짓기를 해서 5월 중순부터 9월까지 나온다. 이 나비들이 짝짓기 해서 알을 낳아 10 ~ 11월에 또 나온다. 여름에 나온 나비는 날개 바깥쪽 가장자리가 둥글고, 아랫면에 작고 까만 점무늬가 많다. 가을에 나온 나비는 앞날개 바깥쪽 가장자리가 곧고, 뒷날개 바깥쪽 가장자리는 각이 진다. 뒷날개 아랫면에는 거무스름한 밤색 가로줄이 두 줄 있어서 여름에 나온 나비와 뚜렷이 다르다.

극남노랑나비는 제주도와 남부 바닷가에 산다. 낮은 산속 풀밭이나 햇볕이 드는 숲 가장자리, 논밭 둘레에서 천천히 날아다닌다. 쥐꼬리망초, 꿀풀, 개망초, 엉겅퀴, 타래난초, 민들레, 괭이밥, 싸리 꽃에 잘 모인다. 애벌레 몸통에 노란 옆줄이 있어서, 하얀 옆줄이 있는 남방노랑나비 애벌레와 다르다. 애벌레는 콩과에 속하는 비수리, 싸리, 좀싸리, 아까시나무, 결명자, 자귀나무, 실거리나무, 괭이싸리, 차풀, 참싸리 잎을 갉아 먹는다. 번데기는 다른 노랑나비처럼 배가 불룩하다.

극남노랑나비는 인도 벵골 지역에서 맨 처음 기록된 나비다. 우리나라에서는 1883년에 제주도에서 처음 찾아 *Terias subfervens*로 기록되었다. 일본, 타이완, 미얀마, 오스트레일리아, 인도에서도 살고 있다.

5월 중순 ~ 9월, 10 ~ 11월
어른벌레

북녘 이름 남방애기노랑나비
사는 곳 낮은 산속 풀밭, 숲 가장자리, 논밭 둘레
나라 안 분포 남부, 제주도, 울릉도
나라 밖 분포 일본, 타이완, 미얀마, 오스트레일리아, 인도
잘 모이는 꽃 쥐꼬리망초, 꿀풀, 개망초 따위
애벌레가 먹는 식물 비수리, 싸리, 아까시나무 따위

수컷 가을형 ×1.5

수컷 가을형 옆모습

암컷 가을형 ×1.5

암컷 여름형 옆모습

암컷 여름형 ×1.5

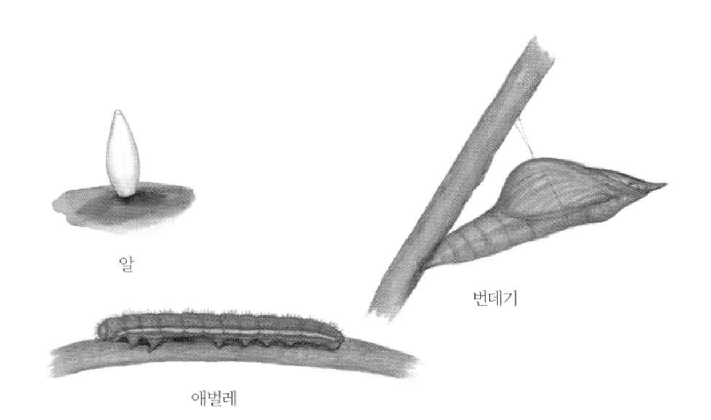

알

번데기

애벌레

날개 편 길이는 28 ~ 40mm이다. 날개 윗면과 아랫면은 노랗고, 날개 가장자리는 까만 띠로 둘러져 있다. 가을에 나온 나비가 여름에 나온 나비보다 크고, 철따라 날개 생김새가 달라진다. 여름형 암컷은 수컷보다 더 옅은 노란색을 띠고, 뒷날개 윗면 바깥쪽 가장자리에 까만 무늬가 뚜렷하다. 가을형 수컷은 앞날개 아랫면 날개맥 1b실 날개 뿌리 쪽에 불그스름한 무늬가 있어서 암컷과 다르다.

멧노랑나비

Gonepteryx maxima

산에 사는 노랑나비라고 산을 뜻하는 옛말인 멧을 붙여 '멧노랑나비'라는 이름이 붙었다. 북녘에서는 '갈구리노랑나비'라고 한다. 각시멧노랑나비와 닮았지만, 멧노랑나비는 뒷날개 가운데에 있는 빨간 점무늬가 더 크다.

멧노랑나비는 한 해에 한 번 날개돋이 한다. 우리나라에서는 강원도 산에서만 드물게 볼 수 있다. 어른벌레로 겨울을 나고 봄에 짝짓기를 해서 알을 낳는다. 6월 중순부터 7월 중순까지 새로 날개돋이 한 어른벌레가 날아다니다가 여름잠을 자러 들어가고, 가을 들머리에 다시 나온다. 숲 가장자리나 풀밭에서 천천히 날아다니는데, 가끔 무척 빠르게 날기도 한다. 맑은 날 큰엉겅퀴, 엉겅퀴, 개망초, 큰금계국 꽃에 잘 모인다. 각시멧노랑나비와 섞여 있을 때가 많아서 잘 살펴보아야 한다. 애벌레는 갈매나무과에 속하는 갈매나무, 참갈매나무 잎을 갉아 먹는다. 애벌레 몸통에 난 옆줄이 하얗다. 번데기는 다른 노랑나비 번데기처럼 배가 불룩하다.

멧노랑나비는 일본에서 맨 처음 기록된 나비다. 우리나라에서는 1887년에 강원도 김화 북점 지역에서 처음 찾아 *Rhodocera rhamni nepalensis*로 기록되었다. 극동 러시아, 중국 남동부, 일본에도 살고 있다.

6월 중순 ~ 7월 중순, 가을
어른벌레

북녘 이름 갈구리노랑나비
다른 이름 멋노랑나비
사는 곳 산속 풀밭, 숲 가장자리
나라 안 분포 강원도
나라 밖 분포 극동 러시아, 중국 남동부, 일본
잘 모이는 꽃 큰엉겅퀴, 엉겅퀴, 개망초, 큰금계국
애벌레가 먹는 식물 갈매나무, 참갈매나무

수컷 ×1

수컷 옆모습

암컷 가을형 ×1

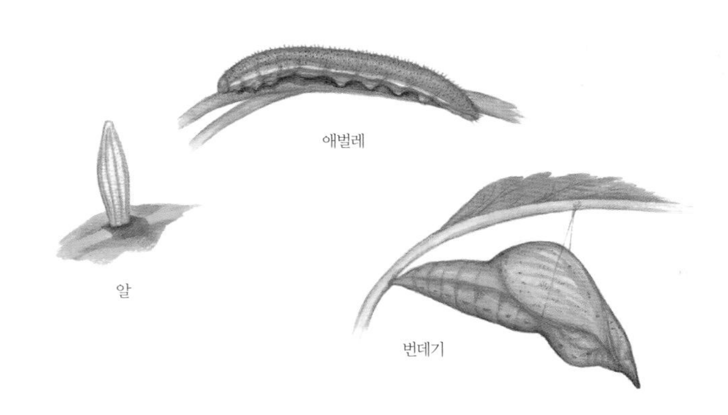

날개 편 길이는 58 ~ 62mm이다. 수컷은 앞날개 윗면이 누렇고, 암컷은 옅은 완두콩 빛깔을 띤다. 앞날개 날개 끝이 뾰족하며, 날개마다 빨간 점무늬가 하나씩 있다. 뒷날개 윗면 가운데에 있는 빨간 점무늬는 꽤 크다. 앞날개 바깥쪽 가장자리에는 까만 점무늬가 뚜렷하게 나 있다. 뒷날개 아랫면 날개맥에서 7맥이 뚜렷하고, 날개가 두껍다.

각시멧노랑나비

Gonepteryx mahaguru

멧노랑나비보다 크기가 작고, 각시처럼 다소곳하다고 '각시멧노랑나비'라는 이름이 붙었다. 북녘에서는 '봄갈구리노랑나비'라고 한다. 멧노랑나비와 닮았지만, 각시멧노랑나비는 날개 윗면에 누런빛이 덜하고 뒷날개 윗면 가운데에 있는 빨간 점무늬가 더 작다.

각시멧노랑나비는 제주도와 남쪽 바닷가를 뺀 산속에서 가끔씩 볼 수 있다. 요즘에는 볼 수 있는 곳과 수가 시나브로 줄어들고 있다. 한 해에 한 번 날개돋이 하는데, 날개돋이 한 곳에서는 수가 제법 많아서 쉽게 볼 수 있다. 6월 중순부터 7월 중순까지 날아다니다가 여름잠을 자러 들어가 숨는다. 그리고 8월 말부터 9월 말까지 다시 나와 날아다니다가 어른벌레로 겨울을 난다. 겨울을 날 때는 날개가 너덜너덜 해어지기도 하고, 가끔 날개가 반도 안 남은 채 날아다니기도 한다. 맑은 날 산 길가나 숲 가장자리에서 천천히 날아다니며 엉겅퀴, 개망초, 미국쑥부쟁이 꽃에 잘 모인다. 앉을 때는 날개를 딱 접어 세운다. 3 ~ 4월에 짝짓기를 한 암컷은 갈매나무 잎이나 싹, 줄기에 알을 하나씩 여러 번 낳는다. 알과 애벌레, 번데기 생김새는 멧노랑나비와 닮았다. 애벌레는 갈매나무과에 속하는 갈매나무, 참갈매나무, 털갈매나무 잎을 갉아 먹는다.

각시멧노랑나비는 히말라야 북서부 지역에서 처음 기록된 나비다. 우리나라에서는 1887년에 *Rhodocera aspasia* 로 처음 기록되었다. 러시아, 일본, 중국, 인도에서도 산다.

6월 중순 ~ 7월 중순, 8월 말 ~ 9월 말

어른벌레

북녘 이름 봄갈구리노랑나비

사는 곳 산 길가, 숲 가장자리

나라 안 분포 제주도를 뺀 온 나라

나라 밖 분포 러시아, 일본, 중국, 인도

잘 모이는 꽃 엉겅퀴, 개망초, 미국쑥부쟁이

애벌레가 먹는 식물 갈매나무, 참갈매나무, 털갈매나무

수컷 ×1

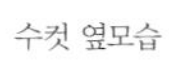
수컷 옆모습

암컷 ×1

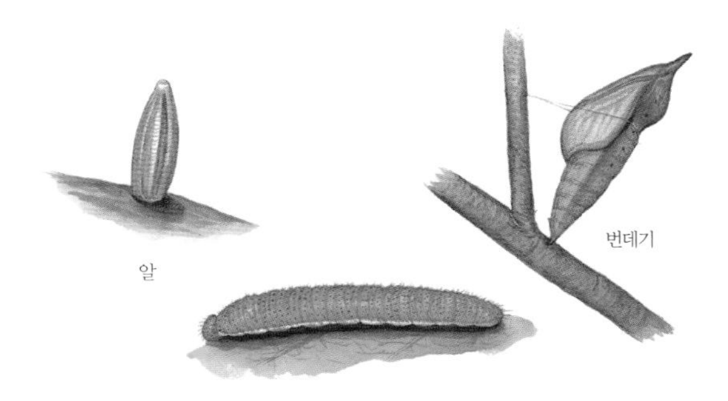

날개 편 길이는 56 ~ 59mm이다. 수컷은 앞날개 윗면 날개 뿌리에서 가운데쯤까지 누렇고, 암컷은 모두 옅은 완두콩 빛깔을 띤다. 앞날개 날개 끝이 뾰족하고, 뒷날개 윗면은 앞날개보다 색깔이 옅다. 날개마다 작고 빨간 점무늬가 하나씩 있다. 겨울을 난 어른벌레는 날개에 까만 점무늬가 주근깨처럼 잔뜩 나고, 날개가 심하게 해어지기도 한다.

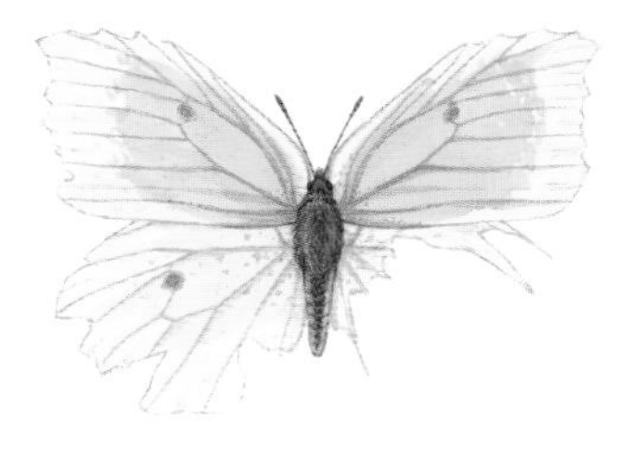

겨울을 난 각시멧노랑나비

상제나비

Aporia crataegi

하얀 날개가 사람이 입는 상복을 떠올린다고 '상제나비'라는 이름이 붙었다. 북녘에서는 '산흰나비'라고 한다.

상제나비는 한 해에 한 번 날개돋이 한다. 남녘에서는 충청북도와 강원도 몇몇 곳에서 5월 중순부터 6월까지 나타났지만, 요즘에는 어디에서도 안 보여 남녘에서는 아예 사라진 것 같다. 1990년대 초까지는 강원도 영월군 쌍용역 둘레에 있는 용정 마을과 창원리에서 많이 볼 수 있었다. 북녘에서는 6월 중순부터 8월 초에 볼 수 있고, 북녘 북부와 극동 러시아 지역에서는 아직까지 많이 볼 수 있다고 한다.

상제나비는 맑은 날 숲 가장자리나 시골 마을 둘레에서 천천히 날아다니다가 엉겅퀴, 토끼풀, 패랭이 꽃에 잘 모인다. 애벌레는 장미과에 속하는 마가목, 해당화, 벚나무, 살구나무, 개살구나무, 털야광나무와 가래나무과에 속하는 호두나무, 자작나무과에 속하는 자작나무 잎을 갉아 먹는다. 3령 애벌레로 겨울을 난다. 번데기는 노랗고, 작고 까만 점들이 여기저기 흩어져 있다.

상제나비는 스웨덴에서 맨 처음 기록된 나비인데, 우리나라에서는 1919년 함경북도 회령에서 처음 찾아 *Aporia crataegi* 로 기록되었다. 일본, 아시아, 유럽, 아프리카 북부에도 살고 있다. 우리나라 중부 지방이 온 세계에서 상제나비가 사는 가장 아래쪽 지역이다. 그래서 동아시아 날씨가 어떻게 바뀌는지 알려고 우리나라 상제나비를 살펴보고 있다.

5월 중순 ~ 6월,
6월 중순 ~ 8월초
애벌레
멸종위기야생동물 I급

북녘 이름 산흰나비
사는 곳 숲 가장자리, 시골 마을 둘레
나라 안 분포 북녘
나라 밖 분포 일본, 아시아, 유럽, 아프리카 북부
잘 모이는 꽃 엉겅퀴, 토끼풀, 패랭이
애벌레가 먹는 식물 마가목, 해당화, 벚나무, 살구나무 따위

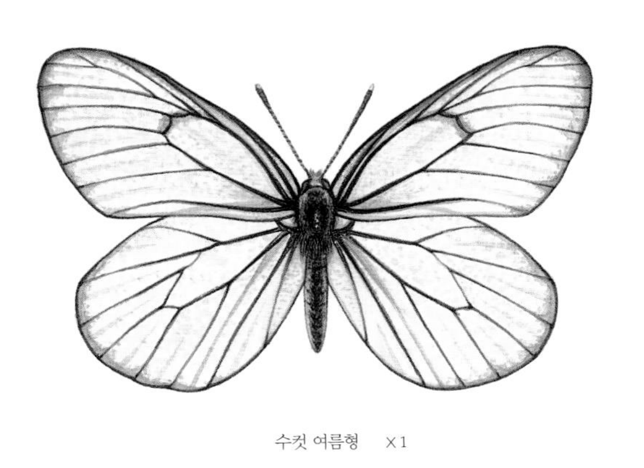

수컷 여름형 ×1

수컷 여름형 옆모습

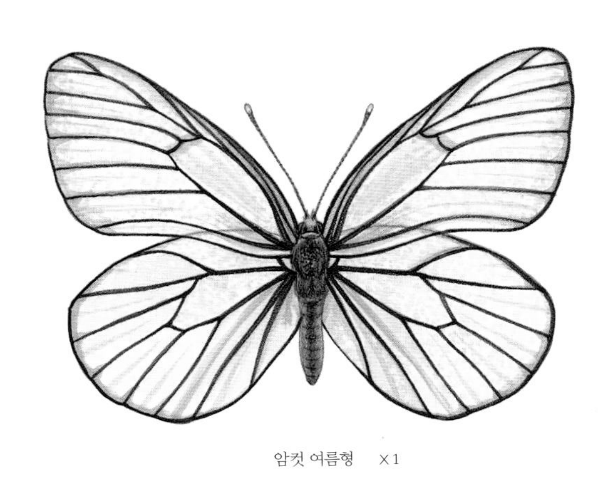

암컷 여름형 ×1

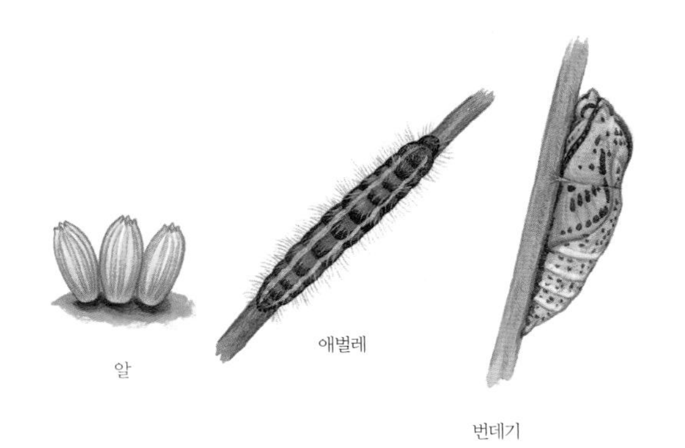

알

애벌레

번데기

날개 편 길이는 수컷 54 ~ 59mm, 암컷 65 ~ 68mm이다. 날개는 하얗고, 날개맥과 날개 바깥쪽 가장자리는 까만 밤색을 띤다. 날개맥은 뚜렷하고, 앞날개 날개맥 7맥이 8맥 3분의 2쯤에서 갈라진다. 앞날개 아랫면은 윗면과 비슷한데, 바깥쪽 가장자리에 까만 밤색 무늬가 없거나 어렴풋하다. 뒷날개 아랫면 날개 뿌리에 누런 무늬가 없다.

큰줄흰나비

Pieris melete

줄흰나비보다 크다고 '큰줄흰나비'라는 이름이 붙었다. 북녘에서도 '큰줄흰나비'라고 한다. 줄흰나비와 아주 닮았지만, 큰줄흰나비는 앞날개 아랫면 날개맥 가운데방에 작고 까만 점들이 흩어져 있다.

큰줄흰나비는 한 해에 두세 번 날개돋이 한다. 4월부터 10월까지 온 나라 어디서나 볼 수 있다. 봄에 나오는 나비가 여름에 나오는 나비보다 몸집이 작고, 날개 아랫면 까만 줄무늬가 더 뚜렷하다. 낮은 산 숲길에서 줄무늬가 있는 흰나비를 보면 거의 큰줄흰나비라 할 만큼 흔하다. 맑은 날 숲 가장자리나 풀밭 위를 천천히 날다가 개망초, 개별꽃, 박태기나무, 복사나무, 갓, 매화말발도리, 줄딸기, 조팝나무, 분꽃나무, 서양민들레 꽃에 잘 모여 꿀을 빨아 먹는다. 짝짓기를 마친 암컷은 애벌레가 먹는 식물 잎 뒤에 알을 하나씩 낳는다. 알에서 깬 애벌레는 십자화과에 속하는 냉이, 개갓냉이, 황새냉이, 고추냉이, 미나리냉이, 배추, 양배추, 무, 유채, 속속이풀, 갓, 큰산장대, 갯장대 잎을 갉아 먹는다. 번데기로 겨울을 나는데, 머리 윗면과 가슴과 배에 넓적한 돌기들이 있어서 각져 보인다.

큰줄흰나비는 일본에서 맨 처음 기록된 나비다. 우리나라에서는 1887년에 *Pieris melete*로 처음 기록되었다. 극동 러시아, 중국 동북부, 일본, 인도에서도 살고 있다.

4 ~ 10월
번데기

사는 곳 산, 숲 가장자리, 논밭 둘레
나라 안 분포 온 나라
나라 밖 분포 극동 러시아, 중국 동북부, 일본, 인도
잘 모이는 꽃 국화과와 십자화과 여러 식물
애벌레가 먹는 식물 냉이, 배추, 무 따위

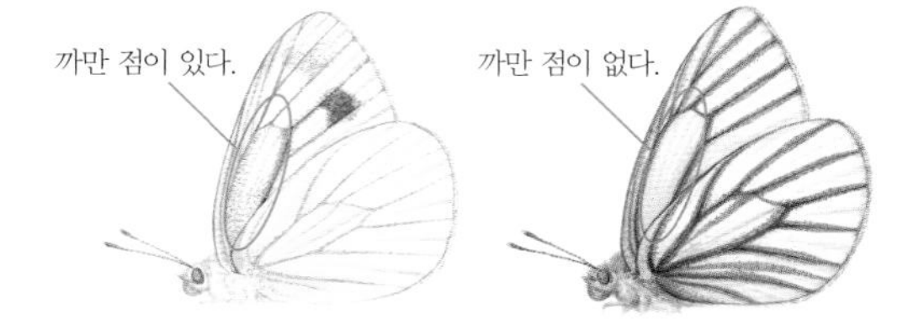

큰줄흰나비와 줄흰나비

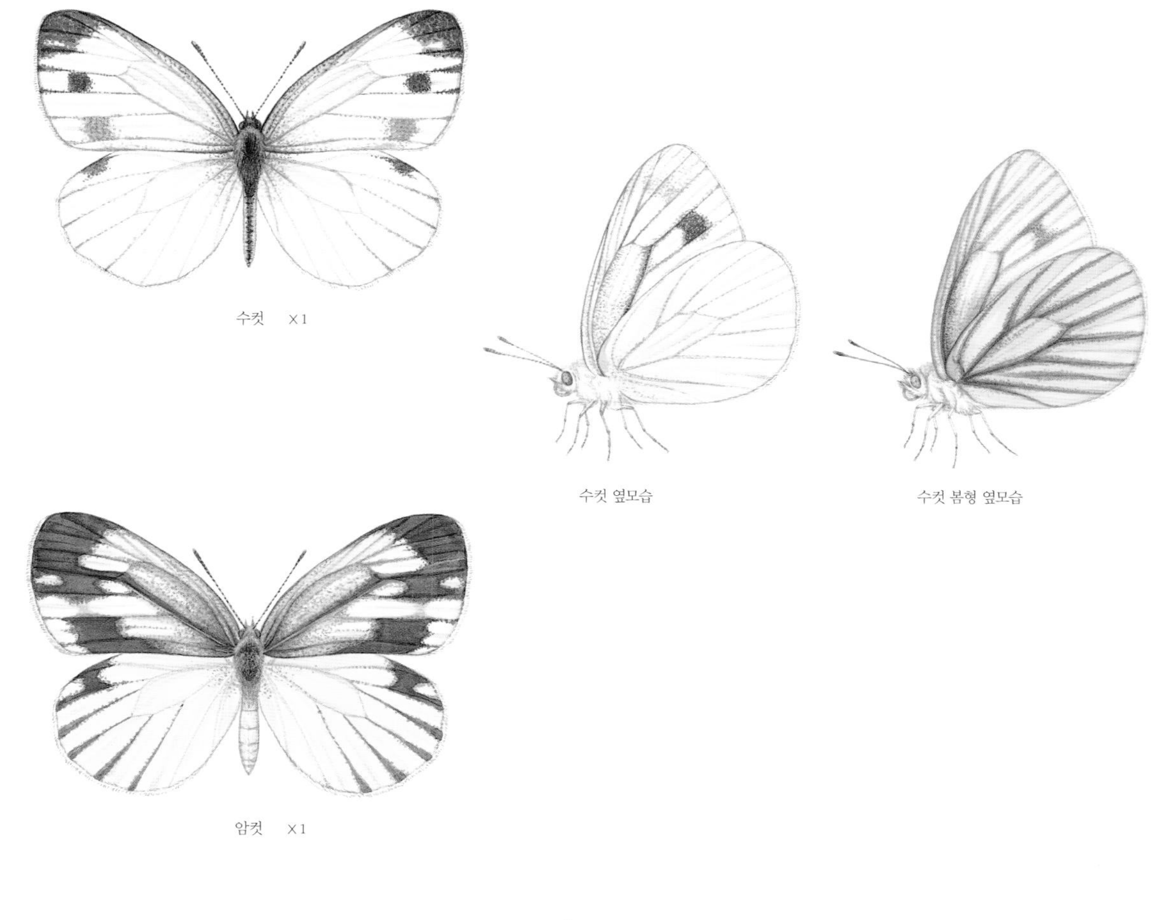

수컷 ×1

수컷 옆모습

수컷 봄형 옆모습

암컷 ×1

알

애벌레

번데기

날개 편 길이는 봄형 41 ~ 48mm, 여름형 52 ~ 55mm이다. 날개는 하얗고 날개맥은 까매서 뚜렷하다. 저마다 무늬 생김새가 다르다. 암컷은 수컷보다 앞날개 윗면에 까만 선과 점무늬가 더 많고, 뒷날개 아랫면은 누르스름하다. 또 앞날개 아랫면 날개맥 가운데방에 작고 까만 점들이 흩뿌려져 있다.

줄흰나비 *Pieris dulcinea*

큰줄흰나비와 매우 닮아서 사람들이 많이 헷갈려 한다. 줄흰나비는 앞날개 아랫면 날개맥 가운데방에 작고 거무스름한 점무늬들이 없이 아주 하얗다. 날개 편 길이는 봄형 39 ~ 43mm, 여름형 51 ~ 54mm이다. 남녘에서는 강원도 높은 산에 많이 살고 남부 지역과 제주도에서는 높은 산에서 드물게 볼 수 있다.

수컷

암컷

수컷 옆모습

암컷 여름형 옆모습

대만흰나비

Pieris canidia

대만에 많이 산다고 '대만흰나비'라는 이름이 붙었다. 북녘에서는 '작은흰나비'라고 한다. 배추흰나비와 매우 닮았지만, 대만흰나비는 뒷날개 윗면 바깥쪽 가장자리에 까만 점무늬가 있다.

대만흰나비는 한 해에 서너 번 날개돋이 한다. 4월부터 10월까지 낮은 산과 숲 가장자리, 논밭 둘레에서 가끔 볼 수 있다. 온 나라에서 살지만 제주도에서는 아직 안 보인다. 느릿느릿 나는데 가끔 날개를 쫙 펴고 미끄러지듯이 난다. 맑은 날 진달래, 다닥냉이, 냉이, 개망초, 등골나물, 부처꽃, 쥐꼬리망초, 엉겅퀴 꽃에 잘 모여 꿀을 빤다. 수컷은 축축한 땅에 모여 물을 빨아 먹기도 한다. 짝짓기를 마친 암컷은 애벌레가 먹는 잎 뒤에 알을 하나씩 낳아 붙인다. 알은 끝이 둥글고 갸름하며 빛깔은 노르스름하다. 애벌레는 옆줄을 따라 마디마다 동그랗고 노란 무늬가 있다. 십자화과에 속하는 미나리냉이, 냉이, 나도냉이, 속속이풀, 무 잎을 잘 갉아 먹는다. 번데기로 겨울을 나는데, 잎을 갉아 먹던 식물이나 그 둘레에 있는 담장이나 창고 담벼락, 돌무더기 같은 곳에서 볼 수 있다.

대만흰나비는 중국 광둥성 지역에서 맨 처음 기록된 나비다. 우리나라에서는 1887년에 *Pieris canidia*로 처음 기록되었다. 일본, 중국, 타이완, 미얀마, 중앙아시아에서도 살고 있다.

4 ~ 10월
번데기

북녘 이름 작은흰나비
사는 곳 낮은 산, 숲 가장자리, 논밭 둘레
나라 안 분포 제주도를 뺀 온 나라
나라 밖 분포 일본, 중국, 타이완, 미얀마, 중앙아시아
잘 모이는 꽃 진달래, 다닥냉이, 냉이, 개망초 따위
애벌레가 먹는 식물 미나리냉이, 냉이, 나도냉이, 속속이풀, 무

날개 편 길이는 봄형 37 ~ 43mm, 여름형 44 ~ 46mm이다. 날개 윗면은 하얗고, 앞날개와 뒷날개 바깥쪽 가장자리 날개맥 끝에 까만 점무늬가 있다. 앞날개 아랫면은 윗면과 비슷하지만, 뒷날개 아랫면에는 까만 비늘 조각이 폭넓게 퍼져 있다. 암컷은 수컷보다 앞날개 윗면과 뒷날개 날개맥 끝에 있는 까만 점무늬가 더 크다.

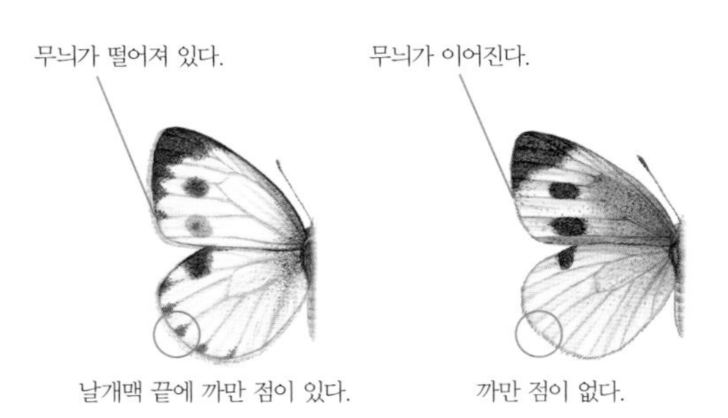

대만흰나비와 배추흰나비

배추흰나비

Pieris rapae

애벌레가 배추 잎을 잘 갉아 먹어서 '배추흰나비'라는 이름이 붙었다. 북녘에서는 '흰나비'라고 한다. 대만흰나비와 닮았지만, 뒷날개 윗면 바깥쪽 가장자리에 까만 점무늬가 없다.

배추흰나비는 우리나라에서 가장 흔하다. 한 해에 너덧 번 날개돋이 한다. 3월 중순부터 11월까지 온 나라 들판과 논밭 둘레, 낮은 산 숲 가장자리에서 쉽게 볼 수 있다. 산보다는 들판에서 더 많이 보인다. 무늬가 나비마다 다르고, 봄에 나온 나비와 여름에 나온 나비 무늬도 다르다. 맑은 날 천천히 날다가 서양민들레, 갓, 파, 개망초, 무, 꿀풀, 여뀌, 익모초, 당근, 왕고들빼기, 벌개미취 같은 온갖 꽃에 잘 모인다. 애벌레는 십자화과에 속하는 무, 순무, 갓, 배추, 양배추, 유채, 겨자, 고추냉이, 말냉이 같은 식물 잎을 갉아 먹는다. 무나 배추 잎을 잘 갉아 먹어서 농사에 피해를 준다. 짝짓기를 한 뒤 암컷은 애벌레가 먹는 잎에 알을 하나씩 낳는다. 알은 총알처럼 생겼다. 처음에는 허옇다가 누렇게 바뀐다. 알에서 깬 애벌레는 잎을 먹으면서 허물을 네 번 벗고 큰다. 번데기로 겨울을 나고 이듬해 봄에 날개돋이 한다.

배추흰나비는 스웨덴에서 맨 처음 기록된 나비다. 우리나라에서는 1883년 인천에서 처음 찾아 *Canonis crucivora* 로 기록되었다. 유럽과 아시아 여러 나라, 오스트레일리아에도 살고 있다.

3월 중순 ~ 11월

번데기

북녘 이름 흰나비

사는 곳 들판, 논밭 둘레, 낮은 산 숲 가장자리

나라 안 분포 온 나라

나라 밖 분포 유럽, 아시아, 오스트레일리아

잘 모이는 꽃 서양민들레, 갓, 파, 개망초, 엉겅퀴 따위

애벌레가 먹는 식물 무, 순무, 갓, 배추 따위

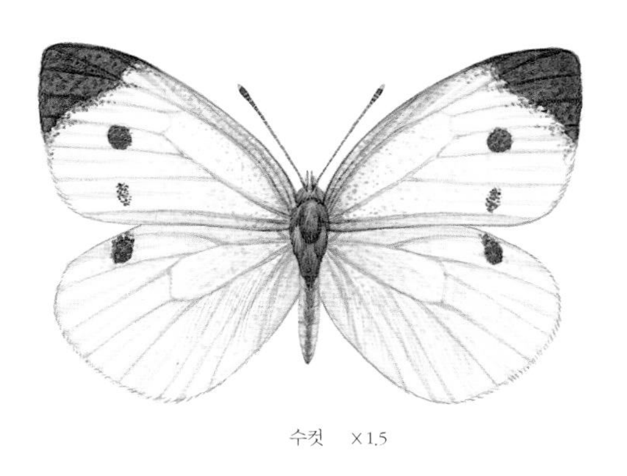

수컷 x 1.5

수컷 옆모습

암컷 x 1.5

암컷 봄형 옆모습

날개 편 길이는 39 ~ 52mm이다. 날개 윗면은 하얗고, 앞날개 앞 모서리에 까만 무늬가 있다. 앞날개 윗면 가운데에 까만 점무늬가 2개, 뒷날개 윗면에 까만 점무늬가 1개 있다. 뒷날개 바깥쪽 가장자리에 까만 점무늬가 없다. 암컷은 수컷과 달리 앞날개 날개 뿌리 쪽에 까만 비늘가루가 많아서 거무스름하다.

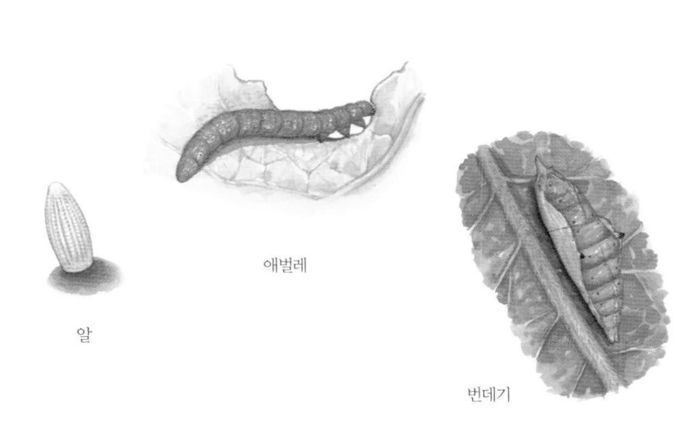

알

애벌레

번데기

풀흰나비

Pontia edusa

날개 아랫면에 누르스름한 풀색 무늬가 있어서 '풀흰나비'라는 이름이 붙었다. 북녘에서는 '알락흰나비'라고 한다. 날개 아랫면 풀색 무늬 때문에 다른 흰나비와 달리 한눈에 알아볼 수 있다.

풀흰나비는 한 해에 두 번 날개돋이 한다. 4월부터 10월까지 남해 바닷가를 빼고 온 나라 몇몇 곳에서 날아다닌다. 강과 호수, 늪 둘레 풀밭에서 볼 수 있는데, 다른 흰나비보다는 드물다. 한강이나 낙동강에서는 5월 중순에 제법 보인다. 하지만 해마다 차이가 많이 나서 어떤 때는 많이 보이지만, 어떤 때는 한 마리도 안 보인다. 맑은 날 천천히 날다가 개망초, 씀바귀, 구절초, 냉이 꽃에 잘 모인다. 애벌레는 노란 줄무늬가 여러 줄 있다, 십자화과에 속하는 가는장대, 배추, 무, 장대냉이, 콩다닥냉이 잎을 잘 갉아 먹는다. 애벌레가 먹는 식물 둘레에서 번데기가 되어 겨울을 난다.

풀흰나비는 독일 키엘 지역에서 맨 처음 기록된 나비다. 우리나라에서는 1887년에 *Pieris daplidice*로 처음 기록되었다. 하지만 그 뒤로 *Pieris edusa*, *Pontia daplidice* 같은 여러 가지 학명을 쓰고 있고, 지금도 학자마다 다르게 쓴다. 러시아, 중국, 인도, 네팔, 유럽, 아프리카 북부에도 살고 있다.

4 ~ 10월
번데기

북녘 이름 알락흰나비
사는 곳 강, 호수, 늪 둘레 풀밭
나라 안 분포 중남부, 북부
나라 밖 분포 러시아, 중국, 인도, 네팔, 유럽, 아프리카 북부
잘 모이는 꽃 개망초, 씀바귀, 구절초, 냉이
애벌레가 먹는 식물 가는장대, 배추, 무, 장대냉이, 콩다닥냉이

수컷 ×1.5

수컷 옆모습

암컷 ×1.5

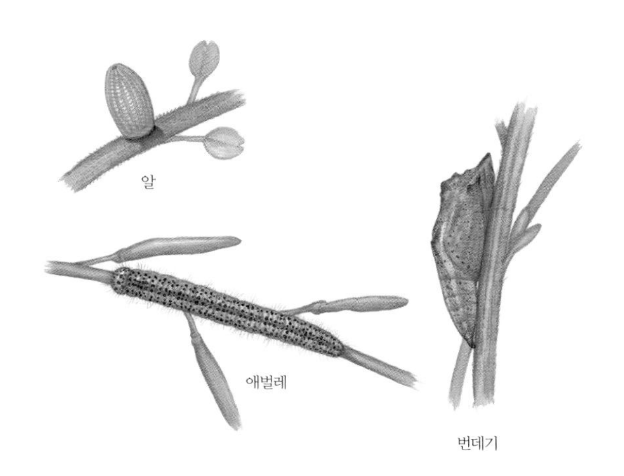

날개 편 길이는 37 ~ 42mm이다. 날개 윗면은 하얗고, 앞날개와 뒷날개 날개맥 끄트머리에 짧고 뭉툭한 까만 무늬가 있다. 앞날개 윗면과 아랫면 가운데쯤에는 까만 무늬가 있다. 앞날개 아랫면 끄트머리와 뒷날개 아랫면에는 누르스름한 풀빛 무늬들이 많다. 암컷은 수컷보다 앞날개와 뒷날개 날개맥 끝에 있는 까만 점무늬가 더 크다.

연노랑흰나비 *Catopsilia pomona*

수컷 날개는 하얗고 날개 뿌리부터 가운데까지 노랗다. 암컷 날개는 하얗고 날개 가장자리에 까만 밤색 테두리 무늬가 있어서 다른 노랑나비와 다르다. 바람을 타고 우리나라에 날아오는 '길 잃은 나비'다. 날개 편 길이는 60 ~ 64mm이다.

수컷

암컷

수컷 옆모습

암컷 옆모습

갈구리나비

Anthocharis scolymus

앞날개 끝이 갈고리처럼 휘어졌다고 '갈구리나비'라는 이름이 붙었다. 북녘에서는 '갈구리흰나비'라고 한다. 뒷날개 아랫면이 어두운 풀빛을 띠고, 무늬가 그물처럼 이리저리 얽혀 있어서 다른 흰나비 무리와 다르다.

갈구리나비는 한 해에 한 번 날개돋이 한다. 4월부터 5월까지 봄에만 잠깐 볼 수 있다. 몸집이 작고 앙증맞다. 온 나라 낮은 산이나 논밭 둘레, 도랑이나 시내 둘레 풀밭에서 흔하게 볼 수 있다. 맑은 날 천천히 날다가 냉이, 미나리냉이, 민들레, 장대나물, 유채, 산철쭉, 씀바귀 꽃에 잘 모여 꿀을 빨아 먹는다. 한자리에 오래 앉아 있지 않고 늘 날아다닌다. 애벌레는 몸통 양쪽으로 머리에서 배 끝까지 하얀 띠가 길게 나 있고, 온몸에 하얀빛이 돌아 다른 흰나비 애벌레와 다르다. 십자화과에 속하는 털장대, 장대나물, 갓, 황새냉이, 미나리냉이, 는쟁이냉이, 냉이, 논냉이 잎을 잘 갉아 먹는다. 꽃이나 열매, 줄기도 잘 먹는다. 번데기로 겨울을 나는데, 위쪽과 아래쪽이 가늘고 뾰족해서 옆에서 보면 다른 흰나비 번데기와 쉽게 구별된다.

갈구리나비는 일본 홋카이도 지역에서 맨 처음 기록된 나비다. 우리나라에서는 1917년에 *Anthocharis scolymus* 로 처음 기록되었다. 극동 러시아, 일본, 중국 동부에도 산다.

4 ~ 5월

번데기

북녘 이름 갈구리흰나비

다른 이름 갈고리나비

사는 곳 낮은 산, 논밭, 도랑, 시냇가 둘레 풀밭

나라 안 분포 온 나라

나라 밖 분포 극동 러시아, 일본, 중국 동부

잘 모이는 꽃 냉이, 민들레, 장대나물, 유채 따위

애벌레가 먹는 식물 냉이, 장대나물, 갓, 황새냉이 따위

수컷 X1.5

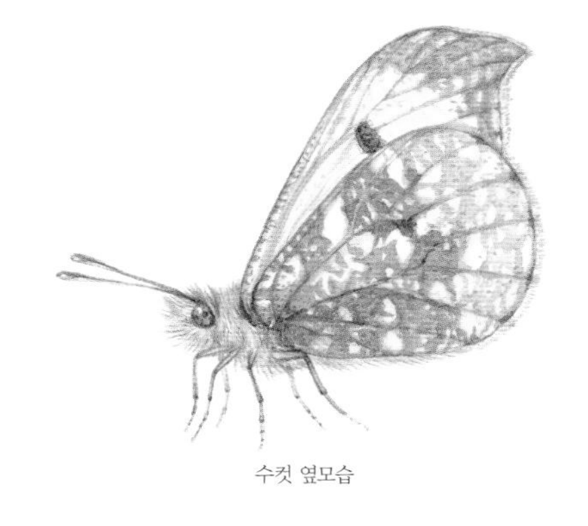

수컷 옆모습

암컷 X1.5

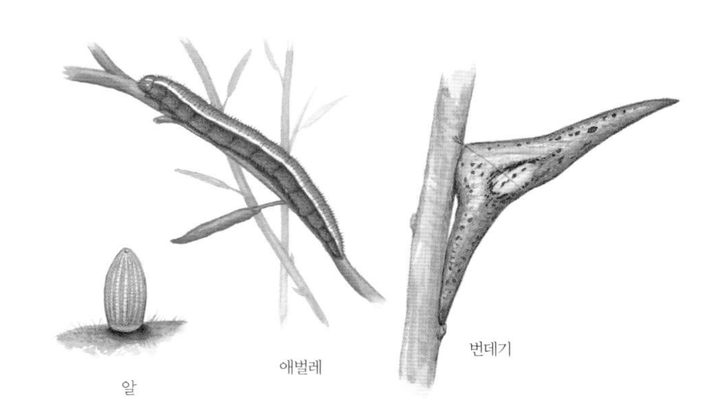

날개 편 길이는 43 ~ 47mm이다. 날개 윗면은 하얗고, 앞날개 끝이 갈고리처럼 휜다. 앞날개 윗면 가운데와 뒷날개 윗면 가운데쯤에 까만 점무늬가 있다. 앞날개 아랫면은 윗면과 비슷하지만, 뒷날개 아랫면은 짙은 풀빛을 띤 무늬가 그물처럼 어지럽게 얽혀 있다. 이 무늬는 윗면까지 비친다. 수컷 앞날개 끝에는 누런 무늬가 있고, 암컷은 없다.

부전나비과

부전나비과 LYCAENIDAE

부전나비 무리는 온 세계에 널리 퍼져 산다. 나비 무리 가운데 크기가 작은 편이고, 모두 7000종쯤 된다. '부전'은 옛날 여자아이들이 차던 작고 귀여운 노리개를 말하는데, 나비 생김새가 이 부전과 닮았다고 '부전나비'라는 이름이 붙었다. 날개 편 길이가 30mm 안팎으로 크기가 작고, 겹눈 둘레가 밝은색 비늘가루로 둘러져 있다. 그리고 아랫입술 수염이 위쪽으로 휘어져 튀어나와서 팔랑나비 무리나 흰나비 무리와 다르다. 날개 색은 여러 가지인데, 거의 쇠붙이처럼 빛나는 푸른빛을 띤 남색이거나 풀색, 누런색, 밤색을 띤다. 같은 나비이지만 수컷과 암컷 날개 색이나 무늬가 아주 다른 종들이 많다. 우리나라에는 5아과 79종이 알려져 있고, 북녘에서는 '숫돌나비과'라고 한다.

알 알은 거의 위쪽 가운데가 움푹 들어간 찐빵처럼 생겼다. 가까이 들여다보면 겉에 작은 돌기들이 빽빽이 돋아 있다. 알이나 번데기로 겨울을 난다.

애벌레 애벌레는 거의 길쭉한 원통꼴인데 배는 넓적하고 등은 볼록하게 부풀어 올랐다. 참나무과, 장미과, 콩과, 물푸레나무과, 갈매나무과, 진달래과, 버드나무과, 가래나무과, 인동과, 마디풀과, 돌나물과, 느릅나무과, 자작나무과, 쐐기풀과, 쇠비름과, 범의귀과, 괭이밥과, 고추나무과, 층층나무과, 노린재나무과, 꿀풀과, 질경이과, 국화과 잎처럼 여러 가지 식물 잎을 먹지만, 소철꼬리부전나비만 바늘잎나무인 소철 잎을 갉아 먹는다. 몇몇 종들은 개미와 더불어 살기도 한다. 부전나비 무리 가운데 20종이 참나무과 잎을 갉아 먹어서 부전나비를 많이 보려면 참나무 숲을 찾아가면 좋다.

번데기 거의 모든 번데기가 위에서 보면 허리가 잘록하고, 옆에서 보면 배가 불룩하다.

어른벌레 어른벌레는 대부분 낮에 나무 높은 곳에서 기운차게 날아다니는데, 검정녹색부전나비 같은 몇몇 종은 흐린 날이나 늦은 오후에도 기운차게 날아다닌다. 거의 모든 어른벌레는 꽃꿀을 빨고, 수컷은 축축한 땅바닥에 모여 물을 빨아 먹기도 한다. 들판부터 높은 산까지 여러 곳에서 볼 수 있고, 이른 봄부터 늦가을까지 날아다닌다.

뾰족부전나비

뾰족부전나비

Curetis acuta

앞날개 끝이 뾰족하다고 '뾰족부전나비'라는 이름이 붙었다. 예전에는 '뾰죽부전나비'라고 했다. 북녘 이름은 알려지지 않았다. 앞날개 끝은 각이 져서 뾰족하게 보이고, 날개 아랫면은 은빛으로 하얘서 다른 부전나비와 다르다.

뾰족부전나비는 우리나라에 가끔 찾아오는 '길 잃은 나비'다. 오랫동안 안 보이다가 2006년부터 다시 보이기 시작했다. 9월에 거제도와 남부 바닷가 몇몇 칡밭에서 볼 수 있다. 애벌레가 위험을 느끼면 배 끄트머리에 있는 큰 돌기 끝이 뒤집혀 장미꽃처럼 바뀐다. 우리나라에서는 겨울을 못 나는데, 처음 기록된 곳에서는 어른벌레로 겨울을 나는 것으로 알려졌다.

뾰족부전나비는 중국 상하이 지역에서 맨 처음 기록된 나비다. 우리나라에서는 1919년 전남 광주에서 처음 찾아 *Curetis acuta* 로 기록되었다. 일본, 중국, 타이완, 인도에서 살고 있다. 요즘에는 볼 수 있는 곳과 수가 늘어나고 있어서 앞으로 우리나라에서 눌러살 것 같다.

9월
못 남
길 잃은 나비
국가기후변화생물지표종

다른 이름 뾰죽부전나비
사는 곳 숲 가장자리, 들판
나라 안 분포 중남부 이남
나라 밖 분포 일본, 중국, 타이완, 인도
잘 모이는 꽃 칡
애벌레가 먹는 식물 콩과 식물(중국)

수컷 ×1.5

수컷 옆모습

암컷 ×1.5

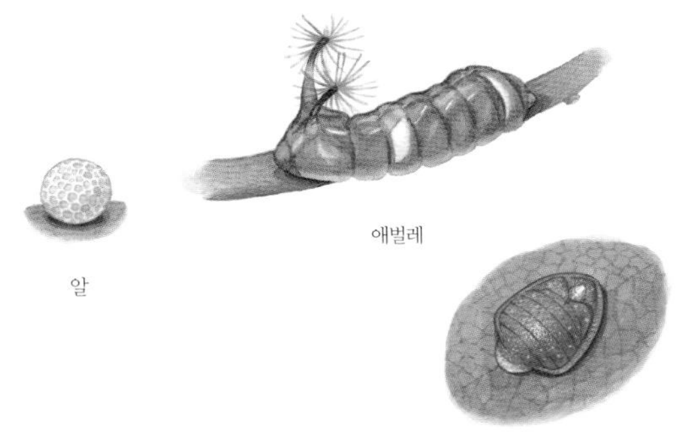

알

애벌레

번데기

날개 편 길이는 33 ~ 43mm이다. 앞날개 모서리가 각이 져 뾰족하다. 수컷은 날개 윗면 가운데에서 날개 뿌리까지 주황색을 띠고, 암컷은 날개 가운데가 은회색을 띤다. 암수 모두 날개 아랫면은 은빛을 띤다. 꼬리처럼 생긴 돌기는 없다.

바둑돌부전나비

Taraka hamada

날개 아랫면에 바둑돌처럼 생긴 까만 점들이 많아서 '바둑돌부전나비'라는 이름이 붙었다. 북녘에서는 '바둑무늬숫돌나비'라고 한다. 바둑돌 무늬 때문에 한눈에 알아볼 수 있다.

바둑돌부전나비는 한 해에 여러 번 날개돋이 한다. 알을 낳은 지 5일쯤 지나면 애벌레가 깨어 나온다. 다른 나비 애벌레와 달리 잎을 갉아 먹지 않고 일본납작진딧물을 잡아먹는다. 애벌레는 입에서 실을 토해 진딧물을 꽁꽁 감싸 꼼짝 못하게 한 뒤에 통째로 잡아먹는다. 이대, 신이대, 조릿대가 많이 자라는 곳에서 볼 수 있다. 그러다가 입에서 토해 낸 실로 텐트처럼 고치를 짓고 그 속에 들어가 겨울을 난다. 이듬해 7 ~ 8월에 날개돋이 해서 날아다니는데, 먹이나 온도에 따라 나오는 때나 날개돋이 횟수가 달라진다. 우리나라에서는 중부 지방보다 아래쪽 몇몇 곳과 제주도, 울릉도, 대부도, 태안 송도 같은 몇몇 섬에서 드물게 볼 수 있다. 요즘에는 서울에서도 꾸준히 보인다. 맑은 날 천천히 날기도 하지만 이대, 조릿대가 자라는 풀숲 그늘진 곳에서 가만히 앉아 쉬는 모습을 더 자주 볼 수 있다.

바둑돌부전나비는 일본 요코하마 지역에서 맨 처음 기록된 나비다. 우리나라에서는 1929년 울릉도에서 처음 찾아 *Taraka hamada*로 기록되었다. 일본, 중국, 타이완, 미얀마, 인도네시아에서도 산다.

7 ~ 8월
애벌레

북녘 이름 바둑무늬숫돌나비
사는 곳 이대, 신이대, 조릿대가 많은 곳
나라 안 분포 중부, 남부 몇몇 곳
나라 밖 분포 일본, 중국, 타이완, 미얀마, 인도네시아
잘 모이는 꽃 모름
애벌레 먹이 일본납작진딧물

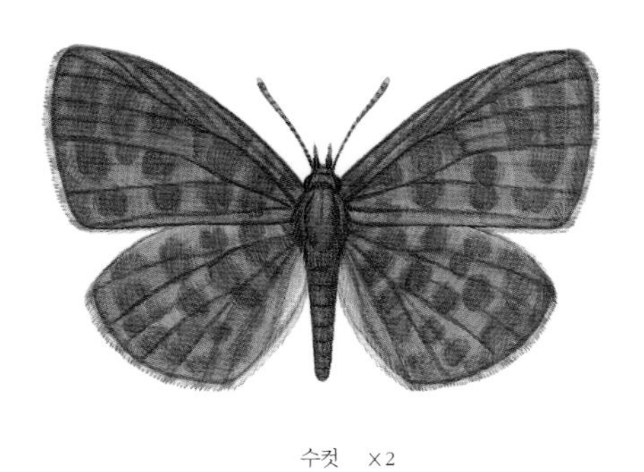

수컷 ×2

수컷 옆모습

암컷 ×2

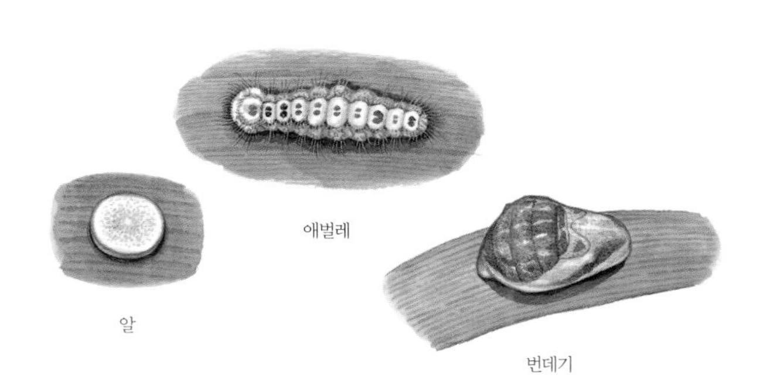

애벌레

알

번데기

날개 편 길이는 21 ~ 24mm이다. 날개
윗면은 까만 밤색이고, 아랫면은 하얗고
바둑돌처럼 생긴 까만 점무늬가 많이 나 있다.
암컷은 뒷날개 바깥쪽 가장자리가 수컷보다
둥글게 보인다. 꼬리처럼 생긴 돌기는 없다.

담흑부전나비

Niphanda fusca

암컷 날개 색이나 날개 아랫면 색깔이 옅은 까만색을 띤다고 '담흑부전나비'라는 이름이 붙었다. 북녘에서는 '검은숫돌나비'라고 한다. 수컷 날개 윗면은 윤이 나는 어두운 청자색이고, 암컷은 윤이 없는 까만 밤색을 띤다. 날개 아랫면은 누르스름하고 날개 뿌리와 가운데, 바깥쪽 가장자리에 여러 가지 밤색 무늬가 나 있어서 다른 부전나비와 다르다.

담흑부전나비는 한 해에 한 번 날개돋이 한다. 6월 중순부터 7월까지 넓은잎나무와 바늘잎나무가 뒤섞여 자라는 낮은 산 숲에서 산다. 온 나라에서 볼 수 있지만 몇몇 곳에서만 살고 수가 가파르게 줄고 있다. 수컷은 맑은 날 오후에 산속 빈터나 넓은잎나무 위쪽에서 텃세를 부리며 날아다닌다. 암컷은 개망초, 엉겅퀴 꽃에 가끔 모인다. 짝짓기를 마친 암컷은 진딧물이 꼬인 풀이나 나무에 알을 하나씩 붙여 낳는다. 1령과 2령 애벌레는 졸참나무와 떡갈나무 잎을 갉아 먹거나 진딧물을 잡아먹는다고 알려졌다. 3령 애벌레가 되면 일본왕개미가 애벌레를 개미집으로 데리고 가 함께 산다. 일본왕개미는 애벌레에게 먹이를 구해 주고, 그 대신 애벌레 등에서 나오는 단물을 빨아 먹는다. 개미집에서 애벌레로 겨울을 난다. 이듬해 봄이 되면 허물을 세 번 더 벗고 개미집에서 나와 가까운 땅속에서 번데기가 된다. 열흘쯤 지나면 날개돋이 한다.

담흑부전나비는 중국 베이징 지역에서 맨 처음 기록된 나비다. 우리나라에서는 1882년에 *Niphanda fusca*로 처음 기록되었다. 극동 러시아, 일본, 중국, 타이완에도 살고 있다.

6월 중순 ~ 7월

애벌레

북녘 이름 검은숫돌나비

다른 이름 담흙부전나비

사는 곳 낮은 산

나라 안 분포 온 나라 몇몇 곳

나라 밖 분포 극동 러시아, 일본, 중국, 타이완

잘 모이는 꽃 개망초, 엉겅퀴

애벌레 먹이 졸참나무, 떡갈나무, 진딧물

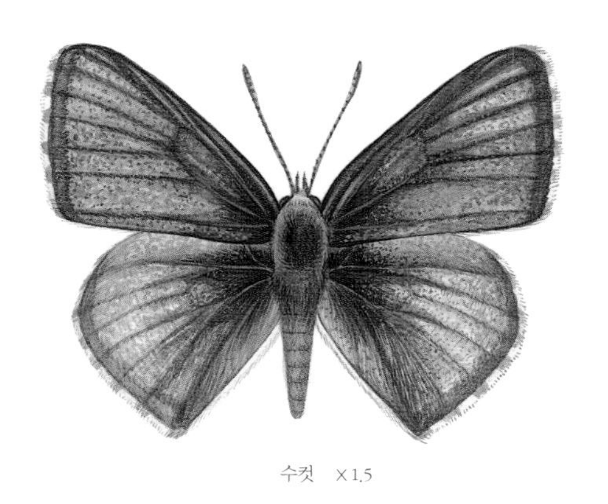

수컷 ×1.5

수컷 옆모습

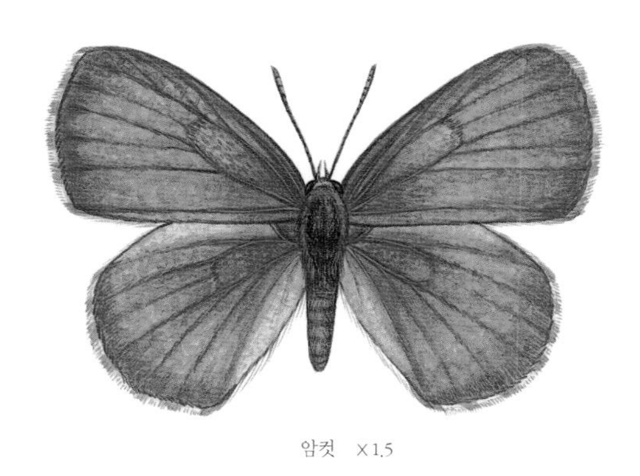

암컷 ×1.5

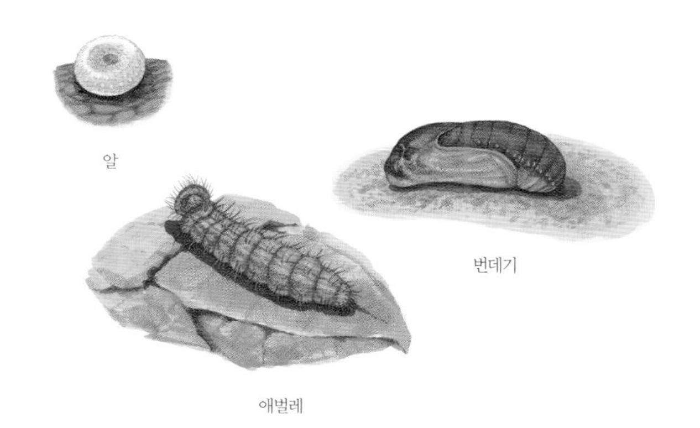

알

번데기

애벌레

날개 편 길이는 34 ~ 40mm이다. 수컷 날개 윗면은 윤이 나는 어두운 청자색, 암컷은 윤이 안 나는 까만 밤색이다. 날개 아랫면은 누르스름하고 날개 뿌리와 가운데, 바깥쪽 가장자리에 여러 가지 밤색 무늬가 나 있다. 수컷은 앞날개 바깥쪽 가장자리가 거의 곧지만 암컷은 둥글다. 꼬리처럼 생긴 돌기는 없다.

물결부전나비

Lampides boeticus

날개 아랫면에 물결무늬가 있어서 '물결부전나비'라는 이름이 붙었다. 북녘에서는 '물결숫돌나비'라고 한다. 남색물결부전나비와 닮았지만, 물결부전나비는 뒷날개 아랫면 가운데 가장자리에 길고 하얀 무늬가 있다.

물결부전나비는 한 해에 여러 번 날개돋이 한다. 7월부터 11월까지 바닷가나 논밭 둘레, 낮은 산, 숲 가장자리에서 볼 수 있다. 제주도와 남해 섬, 몇몇 바닷가에서 볼 수 있는데, 사는 곳 둘레에 가면 제법 많다. 멀리까지 잘 날기 때문에 가을에는 경기도 섬이나 서울 같은 중부 지방에서도 가끔 보인다. 요즘에는 중부 내륙 지방까지 사는 곳이 넓어지고 있어서, 사람들은 우리나라 날씨가 어떻게 바뀌는지 물결부전나비를 살펴 가늠하기도 한다. 맑은 날 날개를 쫙 펴서 햇볕을 쬐고 싸리, 팥, 콩, 국화, 코스모스, 괭이밥 꽃에 잘 모인다. 애벌레는 콩과에 속하는 등갈퀴나물, 완두, 칡, 싸리, 콩 잎을 갉아 먹는다. 이른 봄에 어른벌레가 가끔 나타나는 것으로 보아 어른벌레로 겨울을 나는 것 같다.

물결부전나비는 알제리 지중해 바닷가에서 맨 처음 기록된 나비다. 우리나라에서는 1923년에 *Polyommatus boeticus*로 처음 기록되었다. 아시아와 유럽, 아프리카, 오스트레일리아, 하와이에도 살고 있다.

7 ~ 11월
어른벌레
국가기후변화생물지표종

북녘 이름 물결숫돌나비
사는 곳 바닷가, 논밭 둘레, 낮은 산, 숲 가장자리
나라 안 분포 제주도, 남부 바닷가
나라 밖 분포 아시아, 유럽, 아프리카, 오스트레일리아, 하와이
잘 모이는 꽃 싸리, 팥, 콩, 국화, 코스모스, 괭이밥
애벌레가 먹는 식물 등갈퀴나물, 완두, 칡, 싸리, 콩 따위

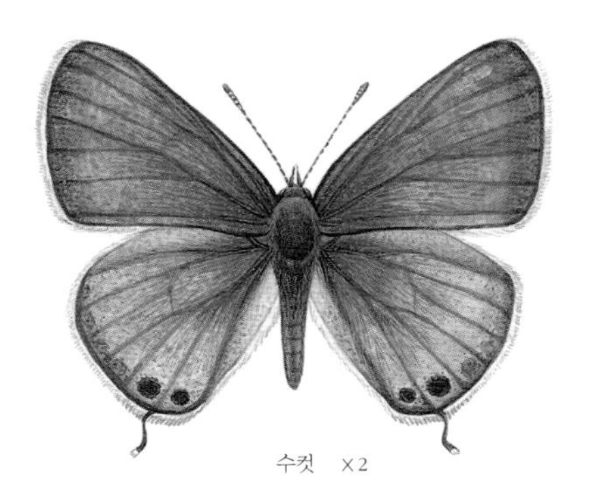
수컷 ×2

수컷 옆모습

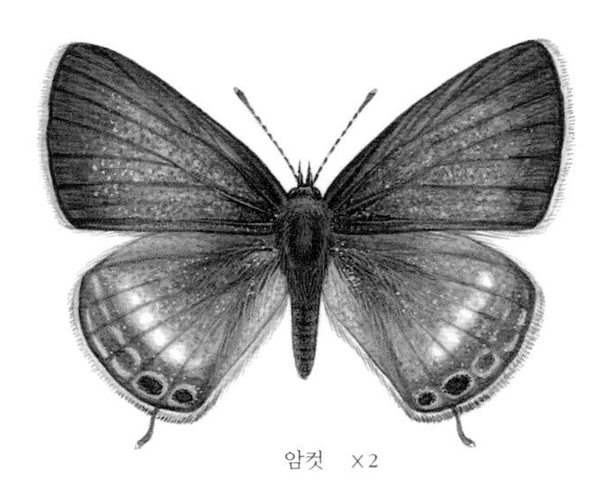
암컷 ×2

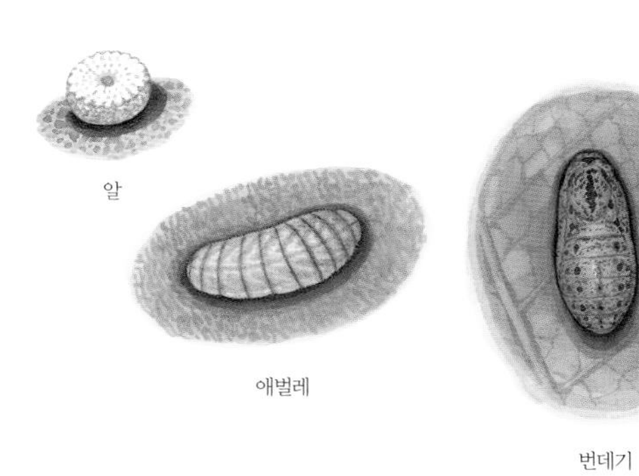
알

애벌레

번데기

날개 편 길이는 26 ~ 32mm이다. 수컷은 날개 윗면이 파랗다. 암컷은 날개 가운데가 파랗고, 가장자리가 까만 밤색을 띤다. 또 날개 아랫면은 누런 밤색에 짧고 하얀 무늬들이 물결처럼 나 있다. 뒷날개 아랫면 가운데 가장자리에는 길고 하얀 무늬가 있다. 꼬리처럼 생긴 돌기는 아주 가늘고 길다.

남색물결부전나비 *Jamides bochus*

물결부전나비와 닮았지만, 남색물결부전나비는 앞날개 윗면 가운데와 뒷날개 윗면이 쇠붙이처럼 반짝이는 파란빛을 띤다. 바람을 타고 우리나라로 날아오는 '길 잃은 나비'다. 날개 편 길이는 23 ~ 25mm이다.

수컷

암컷

수컷 옆모습

남방부전나비

Pseudozizeeria maha

남쪽 지방에 사는 부전나비라고 '남방부전나비'다. 북녘에서는 '남방숫돌나비'라고 한다. 극남부전나비와 닮았지만, 뒷날개 아랫면 가운데 가장자리 날개맥 6맥에 있는 까만 점무늬가 바깥쪽으로 치우쳐 있다.

남방부전나비는 따뜻한 날씨를 좋아한다. 남부 지방에서 북쪽으로 올라오면서 한 해에 서너 번 날개돋이 한다. 4월부터 11월까지 볼 수 있다. 우리나라 중부와 남부 지방에 폭넓게 산다. 중부 지방에서는 봄보다 늦여름부터 늦가을까지 많이 보인다. 산속 풀밭부터 도시공원 풀밭까지 어디에서나 쉽게 볼 수 있다. 몸이 작지만 재빠르게 난다. 봄에는 낮게 날고 가을에는 높게 난다. 맑은 날 날개를 반쯤 펴서 햇볕을 쬐고 토끼풀, 마디풀, 개망초, 제비꽃, 쑥부쟁이, 꽃향유, 미국가막사리, 민들레, 냉이 같은 여러 꽃에 잘 모인다. 짝짓기를 마친 암컷은 애벌레가 먹는 식물 잎 뒤쪽에 알을 하나씩 낳아 붙인다. 애벌레는 괭이밥, 자주괭이밥, 선괭이밥 잎을 갉아 먹는다. 어린 애벌레는 잎을 그물처럼 성글게 갉아 먹지만, 다 큰 애벌레는 잎과 줄기, 열매까지 다 먹는다. 손으로 만지면 땅으로 툭 떨어져 죽은 척한다. 애벌레 몸에서는 단물이 나와 그물등개미, 극동혹개미, 주름개미, 일본왕개미, 곰개미, 하야시털개미, 일본풀개미, 스미스개미 같은 여러 개미가 모여든다. 개미들은 애벌레에게서 단물을 빨아 먹고 애벌레를 지켜 주며 서로 돕고 산다. 애벌레로 겨울을 나고, 돌 밑이나 가랑잎 밑에 들어가 번데기가 된다.

남방부전나비는 인도 머스우리 지역에서 맨 처음 기록된 나비다. 우리나라에서는 1883년에 *Lycaena maha*로 처음 기록되었다. 일본, 중국, 타이완, 인도, 이란에서도 살고 있다.

4 ~ 11월
애벌레

북녘 이름 남방숫돌나비
사는 곳 풀밭
나라 안 분포 남부, 중부
나라 밖 분포 일본, 중국, 타이완, 인도, 이란
잘 모이는 꽃 토끼풀, 마디풀, 개망초, 꿀풀 따위
애벌레가 먹는 식물 괭이밥, 자주괭이밥, 선괭이밥

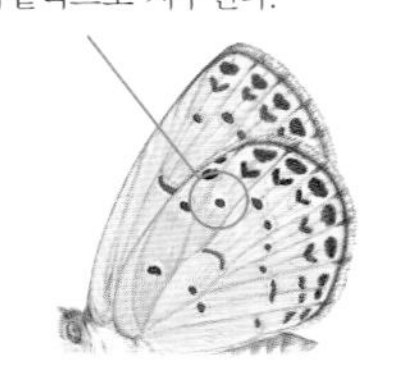

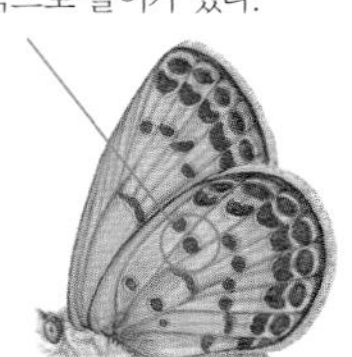

남방부전나비와 극남부전나비

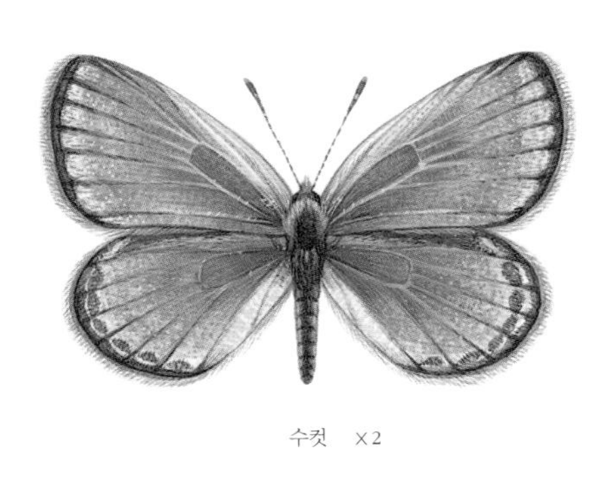

수컷 ×2

수컷 옆모습

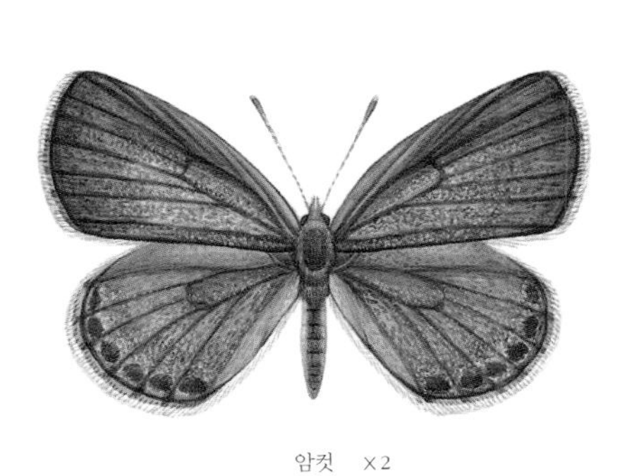

암컷 ×2

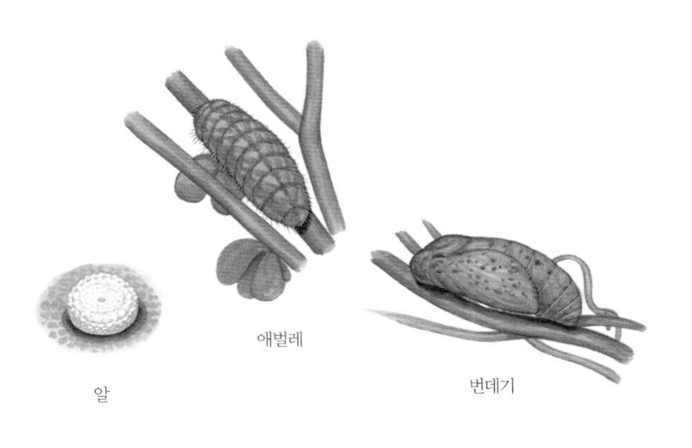

알 애벌레 번데기

날개 편 길이는 17 ~ 28mm이다. 수컷은 날개 윗면이 희끄무레한 파란색을 띠는데 나비마다 사뭇 다르다. 날개 테두리는 넓고 까만 밤색을 띠며, 뒷날개 바깥쪽 가장자리를 따라 까만 점무늬가 있다. 암컷은 날개 윗면이 까만 밤색을 띠는데 봄형이나 가을형은 날개 뿌리에 파란빛이 돌기도 한다. 날개 아랫면은 희끄무레하지만 더 진한 색을 띠기도 한다. 뒷날개 아랫면 가운데쯤과 바깥쪽 가장자리에 작은 점들이 줄지어 있다. 꼬리처럼 생긴 돌기는 없다.

극남부전나비 *Zizina emelina*

남방부전나비와 닮았지만, 크기가 더 작고 뒷날개 아랫면 가운데 가장자리 날개맥 6맥에 있는 점무늬가 안쪽으로 들어가 있다. 날개 편 길이는 20 ~ 25mm이다. 제주도와 남해 섬, 동해 울진 이남 지역, 서해 충청도 몇몇 바닷가에서 산다.

수컷

암컷

수컷 옆모습

암먹부전나비

Cupido argiades

암컷 날개 색이 먹물처럼 꺼멓다고 '암먹부전나비'다. 북녘에서는 '제비숏돌나비'라고 한다. 먹부전나비와 닮았지만, 암먹부전나비는 날개 아랫면 점들이 작고, 앞날개 아랫면 날개맥 2실에 있는 점무늬가 안쪽으로 들어가 있지 않다.

암먹부전나비는 한 해에 서너 번 날개돋이 한다. 3월 말부터 10월까지 숲 가장자리와 논밭 둘레, 공원 둘레, 낮은 산 어디에서나 쉽게 볼 수 있다. 맑은 날 날개를 반쯤 펴서 햇볕을 쬐고 서양민들레, 꽃마리, 갈퀴나물, 개망초, 토끼풀, 참싸리, 여뀌, 고마리, 미국쑥부쟁이, 울산도깨비바늘 꽃에 잘 모인다. 짝짓기를 마친 암컷은 애벌레가 먹는 식물 싹이나 꽃봉오리에 알을 하나씩 낳는다. 알은 하얗고 찐빵처럼 생겼다. 알에서 깬 애벌레는 콩과에 속하는 갈퀴나물, 등갈퀴나물, 광릉갈퀴, 벌노랑이, 완두, 팥, 매듭풀, 자주개자리, 돌콩 잎을 갉아 먹는다. 다 큰 애벌레는 몸에서 단물이 나온다. 주름개미, 일본왕개미, 곰개미, 일본풀개미 같은 여러 개미가 와서 단물을 빨아 먹고 애벌레를 지켜 준다. 애벌레로 겨울을 난다.

암먹부전나비는 러시아 사마라 지역에서 맨 처음 기록된 나비다. 우리나라에서는 1883년에 *Everes hollotia* 로 처음 기록되었다. 일본, 중국, 타이완, 미얀마, 중앙아시아, 유럽에서도 살고 있다.

3월 말 ~ 10월
애벌레

북녘 이름 제비숏돌나비
사는 곳 풀밭, 숲 가장자리
나라 안 분포 온 나라
나라 밖 분포 일본, 중국, 타이완, 미얀마, 중앙아시아, 유럽
잘 모이는 꽃 서양민들레, 꽃마리, 갈퀴나물, 개망초, 토끼풀 따위
애벌레가 먹는 식물 갈퀴나물, 벌노랑이, 완두, 팥 따위

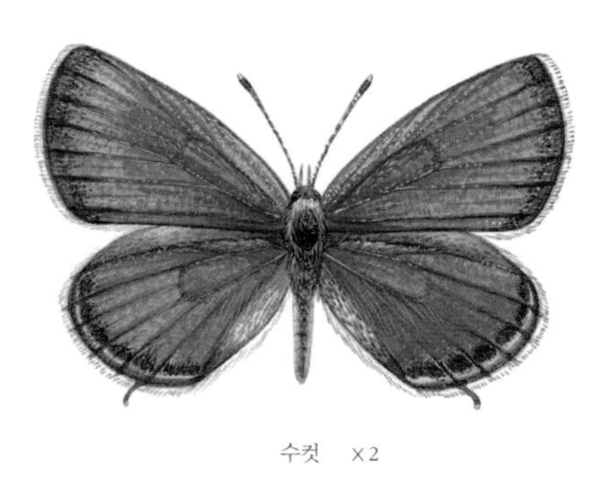

수컷 ×2

수컷 옆모습

암컷 ×2

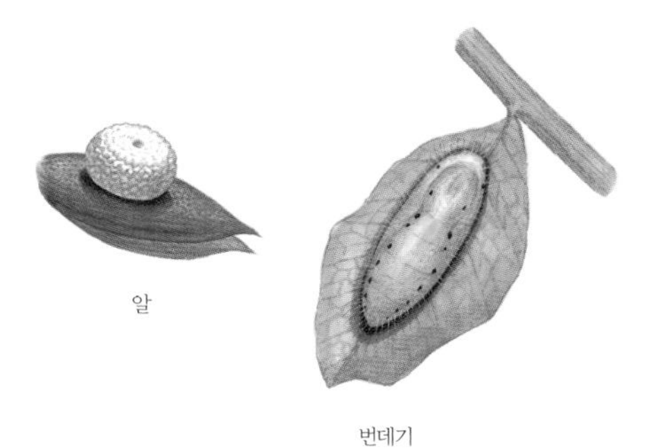

알

번데기

날개 편 길이는 17 ~ 28mm이다. 수컷은 날개 윗면이 파랗고, 암컷은 거의 까만 밤색이다. 날개 아랫면은 희뿌옇고, 앞날개 아랫면 가운데 가장자리에는 작은 점무늬들이 줄지어 있다. 뒷날개 윗면 뒤쪽 모서리 쪽에는 주황색 무늬가 있다. 암수 모두 뒷날개 뒤쪽 모서리에 꼬리처럼 생긴 돌기가 있는데 가늘고 짧다.

먹부전나비

Tongeia fischeri

암컷과 수컷 모두 날개 색이 먹물처럼 까맣다고 '먹부전나비'다. 북녘에서는 '검은제비숫돌나비'라고 한다. 암먹부전나비와 닮았지만, 먹부전나비는 날개 아랫면 가운데 가장자리에 줄지어 있는 까만 점들이 더 크고, 앞날개 아랫면 날개맥 2실에 있는 점무늬가 안쪽으로 들어가 있다.

먹부전나비는 한 해에 서너 번 날개돋이 한다. 4월부터 10월까지 온 나라 어디서나 볼 수 있다. 숲 가장자리와 논밭 둘레, 공원, 낮은 산에서 사는데 암먹부전나비보다는 드물다. 몸집은 작지만 땅 위를 낮게 삐뚤빼뚤 열심히 날아다닌다. 수컷은 혼자 물가에 자주 날아와 물을 먹고, 암컷은 자주 꽃에 앉아 쉰다. 맑은 날 날개를 반쯤 펴고 햇볕을 쬐는데, 날개를 폈다 접었다 하고 두 날개를 접어 서로 사부작사부작 비빈다. 여러 가지 국화, 개망초, 여러 가지 양지꽃, 산초나무, 범부채, 미국쑥부쟁이, 산국, 토끼풀, 땅채송화 꽃에 잘 모인다. 애벌레는 돌나물과에 속하는 바위솔, 둥근바위솔, 땅채송화, 바위채송화, 꿩의비름, 돌나물, 기린초와 쇠비름과에 속하는 채송화 잎을 갉아 먹는다. 애벌레를 건드리면 단물이 나오기 때문에 개미가 많이 꼬인다. 애벌레로 겨울을 난다. 봄에 깨어난 애벌레는 잎을 갉아 먹다가 둘레에 있는 가랑잎 밑으로 들어가 번데기가 된다.

먹부전나비는 러시아 오렌부르크 지역에서 맨 처음 기록된 나비다. 우리나라에서는 1887년 서울에서 처음 찾아 *Lycaena fischeri*로 기록되었다. 일본, 중국, 몽골, 러시아, 중앙아시아, 유럽에서도 살고 있다.

4 ~ 10월
애벌레

북녘 이름 검은제비숫돌나비
사는 곳 논밭 둘레, 풀밭, 숲 가장자리, 낮은 산, 공원
나라 안 분포 온 나라
나라 밖 분포 일본, 중국, 몽골, 러시아, 중앙아시아, 유럽
잘 모이는 꽃 국화, 개망초, 양지꽃, 산초나무, 범부채 따위
애벌레가 먹는 식물 바위솔, 채송화, 꿩의비름, 돌나물 따위

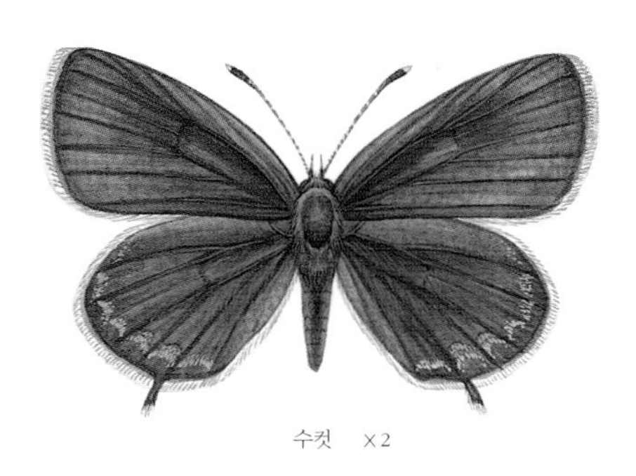

수컷 ×2

수컷 옆모습

암컷 ×2

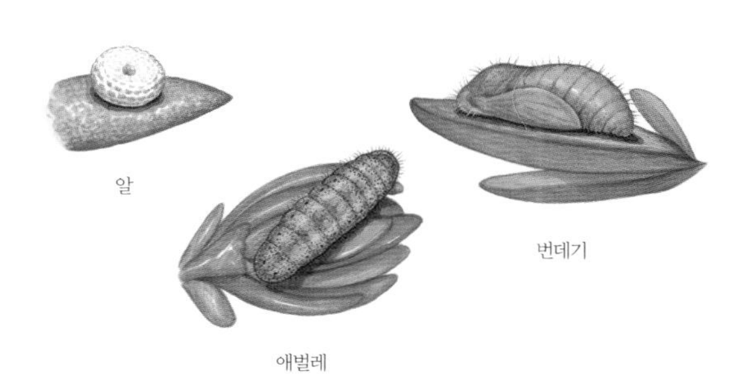

알

번데기

애벌레

날개 편 길이는 22 ~ 25mm이다. 날개 윗면은 암수 모두 까맣거나 까만 밤색이다. 아랫면은 희끄무레하고 가운데 가장자리로 까만 점무늬가 줄지어 있다. 수컷은 뒷날개 윗면 바깥쪽 가장자리를 따라 파란 무늬가 있다. 뒷날개 아랫면 끝 모서리에 주황색 무늬가 두 개 있다. 암수 모두 뒷날개 뒤쪽 모서리에 꼬리처럼 생긴 돌기가 있는데 가늘고 짧다.

푸른부전나비

Celastrina argiolus

날개 윗면이 파랗다고 '푸른부전나비'라는 이름이 붙었다. 북녘에서는 '물빛숫돌나비'라고 한다. 산푸른부전나비와 닮았지만, 푸른부전나비는 날개 아랫면이 밝은 잿빛을 띠고, 앞날개 아랫면 가운데 가장자리에 있는 짧고 까만 점무늬가 아래로 가지런하게 줄지어 있다.

푸른부전나비는 한 해에 여러 번 날개돋이 한다. 3월 말부터 10월까지 온 나라 숲 가장자리와 논밭 둘레, 공원 둘레, 낮은 산에서 쉽게 볼 수 있다. 장미, 조뱅이, 큰까치수염, 싸리, 쑥부쟁이, 제비꽃, 산초나무, 조팝나무 꽃에 잘 모인다. 맑은 날 날개를 반쯤 펴서 햇볕을 쬐고, 수컷은 물가에 떼로 모여 물을 빨아 먹기도 한다. 애벌레는 콩과에 속하는 싸리, 좀싸리, 땅비싸리, 족제비싸리, 고삼, 칡, 아까시나무와 장미과에 속하는 사과나무와 쉬땅나무, 층층나무과에 속하는 층층나무 잎을 갉아 먹는다. 애벌레는 다른 부전나비 애벌레처럼 마쓰무라밑들이개미, 일본왕개미, 곰개미, 불개미 같은 여러 개미와 서로 도우며 더불어 산다. 애벌레는 몸에서 단물을 내어 개미한테 주고, 개미는 애벌레를 지켜준다. 번데기로 겨울을 난다.

푸른부전나비는 영국에서 맨 처음 기록된 나비다. 우리나라에서는 1887년에 *Lycaena argiolus* var. *huegeli*로 처음 기록되었다. 러시아, 일본, 중국, 타이완, 터키, 유럽, 북아프리카에서도 살고 있다.

3월 말 ~ 10월
번데기

북녘 이름 물빛숫돌나비
사는 곳 숲 가장자리, 논밭 둘레, 공원 둘레, 낮은 산
나라 안 분포 온 나라
나라 밖 분포 러시아, 일본, 중국, 타이완, 터키, 유럽, 북아프리카
잘 모이는 꽃 장미, 싸리, 쑥부쟁이 따위
애벌레가 먹는 식물 싸리, 고삼, 아까시나무, 칡 따위

앞날개 아랫면 가장자리 까만 점이 아래로 가지런하다.

앞날개 아랫면 날개맥 4실에 있는 까만 점이 바깥쪽으로 치우친다.

푸른부전나비와 산푸른부전나비

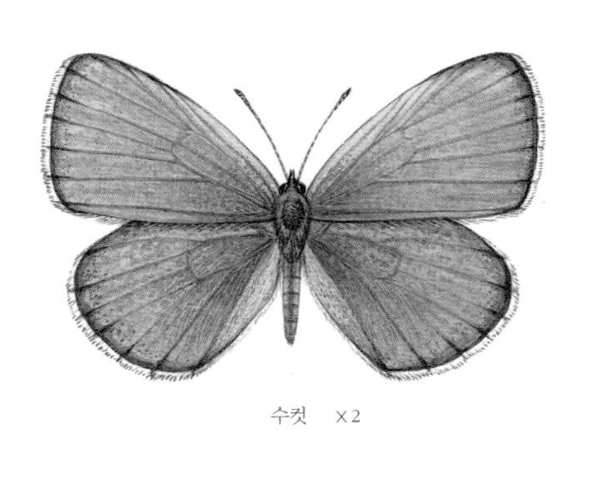

수컷 ×2

수컷 옆모습

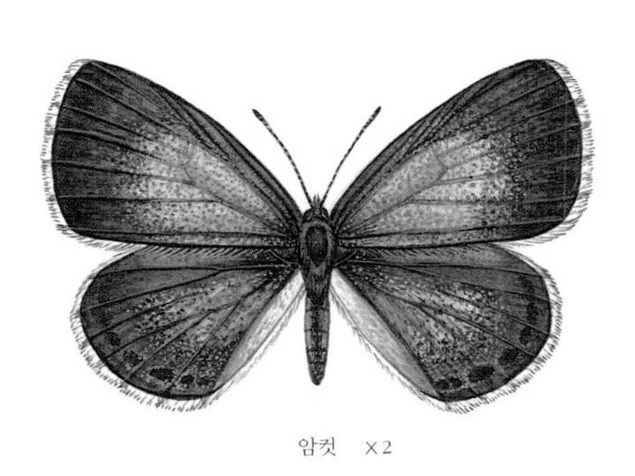

암컷 ×2

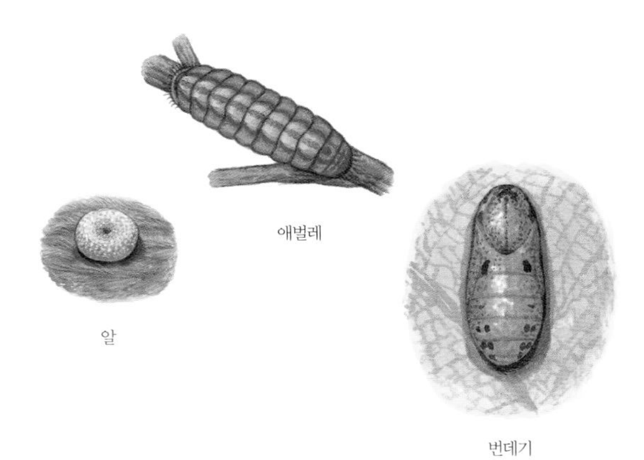

애벌레

알

번데기

날개 편 길이는 26 ~ 32mm이다. 수컷은 날개 윗면이 흰색이 도는 옅은 파란색을 띠고, 날개 테두리는 얇고 까만 밤색을 띤다. 암컷은 날개 뿌리에서 가운데까지 옅은 파란색을 띠고, 가운데에서 가장자리까지는 까만 밤색 무늬가 폭넓다. 날개 아랫면은 밝은 잿빛을 띤다.

산푸른부전나비 *Celastrina sugitanii*

푸른부전나비와 닮았지만, 산푸른부전나비 암컷은 날개에 있는 까만 테두리 폭이 아주 좁다. 또 암수 앞날개 아랫면 날개맥 4실에 있는 까만 점이 바깥쪽으로 치우쳐 있다. 날개 편 길이는 27 ~ 30mm이다. 남녘에서는 경기도 중부와 북부, 강원도 산에서 많이 보이고 충청북도, 전라북도 몇몇 곳에서도 보인다.

수컷

암컷

수컷 옆모습

회령푸른부전나비

Celastrina oreas

함경북도 회령에서 처음 찾아냈다고 '회령푸른부전나비'다. 북녘에서는 '회령물빛숫돌나비'라고 한다. 푸른부전나비와 닮았지만, 회령푸른부전나비는 뒷날개 아랫면 날개맥 가운데방에 점이 없고, 수컷은 날개 윗면이 더 짙은 파란빛을 띤다.

회령푸른부전나비는 북녘에서는 함경북도 회령, 남녘에서는 경상북도와 강원도 남부 몇몇 곳에서만 산다. 한 해에 한 번 날개돋이 한다. 남녘에서는 5월 말부터 7월 초까지 햇볕이 잘 드는 산속 풀밭이나 숲 가장자리, 논밭 둘레에서 가끔 볼 수 있다. 암컷은 산속 수풀 속에서 보이고, 수컷은 맑은 날 무리 지어 물을 빨거나 개망초, 토끼풀, 조뱅이 꽃에 잘 모인다. 알로 겨울을 나고 이듬해 애벌레가 나온다. 애벌레는 장미과에 속하는 가침박달 잎을 갉아 먹는다. 애벌레 몸에서는 단물이 나와 주름개미가 와서 빨아 먹고, 주름개미는 애벌레를 지켜주며 서로 돕고 산다.

회령푸른부전나비는 중국 쓰촨성 지역에서 맨 처음 기록된 나비다. 우리나라에서는 1936년에 함경북도 회령에서 처음 찾아 *Lycaenopsis mirificus*로 기록되었다. 극동 러시아, 중국, 미얀마, 타이완, 네팔, 인도 북부에서도 살고 있다. 남녘에서는 나라 밖으로 함부로 못 가져 나가게 보호하고 있다.

5월 말 ~ 7월 초
알
국외반출승인대상생물종

북녘 이름 회령물빛숫돌나비
사는 곳 산속 풀밭, 숲 가장자리, 논밭 둘레
나라 안 분포 중동부, 북동부
나라 밖 분포 극동 러시아, 중국, 미얀마, 타이완, 네팔, 인도 북부
잘 모이는 꽃 개망초, 토끼풀, 조뱅이
애벌레가 먹는 식물 가침박달

뒷날개 아랫면 날개맥 가운데방에 까만 점이 없다.

뒷날개 아랫면 날개맥 가운데방에 까만 점이 있다.

회령푸른부전나비와 푸른부전나비

수컷 ×1.5

수컷 옆모습

암컷 ×1.5

날개 편 길이는 27 ~ 30mm이다. 수컷은 날개 윗면이 짙은 파란색을 띠고, 날개 테두리는 얇고 까만 밤색을 띤다. 암컷은 날개 뿌리에서 가운데까지 옅은 파란색을 띠고, 가운데부터 가장자리까지는 까만 밤색 무늬가 폭넓다. 날개 아랫면은 누르스름한 잿빛이다. 또 날개 가운데 가장자리로 짧고 까만 점들이 아래로 가지런하게 줄지어 나 있고, 날개맥 가운데방에 점이 없다.

한라푸른부전나비와 남방푸른부전나비는 바람을 타고 우리나라로 날아오는 '길 잃은 나비'다. 둘 다 제주도 한라산에서 잠깐 보였을 뿐 지금은 거의 볼 수 없다. 둘 생김새가 닮았는데, 남방푸른부전나비 몸이 더 크고, 뒷날개 아랫면 점들이 더 크다. 한라푸른부전나비는 날개 편 길이가 25 ~ 26mm이고, 남방푸른부전나비는 27 ~ 28mm이다.

한라푸른부전나비 *Udara dilectus*

수컷

암컷

수컷 옆모습

남방푸른부전나비 *Udara albocaerulea*

수컷

암컷

수컷 옆모습

작은홍띠점박이푸른부전나비

Scolitantides orion

큰홍띠점박이푸른부전나비와 닮았는데 몸집이 더 작다고 '작은홍띠점박이푸른부전나비'라는 이름이 붙었다. 우리나라에 사는 곤충 가운데 이름이 가장 길다. 북녘에서는 '작은붉은띠숫돌나비'라고 한다. 뒷날개 아랫면 가운데 가장자리에 주홍색 띠무늬가 있고 까만 점들이 많다. 날개 윗면은 짙은 파란색을 띠는데 때때로 까만 밤색을 띠기도 한다.

작은홍띠점박이푸른부전나비는 한 해에 두세 번 날개돋이 한다. 남녘에서는 4월 중순부터 9월까지 산속 햇볕이 잘 드는 골짜기나 풀밭에서 볼 수 있다. 제주도와 남부 바닷가를 뺀 온 나라에 살지만, 몇몇 곳에서만 살고 수가 적어서 드물게 보인다. 하지만 4월 말이나 5월 초에 강화 교동도 화개산 등성이나 꼭대기에 가면 꽤 많이 볼 수 있다.

작은홍띠점박이푸른부전나비는 맑은 날 풀밭이나 바위 위에 앉아 날개를 반쯤 펴서 햇볕을 쬐고 오이풀, 기린초, 토끼풀, 냉이, 개망초 꽃에 잘 모인다. 수컷은 축축한 땅에 날개를 펼치고 앉아 물을 빨아 먹기도 한다. 짝짓기를 마친 암컷은 애벌레가 먹는 식물 잎이나 줄기에 알을 하나씩 낳는다. 알에서 깬 애벌레는 돌나물이나 기린초, 바위솔 잎을 갉아 먹는데, 통통한 잎 속으로 파고 들어간다. 또 애벌레는 주름개미, 누운털개미와 서로 도우며 더불어 산다. 개미는 애벌레 꽁무니에서 나오는 단물을 빨아 먹고 애벌레를 지켜준다. 애벌레는 허물을 세 번 벗는다. 가을에 번데기로 바뀔 때가 되면 애벌레는 땅으로 내려간다. 그리고 돌멩이 밑으로 들어가 자리를 잡은 뒤에 입에서 명주실을 뽑아 몸을 돌멩이에 붙인다. 이틀쯤 지나면 풀빛 몸이 거무스름하게 바뀌면서 번데기가 된다. 번데기로 겨울을 나고 이듬해 봄에 어른벌레가 된다.

작은홍띠점박이푸른부전나비는 러시아 사마라 지역에서 맨 처음 기록된 나비다. 우리나라에서는 1887년에 *Lycaena orion*으로 처음 기록되었다. 러시아, 일본, 중앙아시아, 유럽에서도 살고 있다.

4월 중순 ~ 9월
번데기

북녘 이름 작은붉은띠숫돌나비
다른 이름 홍띠점박이부전나비
사는 곳 산골짜기, 숲 가장자리 풀밭
나라 안 분포 남해안과 제주도를 뺀 온 나라
나라 밖 분포 러시아, 일본, 중앙아시아, 유럽
잘 모이는 꽃 오이풀, 토끼풀, 냉이, 개망초
애벌레가 먹는 식물 돌나물, 바위솔, 기린초

수컷 ×2

수컷 옆모습

암컷 ×2

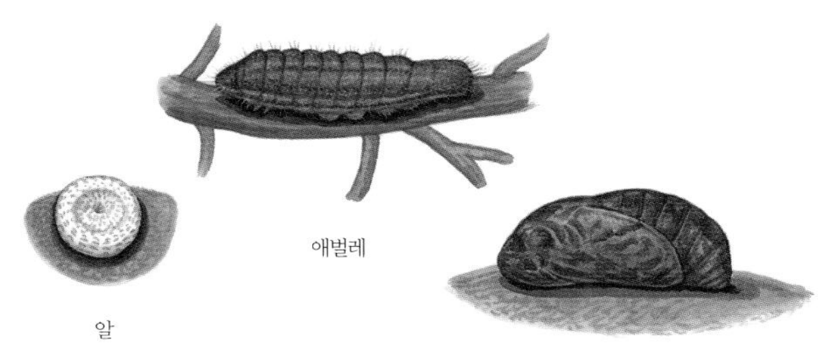

날개 편 길이는 22 ~ 25mm이다. 날개 윗면은 짙은 파란색을 띠는데, 가끔 까만 밤색을 띠기도 한다. 바깥쪽 가장자리에는 마치 톱니처럼 짧고 하얀 털이 삐죽빼죽 번갈아 나 있다. 또 작고 파란 무늬가 가운데 가장자리에 줄지어 난다. 날개 아랫면은 밤빛이 도는 잿빛이고, 까만 점들이 여기저기 흩어져 있다. 뒷날개 아랫면 가운데 가장자리에는 주홍색 띠무늬가 있다.

큰홍띠점박이푸른부전나비 *Sinia divina*

작은홍띠점박이푸른부전나비와 닮았지만 몸집이 더 크고, 날개 윗면이 밝은 파란색을 띤다. 남녘에서는 충청북도와 강원도 몇몇 곳에서만 살고 수가 아주 적다. 2012년부터 멸종위기야생동물 II급으로 정해서 보호하고 있다. 날개 편 길이는 28 ~ 35mm이다.

수컷

암컷

수컷 옆모습

큰점박이푸른부전나비

Maculinea arionides

앞날개 윗면이 파랗고, 비슷한 다른 종보다 날개 점이 크다고 '큰점박이푸른부전나비'라는 이름이 붙었다. 북녘에서는 '점배기숫돌나비'라고 한다. 고운점박이푸른부전나비와 닮았지만, 앞날개 가운데 가장자리에 있는 점들이 더 크고 길쭉하다.

큰점박이푸른부전나비는 한 해에 한 번 날개돋이 한다. 6월 말부터 9월 초까지 높은 산에서 날아다닌다. 강원도 높은 산에서 7월 말부터 8월 중순까지 많이 볼 수 있다. 요즘에는 수가 가파르게 줄어 아주 드물다.

큰점박이푸른부전나비는 햇볕이 잘 드는 숲 가장자리나 풀밭에서 날아다닌다. 맑은 날 숲길 둘레에서 천천히 날다가 싸리나 배초향 같은 꽃에 잘 모여 꿀을 빤다. 짝짓기를 마친 암컷은 애벌레가 먹는 식물 꽃대에 알을 하나씩 낳아 붙인다. 알에서 깬 애벌레는 쐐기풀과에 속하는 거북꼬리, 꿀풀과에 속하는 오리방풀 잎을 잘 갉아 먹는다. 애벌레는 열흘 동안 세 번 허물을 벗고 4령 애벌레가 된다. 그러면 빗개미들이 모여들어 애벌레를 자기 집으로 데려간다. 빗개미가 자기 애벌레를 먹이로 주면, 큰점박이푸른부전나비 애벌레는 몸에서 단물을 내어 준다. 애벌레로 겨울을 난다.

큰점박이푸른부전나비는 러시아 블라디보스토크 지역에서 맨 처음 기록된 나비다. 우리나라에서는 1919년에 함경남도 산창령에서 처음 찾아 *Lycaena arionides*로 기록되었다. 극동 러시아, 중국 남동부, 일본에서도 살고 있다.

6월 말 ~ 9월 초
애벌레
국외반출승인대상생물종

북녘 이름 점배기숫돌나비
다른 이름 큰점백이푸른부전나비
사는 곳 높은 산 숲 가장자리나 풀밭
나라 안 분포 중동부, 북동부
나라 밖 분포 극동 러시아, 중국 남동부, 일본
잘 모이는 꽃 싸리, 배초향
애벌레가 먹는 식물 거북꼬리, 오리방풀

수컷 ×1.5

수컷 옆모습

암컷 ×1.5

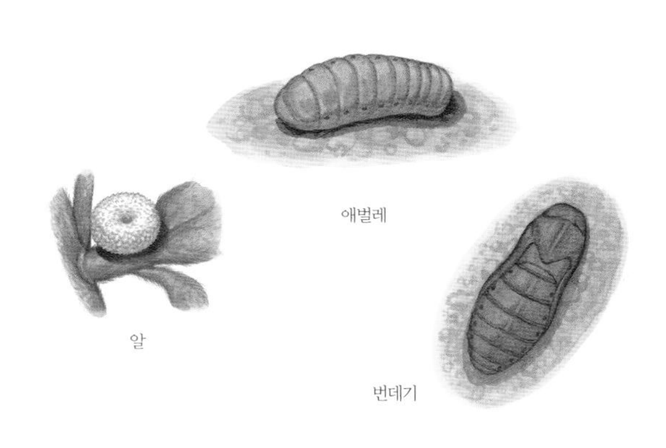

날개 편 길이는 39 ~ 47mm이다. 수컷은 날개 윗면이 밝은 파란색을 띤다. 날개 테두리는 조금 넓고, 까만 밤색을 띤다. 암컷은 수컷보다 까만데 저마다 다르다. 날개 아랫면은 잿빛을 띤다. 앞날개 가운데 가장자리에 길쭉하고 커다란 점무늬들이 있고, 뒷날개에는 크고 작은 까만 점들이 여기저기 나 있다.

고운점박이푸른부전나비

Maculinea teleius

뒷날개 아랫면 가운데쯤에 까만 점들이 곱게 늘어서 있다고 '고운점박이푸른부전나비'라는 이름이 붙었다. 북녘에서는 '고운점배기숫돌나비'라고 한다. 북방점박이푸른부전나비와 닮았지만, 고운점박이푸른부전나비는 앞날개 윗면에 있는 파란 무늬가 더 넓고, 앞날개 아랫면 가운데 가장자리에 있는 동그란 무늬가 더 뚜렷하고 크다.

고운점박이푸른부전나비는 한 해에 한 번 날개돋이 한다. 7월 말부터 8월까지 높은 산 햇볕이 잘 드는 숲 가장자리나 풀밭에서 볼 수 있다. 하지만 강원도 중부와 북부 몇몇 곳에서만 살아서 아주 드물다. 요즘에는 그나마 볼 수 있었던 곳도 사라지고 수도 가파르게 줄고 있어서 보호가 필요하다. 맑은 날 엉겅퀴, 오이풀, 부처꽃, 층층이꽃, 싸리 꽃에 잘 모인다. 애벌레는 장미과에 속하는 오이풀 잎을 갉아 먹는다. 다 큰 애벌레는 개미집으로 내려와 코토쿠뿔개미, 빗개미, 주름뿔개미, 나도빗개미 알이나 어린 애벌레를 먹는다. 애벌레로 겨울을 난다.

고운점박이푸른부전나비는 독일 하나우 지역에서 맨 처음 기록된 나비다. 우리나라에서는 1887년에 *Lycaena euphemus*로 처음 기록되었다. 유럽과 아시아 중북부 지역 여러 나라에서 살고 있다.

7월 말 ~ 8월
애벌레
국외반출승인대상생물종

북녘 이름 고운점배기숫돌나비
다른 이름 점백이푸른부전나비
사는 곳 높은 산 숲 가장자리와 풀밭
나라 안 분포 중북부
나라 밖 분포 유럽, 아시아 중북부
잘 모이는 꽃 엉겅퀴, 오이풀, 싸리, 부처꽃, 층층이꽃
애벌레가 먹는 식물 오이풀

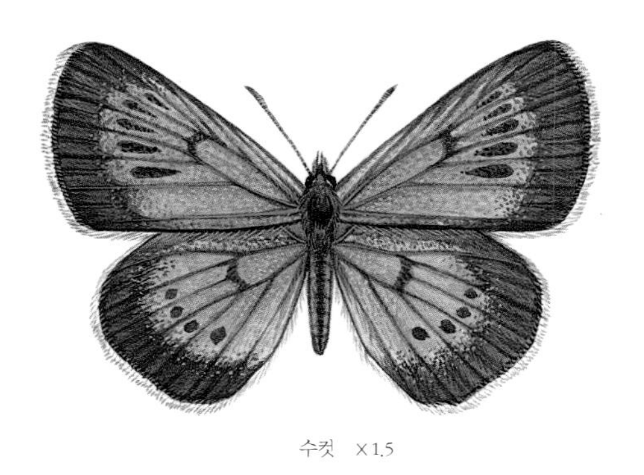

수컷 ×1.5

수컷 옆모습

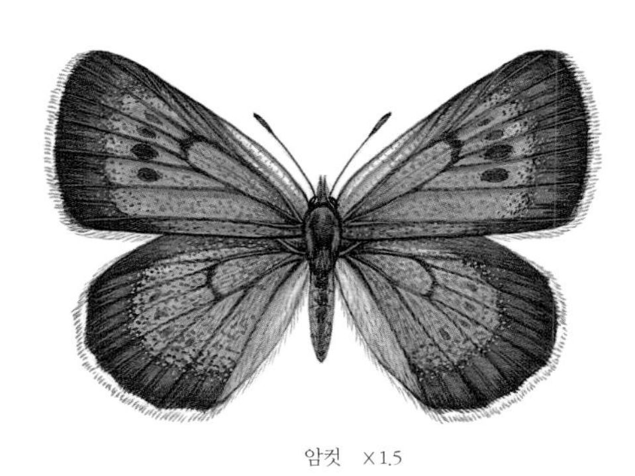

암컷 ×1.5

애벌레

알

번데기

날개 편 길이는 36 ~ 41mm이다. 날개 윗면은 흰색이 도는 밝은 파란색이다. 윗면 날개 테두리는 조금 넓게 까만 밤색을 띤다. 아랫면은 희끄무레하고, 날개 가운데 가장자리에 동그랗고 까만 점들이 줄지어 있다.

북방점박이푸른부전나비 *Maculinea kurentzovi*

고운점박이푸른부전나비와 닮았지만, 북방점박이푸른부전나비는 앞날개 윗면에 있는 밝은 파란색 부분이 좁고, 날개 아랫면 가장자리에 있는 까만 점들이 작거나 뚜렷하지 않다. 날개 편 길이는 34 ~ 37mm이다. 남녘에는 강원도 몇몇 곳에서 본 기록만 있을 뿐 요즘에는 통 보이지 않아 다 사라진 것으로 보인다.

수컷

암컷

수컷 옆모습

소철꼬리부전나비

Chilades pandava

애벌레가 소철 잎을 갉아 먹고, 어른벌레 뒷날개에 꼬리처럼 생긴 돌기가 가늘고 길어서 '소철꼬리부전나비'라는 이름이 붙었다. 북녘에서는 살지 않아서 따로 이름이 없다. 날개 윗면은 옅은 파란색을 띠고, 뒷날개 아랫면 날개 뿌리에 까만 점이 네 개 뚜렷하게 나 있어서 다른 부전나비와 다르다.

소철꼬리부전나비는 7월 말부터 8월까지 제주도 서귀포를 중심으로 보인다. 이때 알을 낳아 10월 초쯤 수많은 나비가 날개돋이 해서 날아다닌다. 이 나비들이 짝짓기를 한 뒤 알을 또 낳는다. 그러면 10월 말부터 11월 초에 또 한꺼번에 날개돋이 해서 제주도 어느 곳에서나 볼 수 있다. 10월 말부터 11월 초에 날개돋이 한 2세대는 뒷날개가 더 희뿌옇고, 날개 아랫면 가운데에 있는 짙은 무늬가 더 크다. 나비마다 무늬와 색깔이 제법 다르다. 요즘에는 날씨가 따뜻해지면서 제주도뿐만 아니라 남부 바닷가에서도 볼 수 있다. 앞으로 우리나라에서 눌러살게 될지 지켜보는 나비다.

소철꼬리부전나비는 소철 둘레 햇볕이 잘 드는 곳에서 날개를 쫙 펴서 햇볕을 쬐고 란타나, 국화, 코스모스 꽃에 잘 모인다. 짝짓기를 마치면 소철 새순에 알을 낳는다. 알은 잿빛을 띤다. 알에서 깬 애벌레는 새싹을 파고들어 갉아 먹는다. 다 자란 애벌레는 몸빛이 빨갛다. 번데기는 다른 부전나비 무리처럼 위에서 보면 오뚝이처럼 생겼다.

소철꼬리부전나비는 인도네시아 자바 섬에서 맨 처음 기록된 나비다. 우리나라에서는 2005년 9월에 제주도 서귀포시 하예동에서 처음 찾았다. 인도네시아, 타이완, 미얀마, 인도에서도 살고 있다.

7월 말 ~ 11월 초
못 남
길 잃은 나비
국가기후변화생물지표종

사는 곳 소철 둘레 풀밭
나라 안 분포 제주도
나라 밖 분포 인도네시아, 타이완, 미얀마, 인도
잘 모이는 꽃 란타나, 국화, 코스모스
애벌레가 먹는 식물 소철

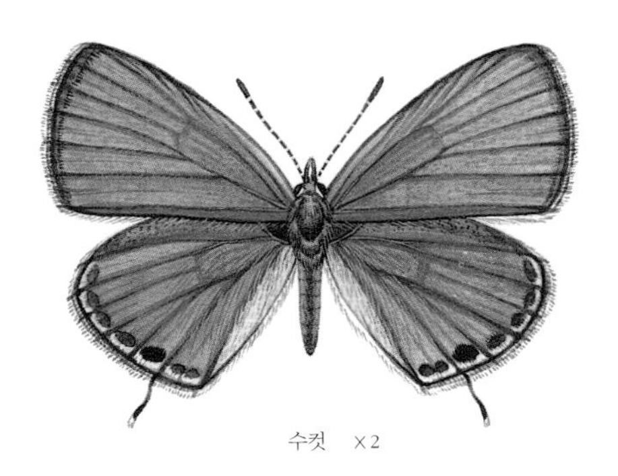

수컷 ×2

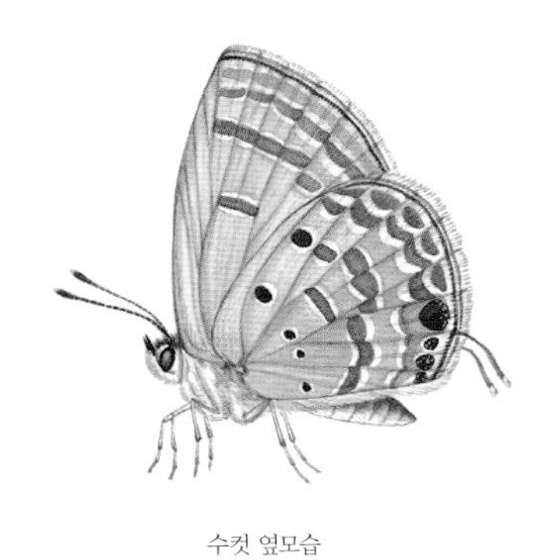

수컷 옆모습

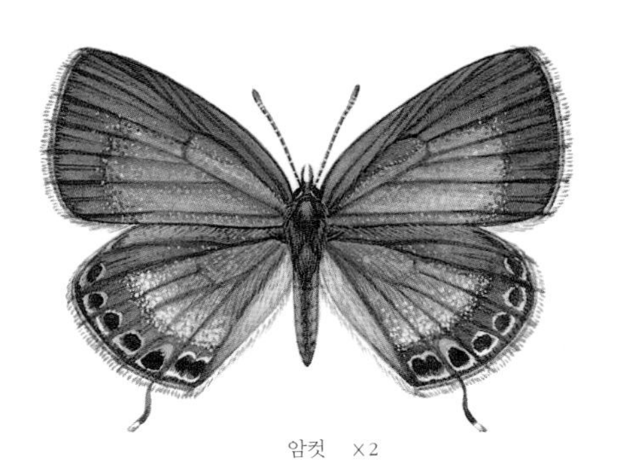

암컷 ×2

날개 편 길이는 24 ~ 32mm이다. 수컷은 날개 윗면이 파랗고, 가장자리 테두리는 까맣다. 암컷은 날개 윗면 앞쪽과 바깥쪽 가장자리가 까만 밤색을 띠고, 가운데부터 날개 뿌리까지는 푸르스름한 하얀빛을 띤다. 암컷은 수컷보다 까만 밤색 날개 테두리 폭이 더 넓다. 날개 아랫면은 희뿌옇고, 가운데쯤에 하얀 테두리를 두른 까만 밤색 점이 줄지어 있다. 또 뒷날개 날개 뿌리 쪽에 까만 점 네 개가 뚜렷하다. 꼬리처럼 생긴 돌기는 가늘고 길다.

산꼬마부전나비 *Plebejus argus*

산부전나비와 닮았지만, 산꼬마부전나비는 크기가 더 작고, 뒷날개 아랫면 날개맥 1b실부터 4실까지 있는 까만 점들에 쇠붙이처럼 반짝거리는 파란 비늘가루가 없다. 날개 편 길이는 23 ~ 27mm이다. 남녘에서는 제주도 한라산 높은 곳에 가면 볼 수 있다.

수컷

암컷

수컷 옆모습

암컷 옆모습

부전나비

Plebejus argyrognomon

'부전'은 옛날 여자아이들이 차던 작고 귀여운 노리개다. 나비 생김새가 이 부전을 닮았다고 '부전나비'라는 이름이 붙었다. 옛날에는 '설악산부전나비'라고 했고, 북녘에서는 '물빛점무늬숫돌나비'라고 한다. 산부전나비와 닮았지만, 부전나비는 뒷날개 아랫면 날개맥 1b실부터 4실까지 가장자리에 파란 비늘가루가 있다. 또 아랫면 까만 점무늬가 더 작다.

부전나비는 한 해에 여러 번 날개돋이 한다. 5월 말부터 10월까지 햇볕이 잘 드는 논밭이나 둑, 도랑이나 시내 둘레에서 볼 수 있다. 제주도를 뺀 온 나라에서 볼 수 있다. 물가나 논밭 둘레에 있는 풀밭에서 날개를 반쯤 펴고 햇볕을 쬔다. 개망초, 갈퀴나물, 쑥부쟁이, 사철쑥 꽃에 잘 모이고, 가끔 산에 핀 꽃에서도 보인다. 알로 겨울을 나고, 이듬해 봄에 깬 애벌레는 콩과에 속하는 갈퀴나물, 낭아초, 땅비싸리 잎을 갉아 먹는다.

부전나비는 독일 하나우 지역에서 맨 처음 기록된 나비다. 우리나라에서는 1971년 강원도 설악산에서 처음 찾아 *Lycaeides argyrognomon* 으로 기록되었다. 극동 러시아, 몽골, 유럽에도 살고 있다.

5월 말 ~ 10월

알

북녘 이름 물빛점무늬숫돌나비
다른 이름 설악산부전나비, 설악산숫돌나비
사는 곳 논밭, 도랑, 시내 주변
나라 안 분포 제주도를 뺀 온 나라
나라 밖 분포 극동 러시아, 몽골, 유럽
잘 모이는 꽃 개망초, 갈퀴나물, 쑥부쟁이, 사철쑥
애벌레가 먹는 식물 갈퀴나물, 낭아초, 땅비싸리

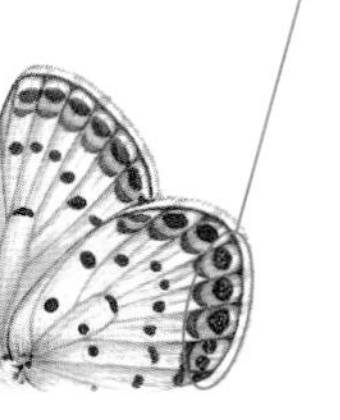

부전나비와 산부전나비

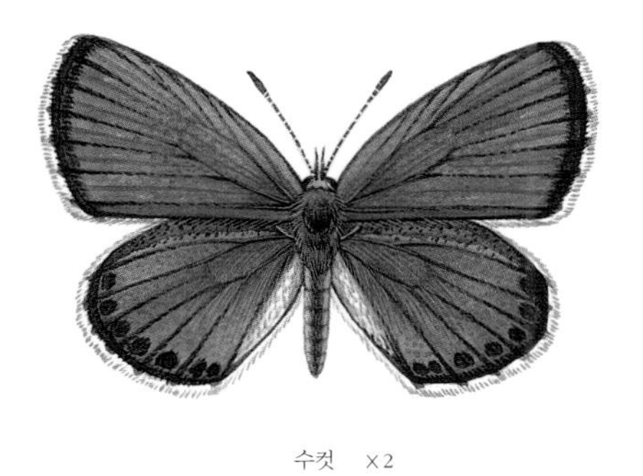
수컷 ×2

수컷 옆모습

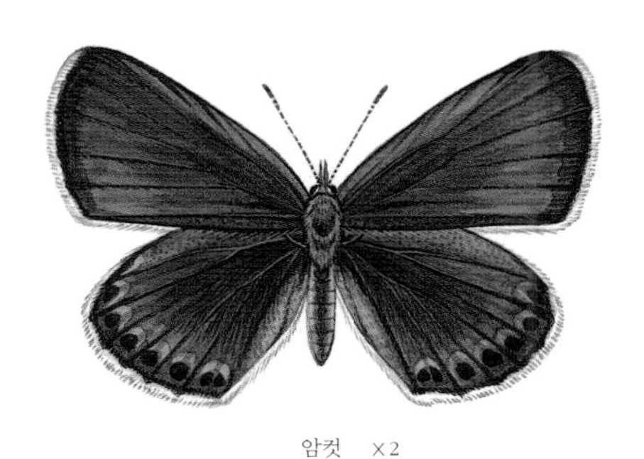
암컷 ×2

날개 편 길이는 26 ~ 32mm이다. 수컷은 날개 윗면이 파랗고, 바깥쪽 가장자리에 가는 검정 테가 둘러져 있다. 암컷은 날개 윗면이 모두 까만 밤색을 띠고, 뒷날개 윗면 바깥쪽 가장자리에 작은 주황색 무늬들이 있다. 날개 아랫면에는 까만 점들이 줄지어 있고, 바깥쪽 가장자리로 주황색 띠무늬가 있다. 또 날개맥 1b실부터 4실까지 파란 비늘가루가 있다.

산부전나비 *Plebejus subsolanus*

부전나비와 닮았지만, 산부전나비는 뒷날개 아랫면 바깥쪽에 있는 까만 점 가운데 날개맥 1b실부터 2실까지만 파란 비늘가루가 있다. 또 아랫면에 있는 까만 점이 크고 긴둥근꼴이다. 날개 편 길이는 32 ~ 35mm이다. 남녘에서는 볼 수 없고, 북녘 북동부 지역에서는 아직까지 꽤 많이 볼 수 있다.

수컷

암컷

수컷 옆모습

작은주홍부전나비

Lycaena phlaeas

크기가 작고 몸빛이 주홍색을 띤다고 '작은주홍부전나비'다. 북녘에서는 '붉은숫돌나비'라고 한다. 큰주홍부전나비 암컷과 닮았지만, 작은주홍부전나비는 앞날개 윗면 바깥쪽 가장자리에 있는 까만 점들이 가지런하지 않고 들쑥날쑥하다.

작은주홍부전나비는 한 해에 여러 번 날개돋이 한다. 4월부터 11월까지 물가, 논밭 둘레, 숲 가장자리, 낮은 산 풀밭 어디에서나 쉽게 볼 수 있다. 맑은 날 날개를 반쯤 펴서 햇볕을 쬐고 개망초, 이고들빼기, 여러 쑥부쟁이 꽃에 잘 모인다. 수컷은 자기 사는 곳에서 멀리 가지 않고, 다른 나비들이 들어오면 달려들어 쫓아내고 다시 자기 자리로 내려앉는다. 수컷은 재빠르게 날아다니지만 암컷은 잘 날지 않는다. 어른벌레로 20일쯤 사는데, 암컷이 수컷보다 조금 더 산다. 짝짓기를 마친 암컷은 애벌레가 먹는 식물 잎 뒤에 알을 하나씩 낳아 붙인다. 땅과 가까운 아래쪽 잎에 낳는다. 알은 찐빵처럼 납작하고, 겉은 벌집처럼 움푹움푹 파였다. 알에서 깬 애벌레는 마디풀과에 속하는 애기수영, 수영, 참소리쟁이, 소리쟁이, 개대황 잎을 갉아 먹는다. 날이 추워지면 마른 풀이나 가랑잎 속으로 들어가 애벌레로 겨울을 난다. 겨울을 날 때는 몸빛이 불그스름하게 바뀐다. 이듬해 봄에 겨울잠에서 깬 애벌레는 한 달쯤 더 큰 뒤에 가랑잎 밑이나 돌 밑에 들어가 번데기가 된다. 열흘쯤 지나면 날개돋이 한다.

작은주홍부전나비는 스웨덴 중부 지역에서 맨 처음 기록된 나비다. 우리나라에서는 1883년에 인천에서 처음 찾아 *Chrysophanus timaeus*로 기록되었다. 일본, 아시아와 유럽, 아프리카 북부에도 산다.

4 ~ 11월
애벌레

북녘 이름 붉은숫돌나비

사는 곳 물가, 논밭 둘레, 숲 가장자리, 낮은 산속 풀밭

나라 안 분포 온 나라

나라 밖 분포 일본, 아시아, 유럽, 아프리카 북부

잘 모이는 꽃 개망초, 이고들빼기, 쑥부쟁이 따위

애벌레가 먹는 식물 애기수영, 수영, 참소리쟁이, 소리쟁이, 개대황

수컷 ×2

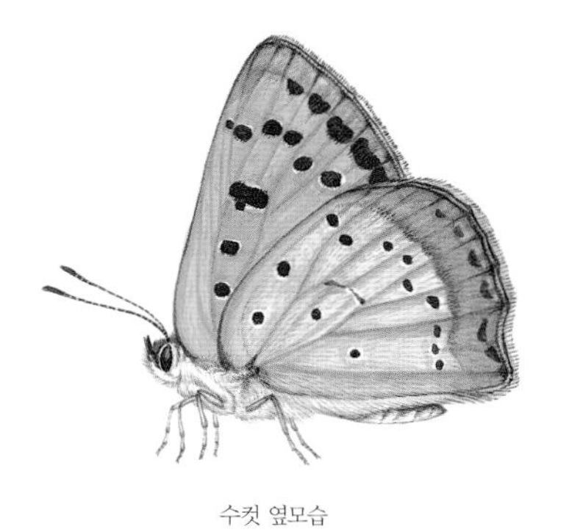

수컷 옆모습

암컷 ×2

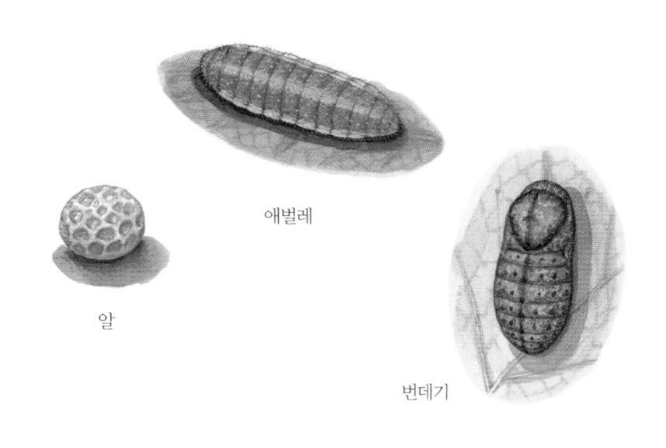

날개 편 길이는 26 ~ 34mm이다. 암수 모두 앞날개 윗면은 주황색을 띤다. 날개 윗면 바깥쪽 가장자리에 있는 까만 점들이 들쑥날쑥하고, 폭이 넓은 까만 테두리가 있다. 뒷날개 윗면은 까만 밤색이고, 바깥쪽 가장자리에 주황색 무늬가 있다. 뒷날개 아랫면은 누르스름한 잿빛이고 바깥쪽 가장자리에 주황색 무늬가 있다.

큰주홍부전나비

Lycaena dispar

큰주홍부전나비는 작은주홍부전나비와 닮았지만, 수컷은 날개 윗면 바깥쪽 테두리만 까맣고 온 날개가 아무 무늬 없는 주황색이다. 암컷은 앞날개 윗면 가운데 가장자리에 까만 점들이 가지런히 줄지어 있다. 북녘에서는 '큰붉은숫돌나비'라고 한다.

큰주홍부전나비는 추운 곳에서 사는 나비인데 어찌된 일인지 우리나라 중부 지방부터 따스한 남부 지방까지 살고 있다. 기후 변화와 관련이 있어 보인다. 남녘에서는 1990년대까지 경기도 서해 바닷가와 강원도 영월, 홍천, 양구 같은 몇몇 곳에서만 가끔 볼 수 있었다. 요즘에는 온 나라 강과 도랑, 시내, 논에서 보인다.

큰주홍부전나비는 한 해에 여러 번 날개돋이 한다. 5월부터 10월까지 물가나 논밭 둘레, 숲 가장자리, 낮은 산속 풀밭에서 가끔 볼 수 있다. 맑은 날 날개를 반쯤 펴서 햇볕을 쬐고 개망초, 지칭개, 기생초, 루드베키아, 설악초, 쇠무릎, 마디풀 꽃에 잘 모인다. 애벌레는 마디풀과에 속하는 참소리쟁이, 소리쟁이, 애기수영, 수영 잎을 갉아 먹는다. 몸빛이 빨간 3령 애벌레로 겨울을 난다.

큰주홍부전나비는 영국에서 맨 처음 기록된 나비인데, 영국에서는 멸종 위기에 놓였다. 우리나라에서는 1887년에 *Polyommatus dispar rutilus*로 처음 기록되었다. 러시아, 중국, 유럽에서도 살고 있다.

5 ~ 10월
애벌레
국외반출승인대상생물종

북녘 이름 큰붉은숫돌나비
사는 곳 물가, 논밭 둘레, 숲 가장자리, 낮은 산속 풀밭
나라 안 분포 온 나라
나라 밖 분포 러시아, 중국, 유럽
잘 모이는 꽃 개망초, 지칭개, 쇠무릎, 마디풀 따위
애벌레가 먹는 식물 참소리쟁이, 소리쟁이, 애기수영, 수영

수컷 ×1.5

수컷 옆모습

암컷 ×1.5

암컷 옆모습

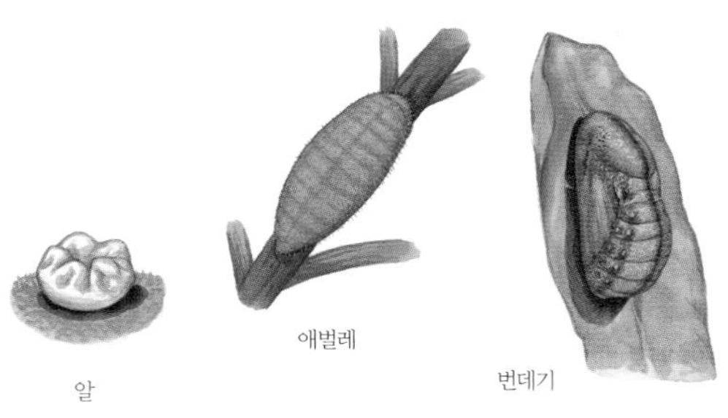

알

애벌레

번데기

점무늬가 가지런한다.

점무늬가 들쭉날쭉하다.

큰주홍부전나비와 작은주홍부전나비

날개 편 길이는 26 ~ 41mm이다. 수컷은 날개 바깥쪽 가장자리를 빼고 온통 주황색이고 무늬가 없다. 날개 아랫면은 가운데 가장자리로 까만 점무늬가 줄지어 있다. 암컷은 앞날개 윗면 가운데 가장자리에 까만 점이 가지런히 줄지어 있고, 뒷날개 바깥쪽 가장자리에는 주황색 무늬가 있다. 아랫면 무늬는 수컷과 비슷하다.

선녀부전나비

Artopoetes pryeri

날개 색과 무늬가 선녀처럼 곱다고 '선녀부전나비'라는 이름이 붙었다. 북녘에서는 '깊은산숫돌나비'라고 한다. 날개 아랫면은 허옇고, 가장자리로 까만 점들이 가지런히 줄지어 있어서 다른 부전나비와 다르다.

선녀부전나비는 한 해에 한 번 날개돋이 한다. 6월부터 8월까지 중부와 북부 몇몇 산속 숲 가장자리에서 드물게 볼 수 있다. 6월 말에 강원도 북부 산에 가면 좀 더 쉽게 만날 수 있다. 다른 나비와 달리 한낮보다는 늦은 오후에, 맑은 날보다는 흐린 날에 더 기운차게 날아다닌다. 쥐똥나무와 밤나무 꽃에 잘 모인다. 짝짓기를 마친 암컷은 쥐똥나무 가지가 갈라진 곳에 불그스름한 알을 3 ~ 7개 낳는다. 알로 겨울을 난 뒤 이듬해 봄에 애벌레가 깬다. 다 자란 애벌레는 녹색부전나비 무리 애벌레처럼 등이 불룩 솟고 짚신처럼 생겼다. 머리에 붉은 밤색 줄무늬가 뚜렷하다. 애벌레는 물푸레나무과에 속하는 정향나무, 쥐똥나무, 산회나무, 개회나무 잎을 갉아 먹다가 잎 뒤에서 번데기가 된다.

선녀부전나비는 일본 혼슈 지방에서 맨 처음 기록된 나비다. 우리나라에서는 1923년에 *Lycaena pryeri*로 처음 기록되었다. 일본, 극동 러시아, 중국 남동부에도 살고 있다.

6 ~ 8월
알

북녘 이름 깊은산숫돌나비
사는 곳 산속 숲 가장자리
나라 안 분포 중부, 북부
나라 밖 분포 일본, 극동 러시아, 중국 남동부
잘 모이는 꽃 쥐똥나무, 밤나무
애벌레가 먹는 식물 쥐똥나무, 정향나무, 산회나무, 개회나무

수컷 ×1.5

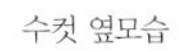

수컷 옆모습

암컷 ×1.5

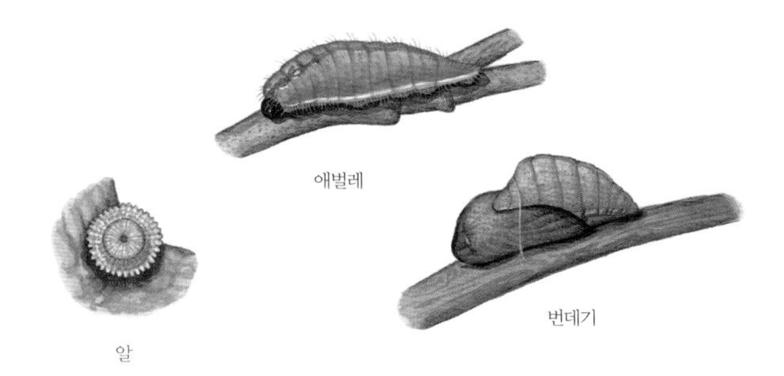

애벌레

알

번데기

날개 편 길이는 34 ~ 39mm이다. 날개는 모두 거무스름한 밤색이고, 날개 뿌리부터 가운데까지 푸르스름한 보라색을 띤다. 수컷은 날개 가운데에 있는 보라색이 암컷보다 더 짙고, 암컷은 허연 부위가 더 넓다. 날개 아랫면은 허옇고 날개 바깥쪽 가장자리와 가운데 가장자리에 까만 점무늬가 줄지어 있다.

붉은띠귤빛부전나비

Coreana raphaelis

붉은띠귤빛부전나비는 몸이 귤빛을 띠고, 뒷날개 아랫면 가운데 가장자리에 빨간 띠무늬가 있다. 꼬리처럼 생긴 돌기가 없어서 다른 귤빛부전나비와 다르다. 북녘에서는 '참귤빛숫돌나비'라고 한다.

붉은띠귤빛부전나비는 한 해에 한 번 날개돋이 한다. 6월 중순부터 7월까지 골짜기나 시골 마을 둘레 수풀에서 드물게 볼 수 있다. 지리산과 중부와 북부 지방 몇몇 곳에서 산다. 경기도 양평군에 제법 많이 살지만 그래도 수가 적어서 흔히 볼 수는 없다. 숲 가장자리에 자주 앉아 있거나 힘없이 날아다니다가 개망초 꽃에 잘 모인다. 알로 겨울을 나고 이듬해 봄에 깬 애벌레는 물푸레나무과에 속하는 물푸레나무, 쇠물푸레나무, 들메나무, 참나무과에 속하는 졸참나무 잎을 갉아 먹는다.

붉은띠귤빛부전나비는 러시아 우수리 지역에서 맨 처음 기록된 나비다. 우리나라에서는 1887년에 *Thecla raphaelis*로 처음 기록되었다. 극동 러시아, 중국 북서부, 일본에서도 살고 있다.

6월 중순 ~ 7월

알

북녘 이름 참귤빛숫돌나비

다른 이름 라파엘귤빛부전나비

사는 곳 골짜기, 시골 마을 둘레 수풀

나라 안 분포 중부, 북부 내륙

나라 밖 분포 극동 러시아, 중국 북서부, 일본

잘 모이는 꽃 개망초

애벌레가 먹는 식물 물푸레나무, 쇠물푸레나무, 들메나무, 졸참나무

수컷 X1.5

수컷 옆모습

암컷 X1.5

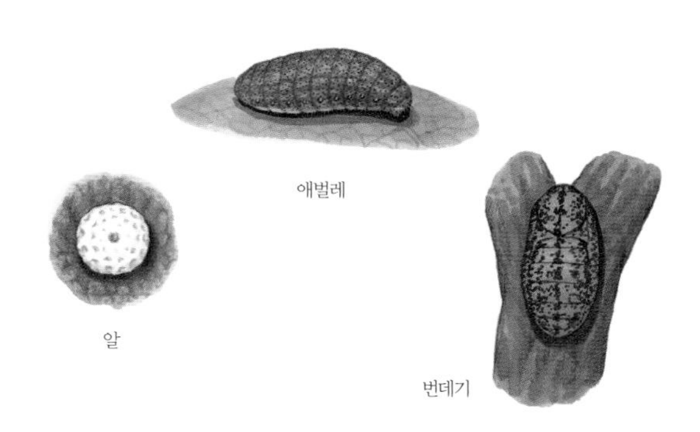
애벌레

알

번데기

날개 편 길이는 33 ~ 35mm이다. 날개는 귤빛이고 가장자리에 까만 밤색 테두리가 있다. 날개 아랫면 가운데 가장자리로 짙은 빨간 무늬와 작고 하얀 무늬가 줄지어 있다. 앞날개 아랫면 뒤쪽 모서리에는 까만 점무늬가 뚜렷하다. 수컷은 뒷날개 앞쪽 가장자리에 있는 까만 밤색 무늬가 길고, 암컷은 짧다. 꼬리처럼 생긴 돌기는 없다.

금강산귤빛부전나비

Ussuriana michaelis

몸이 귤빛을 띠고 금강산에서 처음 찾았다고 '금강산귤빛부전나비'라는 이름이 붙었다. 북녘에서는 '금강산귤빛숫돌나비'라고 한다. 꼬리처럼 생긴 돌기가 뒷날개 모서리에 있고, 앞날개 아랫면 날개맥 가운데방 가장자리에 아무 무늬도 없어서 다른 귤빛부전나비와 다르다.

금강산귤빛부전나비는 한 해에 한 번 날개돋이 한다. 6월 중순부터 8월 중순까지 산속 수풀 둘레나 골짜기 둘레에서 드물게 볼 수 있다. 지리산보다 북쪽 지역 몇몇 산에서 산다. 숲 가장자리에 앉아 있거나 나무 위를 빠르게 날아다니고, 가끔 밤에 불빛을 찾아오기도 한다. 짝짓기를 마친 암컷은 물푸레나무나 쇠물푸레나무 가지에 알을 4 ~ 15개쯤 낳아 붙인다. 알로 겨울을 나고, 이듬해 알에서 깬 애벌레는 물푸레나무과에 속하는 물푸레나무, 쇠물푸레나무와 참나무과에 속하는 졸참나무 잎을 갉아 먹는다. 그러다 5월쯤 땅으로 내려와 가랑잎 속에서 번데기가 된다.

금강산귤빛부전나비는 러시아 우수리 지역에서 맨 처음 기록된 나비다. 우리나라에서는 1926년에 금강산에서 처음 찾아 *Zephyrus michaelis*로 기록되었다. 러시아, 중국 동부, 타이완에도 살고 있다.

6월 중순 ~ 8월 중순
알

북녘 이름 금강산귤빛숫돌나비
사는 곳 산속 수풀, 골짜기 둘레
나라 안 분포 중부, 북부 내륙
나라 밖 분포 러시아, 중국 동부, 타이완
잘 모이는 꽃 모름
애벌레가 먹는 식물 물푸레나무, 쇠물푸레나무, 졸참나무

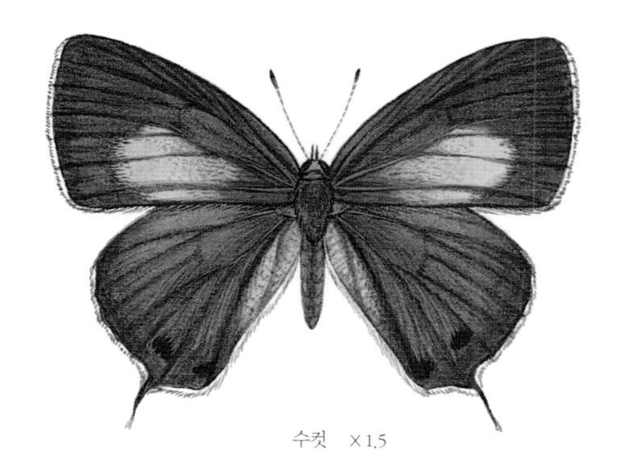

수컷 ×1.5

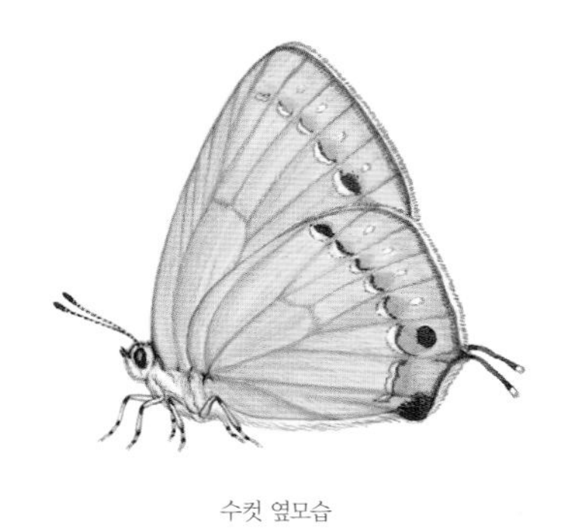

수컷 옆모습

암컷 ×1.5

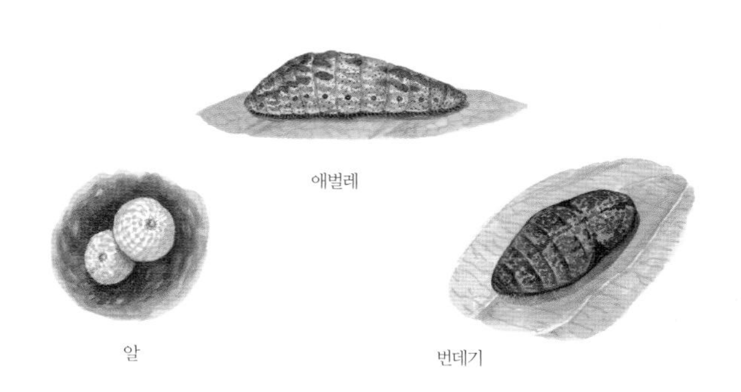

애벌레

알

번데기

날개 편 길이는 35 ~ 40mm이다. 날개는 거무스름하고 앞날개 윗면 가운데에 귤빛 무늬가 있는데, 수컷보다 암컷 무늬가 더 크다. 암컷은 뒷날개 윗면 뒤쪽 모서리에 귤빛 무늬가 있다. 날개 아랫면은 옅은 풀빛이 돌면서 누르스름하고, 가운데 가장자리로 작고 하얀 무늬와 귤빛 무늬가 줄지어 나 있다. 뒷날개 뒤쪽 모서리에는 앞뒤로 까만 점무늬가 있다. 꼬리처럼 생긴 돌기는 가늘고 길다.

암고운부전나비

Thecla betulae

암컷 앞날개 윗면에 귤빛 점무늬가 곱게 나 있다고 '암고운부전나비'라는 이름이 붙었다. 북녘에서는 '암귤빛꼬리숫돌나비'라고 한다. 암컷 앞날개 윗면에 반달처럼 생긴 커다란 귤색 무늬가 있고, 꼬리처럼 생긴 돌기가 굵고 짧아서 다른 부전나비와 다르다.

암고운부전나비는 한 해에 한 번 날개돋이 한다. 6월 중순부터 10월까지 산이나 마을 둘레 수풀에서 볼 수 있다. 남부 지방에서는 몇몇 곳에서만 살지만 중부와 북부 지방에서는 제법 폭넓게 산다. 수컷은 잘 날아다니지 않고, 암컷은 날개돋이 한 뒤 잠깐 보이다가 바로 여름잠을 자기 때문에 보기 어렵다. 여름잠에서 깬 암컷은 늦가을까지 날아다닌다. 숲속 나무 햇볕이 잘 드는 잎에 자주 앉아 있거나 시골 마을 둘레에서 빠르게 날아다닌다. 알로 겨울을 나고, 이듬해 봄에 알에서 깬 애벌레는 장미과에 속하는 옥매, 산옥매, 복사나무, 자두나무, 매실나무, 살구나무, 앵두나무, 벚나무 잎을 갉아 먹는다.

암고운부전나비는 스웨덴에서 맨 처음 기록된 나비다. 우리나라에서는 1919년에 *Zephyrus betulae crassa* 로 처음 기록되었다. 러시아, 중국, 유럽에서도 살고 있다.

6월 중순 ~ 10월
알

북녘 이름 암귤빛꼬리숫돌나비
사는 곳 산, 마을 둘레 수풀
나라 안 분포 남부 몇몇 곳, 중부와 북부
나라 밖 분포 러시아, 중국, 유럽
잘 모이는 꽃 아직 모름
애벌레가 먹는 식물 자두나무, 매실나무, 살구나무 따위

수컷 ×1.2

수컷 옆모습

암컷 ×1.2

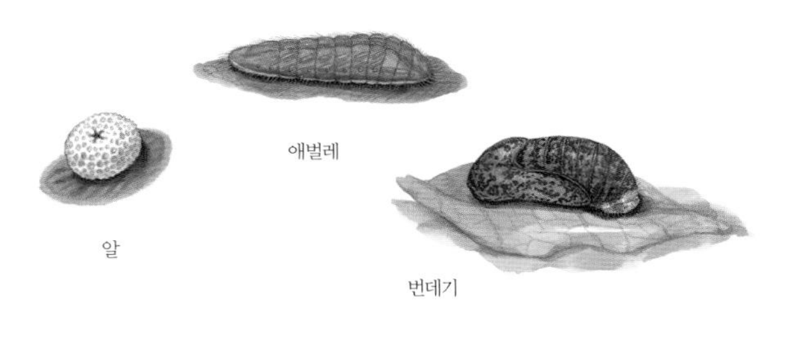

날개 편 길이는 39 ~ 42mm이다. 날개 윗면은 거무스름하고, 아랫면은 귤색을 띤다. 암컷 앞날개 윗면에는 반달처럼 생긴 큰 귤색 무늬가 있고, 수컷은 없다. 뒷날개 윗면 뒤쪽 모서리에는 귤색 무늬가 있고, 아랫면 가운데에 하얀 선이 뚜렷하다. 꼬리처럼 생긴 돌기는 짧고 굵다.

깊은산부전나비 *Protantigius superans*

날개 아랫면은 반들반들한 은백색을 띠고, 꼬리처럼 생긴 돌기가 가늘고 길어서 다른 부전나비와 다르다. 날개 편 길이는 38 ~ 43mm이다. 남녘에서는 강원도, 충청남도, 경상북도 몇몇 곳에서만 살고 수가 아주 적다. 멸종위기야생동물 II급으로 정해서 보호하고 있다.

수컷

암컷

수컷 옆모습

시가도귤빛부전나비

Japonica saepestriata

날개 아랫면에 난 줄무늬들이 마치 도시에 있는 도로처럼 이리저리 나 있다고 '시가도귤빛부전나비'라는 이름이 붙었다. 북녘에서는 '물결귤빛숫돌나비'라고 한다. 날개 아랫면에 까만 밤색 무늬가 어지럽게 나 있어서 다른 귤빛부전나비와 다르다.

시가도귤빛부전나비는 한 해에 한 번 날개돋이 한다. 6월부터 8월 초까지 산속 숲 가장자리나 수풀에서 드물게 볼 수 있다. 남녘에서는 중부 지역 산이나 몇몇 섬에 산다. 흐린 날이나 오후 늦게 기운차게 날아다니다가 밤꽃에 가끔 찾아온다. 알로 겨울을 나고, 이듬해 봄에 알에서 깬 애벌레는 참나무과에 속하는 졸참나무, 상수리나무, 물참나무, 떡갈나무, 갈참나무 잎을 갉아 먹는다.

시가도귤빛부전나비는 일본 혼슈 지방에서 맨 처음 기록된 나비다. 우리나라에서는 1923년에 *Zephyrus saepestriata* 로 처음 기록되었다. 일본, 극동 러시아, 중국 남부, 타이완에서도 살고 있다.

6 ~ 8월 초
알

북녘 이름 물결귤빛숫돌나비
사는 곳 산속 참나무 숲
나라 안 분포 중부
나라 밖 분포 일본, 극동 러시아, 중국 남부, 타이완
잘 모이는 꽃 밤나무
애벌레가 먹는 식물 여러 가지 참나무

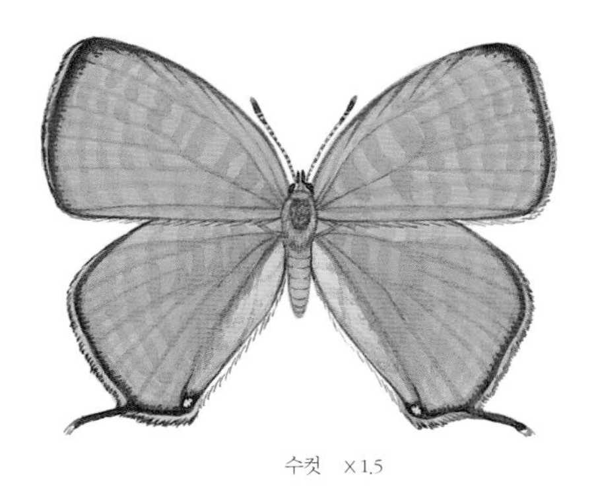

수컷 x 1.5

수컷 옆모습

암컷 x 1.5

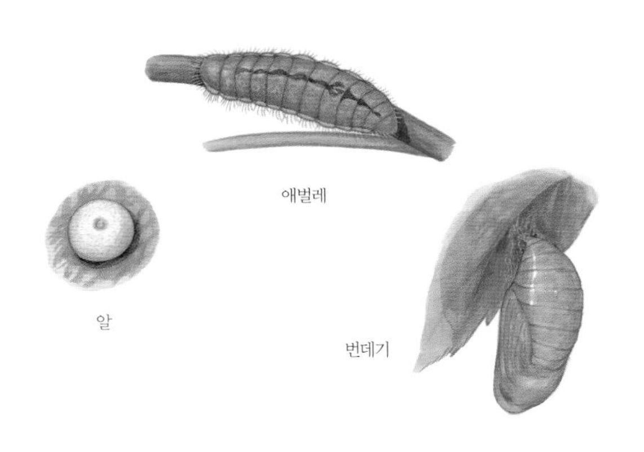

애벌레

알

번데기

날개 편 길이는 35 ~ 38mm이다. 날개는 귤색이고 테두리가 까만 밤색을 띤다. 날개 아랫면에는 까만 밤색 무늬가 어지럽게 나 있다. 뒷날개 윗면 뒤쪽 모서리에 작고 까만 점무늬가 뚜렷하다. 꼬리처럼 생긴 돌기는 가늘고 길다.

귤빛부전나비

Japonica lutea

날개 빛깔이 잘 익은 귤처럼 누르스름하다고 '귤빛부전나비'라는 이름이 붙었다. 북녘에서는 '귤빛숫돌나비'라고 한다. 날개 아랫면 가운데에 가는 흰색 줄 사이로 누런 밤색 띠무늬가 있고, 뒷날개 아랫면 바깥쪽 가장자리로 까만 점들이 있어서 다른 귤빛부전나비와 다르다. 귤빛부전나비 무리 가운데 수가 가장 많다.

귤빛부전나비는 한 해에 한 번 날개돋이 한다. 5월 말부터 8월까지 숲 가장자리에서 다른 귤빛부전나비보다 쉽게 볼 수 있다. 서해 바닷가 몇몇 곳을 빼고 온 나라에서 산다. 아침에는 풀 위에 앉아 있다가 해가 뜨면 나무 꼭대기 위로 날아오른다. 흐린 날이나 오후 늦게 참나무 꼭대기 위에서 힘차게 날아다니고 밤나무, 쥐똥나무 꽃에 가끔 찾아온다. 앉을 때는 날개를 세우지만 딱 붙이지 않는다. 짝짓기를 마친 암컷은 애벌레가 먹는 식물에 알을 붙여 낳는데, 알에 암컷 배털을 잔뜩 덮어 놓아서 쉽게 찾을 수 없다. 알 속에서 1령 애벌레가 깨 밖으로 나오지 않고 그대로 겨울을 난다. 이듬해 봄 알에서 나온 애벌레는 참나무과에 속하는 졸참나무, 떡갈나무, 상수리나무, 물참나무, 종가시나무, 붉가시나무, 갈참나무 잎을 갉아 먹고 큰다. 그리고 잎 뒤에 거꾸로 붙어서 번데기가 된다.

귤빛부전나비는 일본 혼슈 지방에서 맨 처음 기록된 나비다. 우리나라에서는 1923년에 *Zephyrus lutea*로 처음 기록되었다. 일본, 극동 러시아, 중국 남부, 타이완에도 산다.

5월 말 ~ 8월

알

북녘 이름 귤빛숫돌나비

사는 곳 산속 참나무 숲

나라 안 분포 서해 바닷가 몇몇 곳을 뺀 온 나라

나라 밖 분포 일본, 극동 러시아, 중국 남부, 타이완

잘 모이는 꽃 밤나무, 쥐똥나무

애벌레가 먹는 식물 졸참나무, 떡갈나무, 상수리나무 따위

수컷 ×1.5

수컷 옆모습

암컷 ×1.5

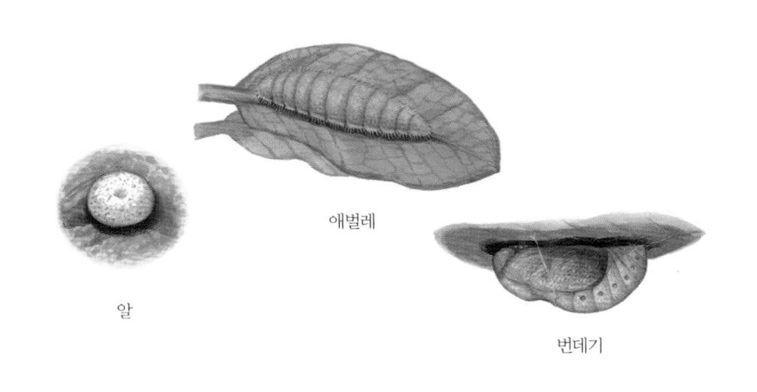
애벌레

알

번데기

날개 편 길이는 36 ~ 39mm이다. 날개는 귤빛이고, 앞날개 앞쪽 모서리가 넓게 까만 밤색을 띤다. 뒷날개 윗면 뒤쪽 모서리에 작고 까만 점무늬가 뚜렷하다. 날개 아랫면 가운데에는 가늘고 하얀 줄 사이로 누런 밤색 띠무늬가 있다. 뒷날개 아랫면 바깥쪽 가장자리에는 까만 점들이 줄지어 있다. 꼬리처럼 생긴 돌기는 가늘고 길다.

민무늬귤빛부전나비 *Shirozua jonasi*

귤빛부전나비와 닮았지만, 뒷날개 윗면 뒤쪽 모서리에 까만 점무늬가 없다. 날개 편 길이는 35 ~ 39mm이다. 남녘에서는 강원도 북부 몇몇 곳에만 살고 수가 아주 적어서 보기 어렵다.

수컷

암컷

수컷 옆모습

물빛긴꼬리부전나비

Antigius attilia

뒷날개에 꼬리처럼 생긴 돌기가 길고, 날개 색이 물빛과 비슷하다고 '물빛긴꼬리부전나비'라는 이름이 붙었다. 하지만 물빛이라고 해서 파란색을 떠올릴 수 있지만 날개 윗면 빛깔은 거무스름하다. 북녘에서는 '물빛긴꼬리숫돌나비'라고 한다. 담색긴꼬리부전나비와 닮았지만, 물빛긴꼬리부전나비는 뒷날개 아랫면 가운데에 난 짙은 줄무늬가 더 길다.

물빛긴꼬리부전나비는 한 해에 한 번 날개돋이 한다. 6월부터 8월까지 참나무가 많이 자라는 낮은 산에서 날아다니는데, 수가 적고 몇몇 곳에서만 살아서 보기 힘들다. 숲속 햇볕이 드는 나뭇잎에 앉아 있기를 좋아하고 숲 가장자리 둘레를 천천히 날아다닌다. 오전보다는 오후에 더 잘 날아다닌다. 밤나무, 쥐똥나무, 사철나무 꽃에 가끔 찾아와 꿀을 빤다. 알로 겨울을 나고, 이듬해 봄 알에서 깬 애벌레는 참나무과에 속하는 상수리나무, 졸참나무, 굴참나무, 물참나무, 떡갈나무, 갈참나무, 신갈나무 잎을 갉아 먹는다.

물빛긴꼬리부전나비는 러시아 아무르 지방에서 맨 처음 기록된 나비다. 우리나라에서는 1905년에 *Zephyrus attilia*로 처음 기록되었다. 극동 러시아, 일본, 중국, 타이완, 미얀마에서도 살고 있다.

6~8월
알

북녘 이름 물빛긴꼬리숫돌나비
사는 곳 산속 참나무 숲
나라 안 분포 남부와 동부를 뺀 온 나라
나라 밖 분포 극동 러시아, 일본, 중국, 타이완, 미얀마
잘 모이는 꽃 밤나무, 쥐똥나무, 사철나무
애벌레가 먹는 식물 여러 가지 참나무

수컷 ×2

수컷 옆모습

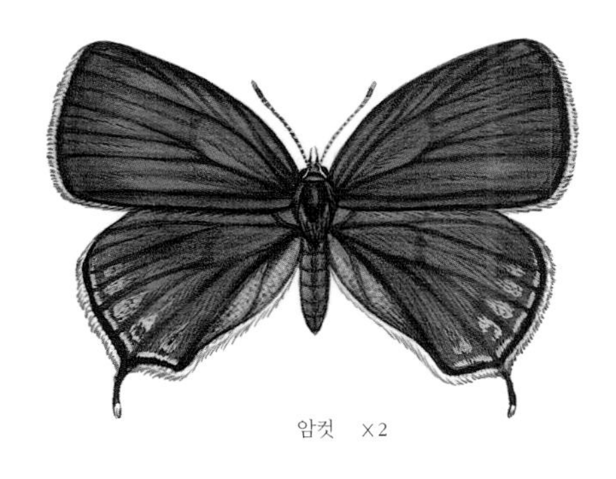

암컷 ×2

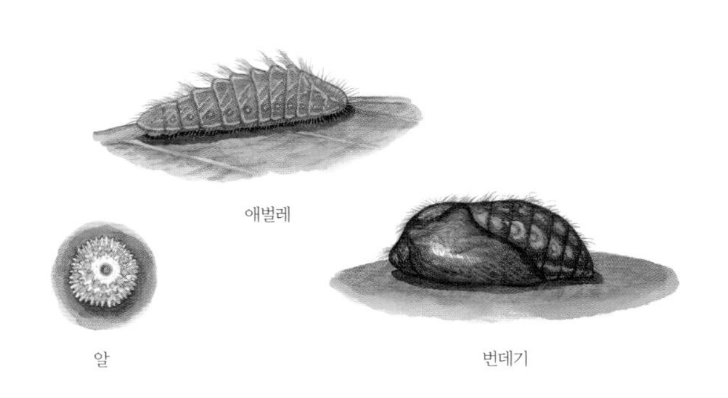

애벌레

알

번데기

날개 편 길이는 23 ~ 31mm이다. 날개 윗면은 거무스름하고, 뒷날개 윗면 바깥쪽 가장자리에 하얀 무늬가 있다. 날개 아랫면은 밝은 잿빛이고 가운데에 거무스름한 줄무늬가 쭉 이어져 나 있다. 암컷은 수컷보다 날개 바깥쪽 가장자리가 더 둥글고, 뒷날개 윗면 가장자리에 하얀 무늬가 더 크고 짙다. 꼬리처럼 생긴 돌기는 가늘고 길다.

담색긴꼬리부전나비

Antigius butleri

뒷날개 모서리에 꼬리처럼 생긴 돌기가 길고, 날개 아랫면이 밝은 담색을 띤다고 '담색긴꼬리부전나비'라는 이름이 붙었다. 북녘에서는 '연한색긴꼬리숫돌나비'라고 한다. 물빛긴꼬리부전나비와 닮았지만, 담색긴꼬리부전나비는 뒷날개 아랫면 날개 뿌리 쪽에 까만 점들이 있고, 날개 뒤쪽 모서리에 주황색 무늬가 뚜렷하다.

담색긴꼬리부전나비는 한 해에 한 번 날개돋이 한다. 6월부터 8월까지 참나무가 많은 낮은 산에서 드물게 볼 수 있다. 바닷가를 빼고 중부와 남부 지방 몇몇 곳에서 산다. 숲속 햇볕이 드는 나뭇잎에 앉아 있기를 좋아하고, 숲 가장자리 둘레를 천천히 날아다닌다. 오전보다는 오후에 더 기운차게 날아다니고, 밤꽃에 가끔 찾아와 꿀을 빤다. 짝짓기를 마친 암컷은 다른 나비와 달리 참나무 껍질 틈에 알을 낳는다. 알은 그대로 겨울을 난다. 이듬해 봄 알에서 깬 애벌레는 참나무과에 속하는 졸참나무, 떡갈나무, 갈참나무 잎을 갉아 먹는다.

담색긴꼬리부전나비는 일본 홋카이도에서 맨 처음 기록된 나비다. 우리나라에서는 1931년 경기도 소요산에서 처음 찾아 *Zephyrus butleri souyoensis*로 기록되었다. 일본, 극동 러시아, 중국에서도 살고 있다.

6 ~ 8월
알

북녘 이름 연한색긴꼬리숫돌나비
사는 곳 산속 참나무 숲
나라 안 분포 내륙 산지
나라 밖 분포 일본, 극동 러시아, 중국
잘 모이는 꽃 밤나무
애벌레가 먹는 식물 졸참나무, 떡갈나무, 갈참나무

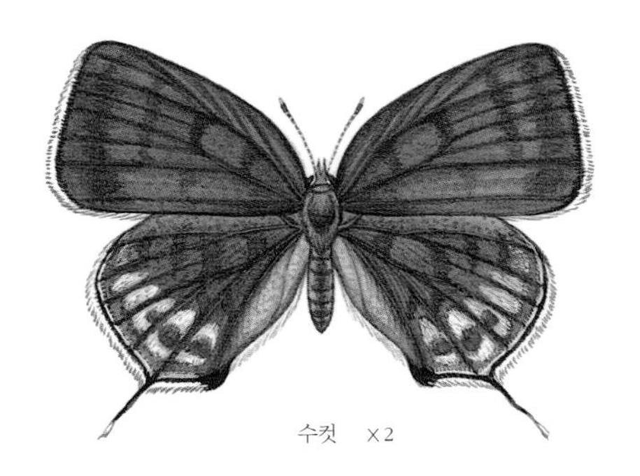

수컷 ×2

수컷 옆모습

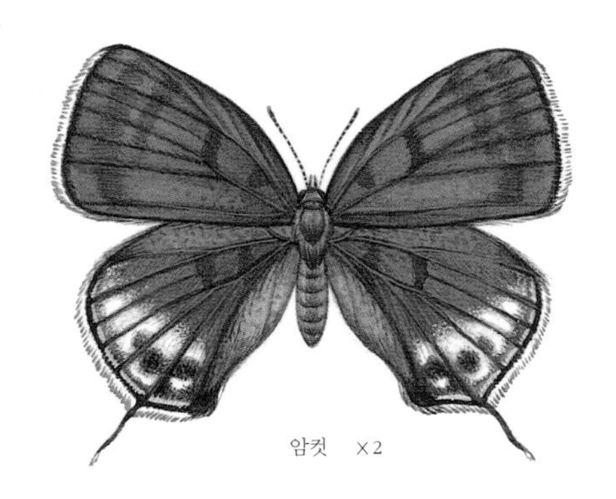

암컷 ×2

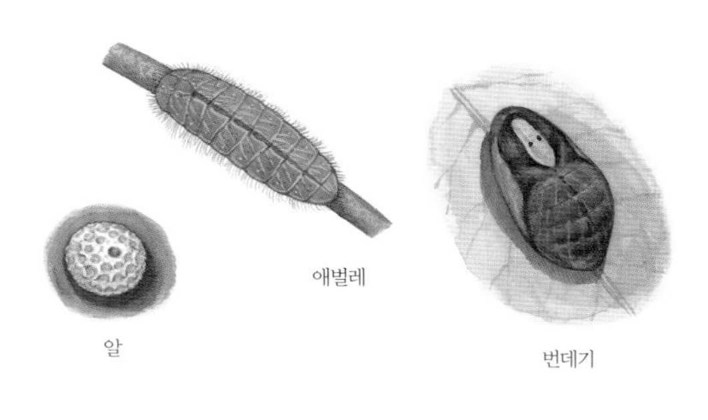

알

애벌레

번데기

날개 편 길이는 26 ~ 28mm이다. 날개 윗면은 거무스름한 밤색이고, 뒷날개 바깥쪽 가장자리에 하얀 무늬가 넓게 나 있다. 날개 아랫면은 어두운 잿빛 바탕에 밤빛 줄무늬와 점무늬가 잔뜩 나 있다. 뒷날개 아랫면 날개 뿌리 쪽에 까만 점무늬가 세 개 있고, 꼬리처럼 생긴 돌기는 가늘고 길다. 암컷은 수컷보다 날개 가장자리가 더 둥글고, 뒷날개 앞면 하얀 무늬가 더 넓다.

긴꼬리부전나비 *Araragi enthea*

담색긴꼬리부전나비와 닮았지만, 긴꼬리부전나비는 뒷날개 아랫면 가장자리에 있는 까만 무늬가 점무늬로 이루어져 있어 다르다. 날개 편 길이는 29 ~ 30mm이다. 넓은잎나무가 많이 자라는 중부와 북부 지방 산에서 가끔 볼 수 있다.

수컷

암컷

수컷 옆모습

참나무부전나비

Wagimo signata

애벌레가 참나무 잎을 갉아 먹어서 '참나무부전나비'라는 이름이 붙었다. 북녘에서는 '참나무꼬리숫돌나비'라고 한다. 날개 윗면은 날개 뿌리부터 가운데까지 파르스름한 빛깔을 띠고, 아랫면에는 가늘고 하얀 선이 많이 나 있어서 다른 부전나비와 다르다.

참나무부전나비는 한 해에 한 번 날개돋이 한다. 6월 중순부터 7월까지 참나무가 많이 자라는 낮은 산에서 드물게 볼 수 있다. 숲속 햇볕이 드는 나뭇잎에 자주 앉아 있고, 숲 가장자리 둘레를 천천히 날아다닌다. 오전보다는 오후에 더 많이 날아다니고 밤꽃에 가끔 찾아온다. 수컷은 해거름에 참나무 꼭대기에서 날아다니며 텃세를 부린다. 짝짓기를 마친 암컷은 참나무 겨울눈에 알을 하나씩 붙여 낳는다. 알로 겨울을 난다. 이듬해 봄 알에서 깬 애벌레는 참나무과에 속하는 졸참나무, 떡갈나무, 갈참나무, 상수리나무, 물참나무, 굴참나무, 신갈나무 잎을 갉아 먹는다. 허물을 세 번 벗으면 애벌레가 다 큰다. 그러면 나무 밑으로 내려가 가랑잎 속에서 번데기가 된다.

참나무부전나비는 일본 홋카이도에서 맨 처음 기록된 나비다. 우리나라에서는 1934년 함경북도 무산령에서 처음 찾아 *Zephyrus signata quercivora* 로 기록되었다. 일본, 극동 러시아, 중국 동부, 타이완에서도 살고 있다.

6월 중순 ~ 7월
알

북녘 이름 참나무꼬리숫돌나비
사는 곳 산속 참나무 숲
나라 안 분포 온 나라
나라 밖 분포 일본, 극동 러시아, 중국 동부, 타이완
잘 모이는 꽃 밤나무
애벌레가 먹는 식물 여러 가지 참나무

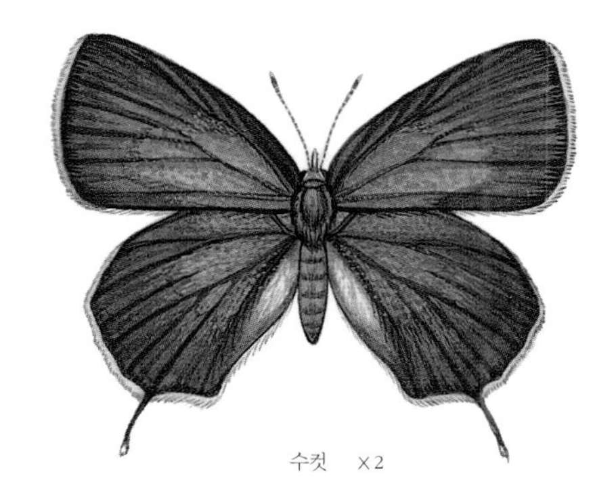
수컷 ×2

수컷 옆모습

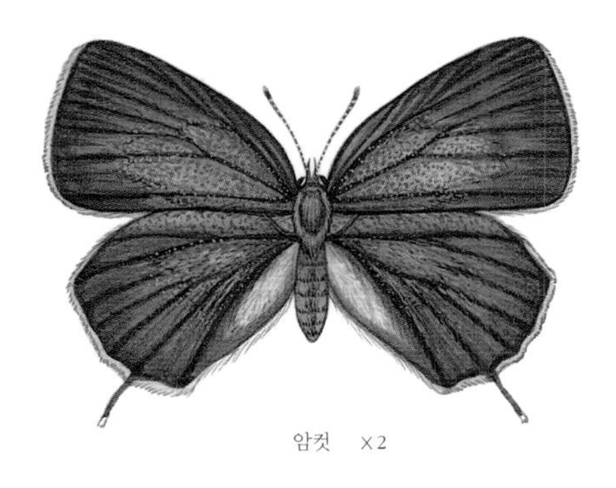
암컷 ×2

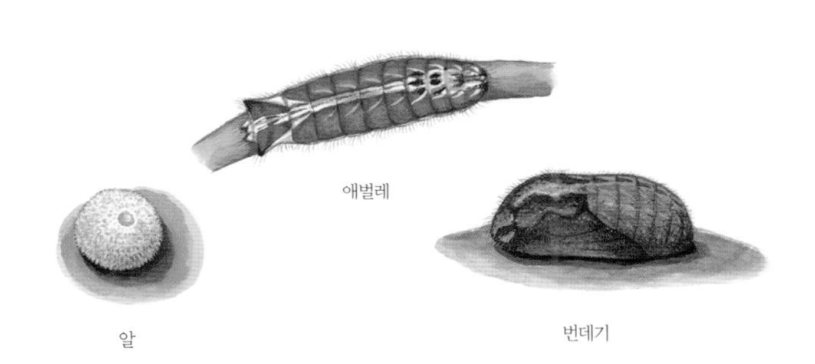
애벌레

알

번데기

날개 편 길이는 25 ~ 31mm이다. 날개 윗면은 거무스름하고, 날개 뿌리부터 가운데까지는 파르스름하다. 날개 아랫면은 누런 밤빛을 띤다. 앞날개 아랫면 가운데와 가장자리, 뒷날개 아랫면 날개 뿌리와 가운데, 가장자리에 작고 하얀 점무늬가 쭉 이어져 가늘고 하얀 선을 이룬다. 꼬리처럼 생긴 돌기는 가늘고 길다.

작은녹색부전나비

Neozephyrus japonicus

큰녹색부전나비보다 작다고 '작은녹색부전나비'다. 하지만 생김새는 북방녹색부전나비와 더 헷갈린다. 북녘에서는 '작은푸른숫돌나비'라고 한다. 북방녹색부전나비와 닮았지만, 작은녹색부전나비는 앞날개 아랫면 가장자리 뒤쪽에 까만 무늬가 뚜렷하고, 뒷날개 아랫면 가운데 가장자리에 하얀 띠가 두 줄 나 있다.

작은녹색부전나비는 한 해에 한 번 날개돋이 한다. 6월부터 8월 초까지 중부 내륙에 있는 낮은 산골짜기에서 볼 수 있는데, 요즘 들어 수가 가파르게 줄어들어서 보기 힘들다. 오전에는 나뭇잎에 앉아 햇볕을 쬐고, 수컷은 오후 늦게 기운차게 날아다니면서 다른 나비가 못 들어오게 텃세를 부린다. 알로 겨울을 나고, 이듬해 봄 알에서 깬 애벌레는 자작나무과에 속하는 오리나무, 물오리나무 잎을 갉아 먹는다.

작은녹색부전나비는 일본 요코하마 지역에서 맨 처음 기록된 나비다. 우리나라에서는 1887년에 강원도 원산에서 처음 찾아 *Thecla japonica* 로 기록되었다. 일본, 극동 러시아, 중국, 타이완에서도 살고 있다.

6 ~ 8월 초
알
국외반출승인대상생물종

북녘 이름 작은푸른숫돌나비
사는 곳 낮은 산골짜기
나라 안 분포 중부, 북부
나라 밖 분포 일본, 극동 러시아, 중국, 타이완
잘 모이는 꽃 아직 모름
애벌레가 먹는 식물 오리나무, 물오리나무

수컷 ×1.5

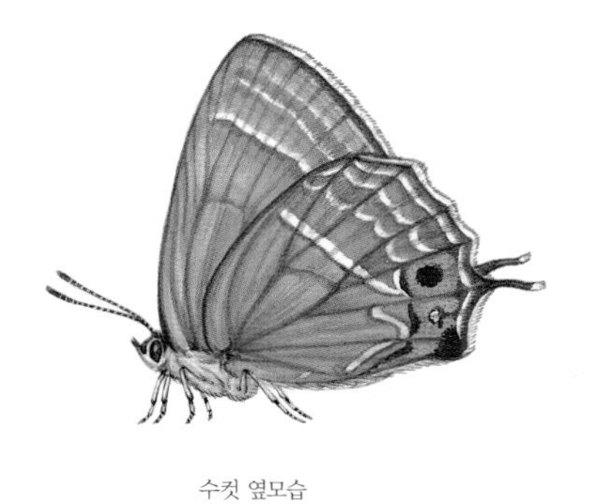

수컷 옆모습

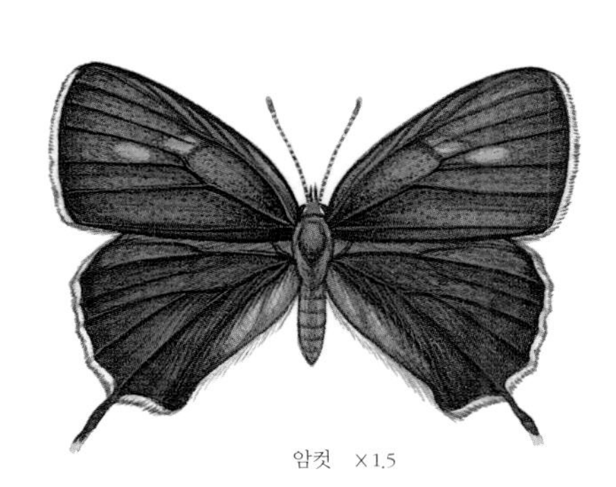

암컷 ×1.5

알

애벌레

번데기

날개 편 길이는 32 ~ 34mm이다. 수컷은 앞날개 윗면이 누르스름한 풀빛을 띠고, 가장자리에 까만 테두리가 좁다. 암컷은 까만 밤색인데, 앞날개 윗면 가운데에 빨간 무늬가 뚜렷하다. 날개 아랫면은 누르스름하다. 앞날개 아랫면 날개맥 가운데방에 막대 무늬가 없거나 희미하며, 가운데 가장자리에 하얀 줄이 한 줄 나 있다. 또 가장자리 뒤쪽에 까만 무늬가 뚜렷하다. 뒷날개 아랫면 바깥쪽에는 하얀 띠가 두 줄 나 있고, 날개맥 2실에 있는 하얀 무늬가 곧고 거의 수직을 이룬다. 꼬리처럼 생긴 돌기는 짧다.

큰녹색부전나비

Favonius orientalis

'큰녹색부전나비'는 작은녹색부전나비보다 크다고 붙여진 이름이다. 하지만 생김새는 깊은산녹색부전나비랑 더 헷갈린다. 북녘에서는 '큰푸른숫돌나비'라고 한다. 깊은산녹색부전나비랑 닮았지만, 큰녹색부전나비는 앞날개 아랫면 날개맥 가운데방에 있는 검은 막대 무늬가 뚜렷하고, 날개 아랫면 색이 더 밝다.

큰녹색부전나비는 한 해에 한 번 날개돋이 한다. 6월 중순부터 8월까지 바닷가를 뺀 산속 참나무 숲에서 사는데, 요즘에는 수가 시나브로 줄고 있어서 점점 보기 어렵다. 오전에는 숲 가장자리나 산등성이에서 나뭇잎에 앉아 햇볕을 쬔다. 수컷은 오후 늦게 나무 꼭대기에서 텃세를 부리며 기운차게 날아다닌다. 알로 겨울을 나고 이듬해 봄에 알에서 애벌레가 깬다. 애벌레는 짚신처럼 생겼고, 몸마디마다 허연 사선 줄무늬가 뚜렷하게 나 있다. 참나무과에 속하는 떡갈나무, 졸참나무, 물참나무, 신갈나무, 갈참나무, 상수리나무 잎을 갉아 먹는다.

큰녹색부전나비는 일본 요코하마에서 맨 처음 기록된 나비다. 우리나라에서는 1887년에 *Thecla orientalis*로 처음 기록되었다. 일본, 극동 러시아, 중국에서도 살고 있다.

6월 중순 ~ 8월
알

북녘 이름 큰푸른숫돌나비
사는 곳 산속 참나무 숲
나라 안 분포 바닷가를 뺀 온 나라
나라 밖 분포 일본, 극동 러시아, 중국
잘 모이는 꽃 아직 모름
애벌레가 먹는 식물 여러 가지 참나무

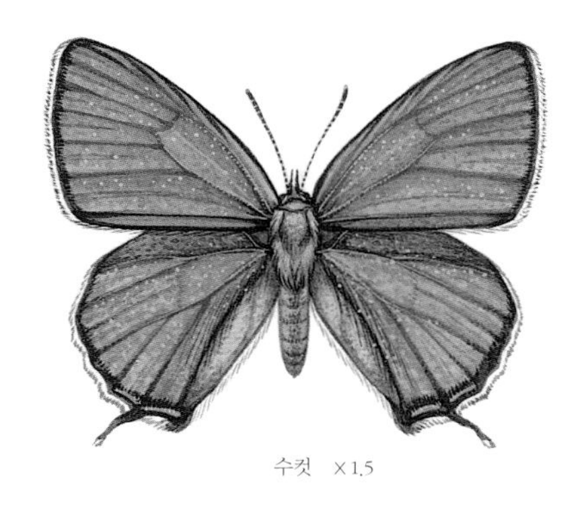
수컷 ×1.5

수컷 옆모습

암컷 ×1.5

애벌레
알
번데기

날개 편 길이는 33 ~ 37mm이다. 수컷은 날개 윗면이 파르스름한 풀빛을 띠고, 날개 가장자리에 까만 테두리가 좁다. 암컷은 까만 밤색을 띠며, 앞날개 윗면 가운데에 잿빛 밤색 무늬가 있다. 날개 아랫면은 잿빛을 띤 밤색이고, 앞날개 아랫면 날개맥 가운데방에 까만 막대 무늬가 뚜렷하다. 뒷날개 아랫면 끝 모서리에는 빨간 점 두 개가 떨어져 있다. 꼬리처럼 생긴 돌기는 가늘고 길다.

깊은산녹색부전나비 *Favonius korshunovi*

큰녹색부전나비랑 닮았지만, 깊은산녹색부전나비는 앞날개 아랫면 날개맥 가운데방에 있는 막대 무늬가 흐릿하다. 날개 아랫면 색깔은 더 어둡고, 꼬리처럼 생긴 돌기도 더 가늘고 길다. 날개 편 길이는 34 ~ 38mm이다. 중부와 북부 지방 높은 산 참나무 숲에서 산다.

수컷

암컷

수컷 옆모습

은날개녹색부전나비

Favonius saphirinus

녹색부전나비 무리 가운데 날개 아랫면이 은빛을 띤다고 '은날개녹색부전나비'라는 이름이 붙었다. 북녘에서는 '은무늬푸른숫돌나비'라고 한다. 날개 아랫면이 은빛을 띠고, 뒷날개 아랫면 모서리에 있는 빨간 점 두 개가 작고 떨어져 있어서 다른 녹색부전나비와 다르다.

은날개녹색부전나비는 한 해에 한 번 날개돋이 한다. 6월 중순부터 8월까지 날아다니는데, 남녘에서는 중부 지방 참나무 숲에서 폭넓게 산다. 인천, 서울, 경기도처럼 서해 바닷가 쪽에 많이 산다. 강원도에서는 삼척 같은 몇몇 곳에서만 볼 수 있다. 오전에는 그늘진 곳에 앉아 꿈쩍을 안 하고 있다가 오후 늦게 산길이나 숲 가장자리에서 기운차게 날아다닌다. 다른 녹색부전나비와 달리 텃세를 많이 부리지 않는다. 알로 겨울을 나고, 이듬해 봄 알에서 깬 애벌레는 참나무과에 속하는 갈참나무, 떡갈나무, 물참나무 잎을 갉아 먹는다.

은날개녹색부전나비는 러시아 우수리 지역에서 맨 처음 기록된 나비다. 우리나라에서는 1887년에 *Thecla saphirina*로 처음 기록되었다. 극동 러시아, 일본, 중국에서도 살고 있다.

6월 중순 ~ 8월
알

북녘 이름 은무늬푸른숫돌나비
다른 이름 사파이어녹색부전나비, 사파이녹색부전나비
사는 곳 산속 참나무 숲
나라 안 분포 중서부, 북서부, 북동부
나라 밖 분포 극동 러시아, 일본, 중국
잘 모이는 꽃 아직 모름
애벌레가 먹는 식물 갈참나무, 떡갈나무, 물참나무

수컷 ×1.5

수컷 옆모습

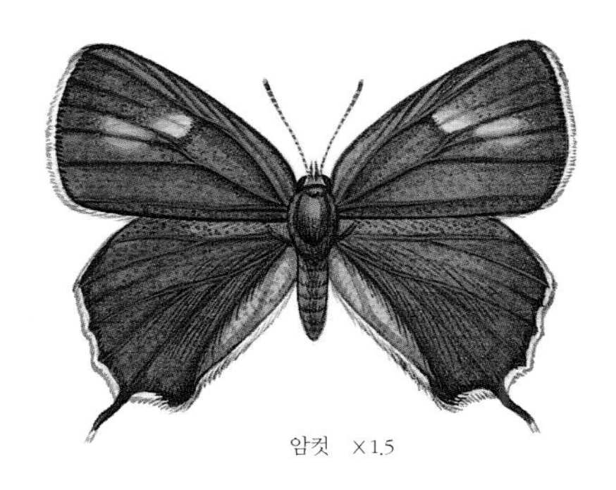
암컷 ×1.5

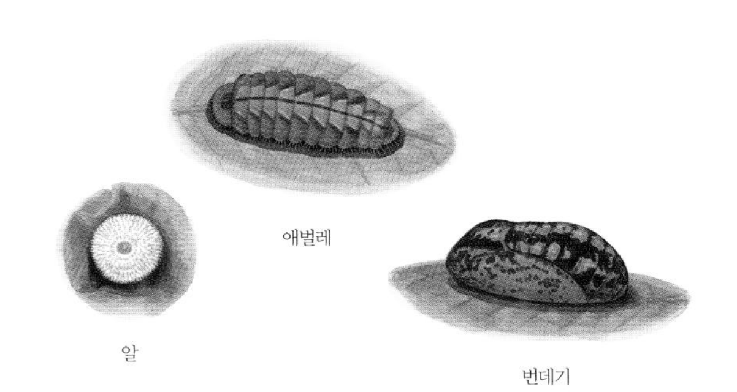

날개 편 길이는 32 ~ 36mm이다. 수컷은 날개 윗면이 파랗고, 앞날개 바깥쪽 까만 테두리가 좁다. 암컷은 까만 밤색을 띠고, 앞날개 윗면 가운데에 연한 주황색 무늬가 있다. 날개 아랫면은 허옇고, 앞날개 아랫면 날개맥 가운데방에 밤색 막대 무늬가 뚜렷하다. 뒷날개 아랫면 모서리에 있는 빨간 점 두 개는 작고 서로 떨어져 있다. 꼬리처럼 생긴 돌기는 가늘고 짧다.

넓은띠녹색부전나비

Favonius cognatus

녹색부전나비 무리 가운데 뒷날개 아랫면 가운데 가장자리에 있는 하얀 띠가 가장 넓어서 '넓은띠녹색부전나비'라는 이름이 붙었다. 북녘에서는 '넓은띠푸른숫돌나비'라고 한다.

넓은띠녹색부전나비는 한 해에 한 번 날개돋이 한다. 6월 초부터 7월까지 볼 수 있다. 남녘에서는 중부 지방 참나무 숲에서 많이 보이는데 요즘에는 수가 많이 줄고 있다. 오전에는 그늘진 곳에 앉아 꼼짝 않고 쉬다가 오후 늦게 산길이나 산등성이에 자란 나무 가운데쯤에서 텃세를 부리며 힘차게 날아다닌다. 알로 겨울을 나고, 이듬해 봄에 알에서 나온 애벌레는 참나무과에 속하는 졸참나무, 갈참나무, 떡갈나무 잎을 갉아 먹는다.

넓은띠녹색부전나비는 러시아 우수리 지역에서 맨 처음 기록된 나비다. 우리나라에서는 1930년에 황해도 장수산에서 처음 찾아 *Zephyrus jezoensis*로 기록되었다. 극동 러시아, 일본, 중국에서도 살고 있다.

6월 초 ~ 7월

알

북녘 이름 넓은띠푸른숫돌나비

다른 이름 에조녹색부전나비, 녹색부전나비

사는 곳 산속 참나무 숲

나라 안 분포 중남부 내륙 일부, 중부 및 북부

나라 밖 분포 극동 러시아, 일본, 중국

잘 모이는 꽃 모름

애벌레가 먹는 식물 졸참나무, 갈참나무, 떡갈나무

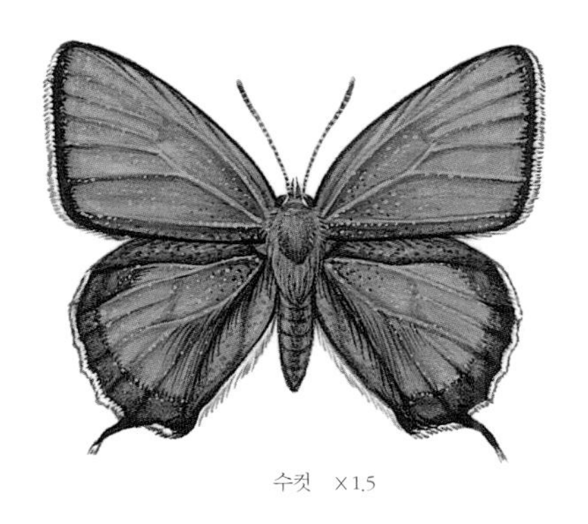

수컷 ×1.5

수컷 옆모습

암컷 ×1.5

암컷 옆모습

날개 편 길이는 33 ~ 36mm이다. 수컷은 날개 윗면이 풀빛을 띤다. 앞날개 바깥쪽 가장자리에 있는 까만 테두리는 좁지만, 뒷날개에 있는 까만 테두리는 넓다. 암컷은 까만 밤색을 띤다. 앞날개 윗면 가운데에 허연 무늬가 있다. 날개 아랫면은 누르스름한 잿빛이다. 뒷날개 아랫면 가운데 가장자리에 있는 하얀 띠는 아주 넓다. 뒷날개 뒤쪽 모서리에는 주황빛 무늬가 있다. 꼬리처럼 생긴 돌기는 짧다.

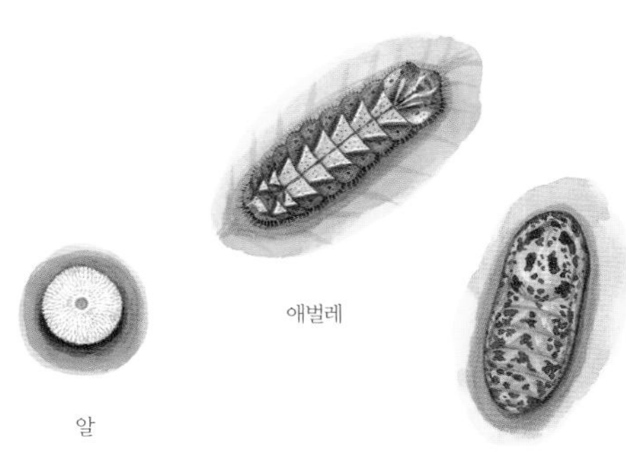

알

애벌레

번데기

산녹색부전나비

Favonius taxila

산에서 쉽게 볼 수 있는 녹색부전나비라고 '산녹색부전나비'라는 이름이 붙었다. 북녘에서는 '참푸른숫돌나비'라고 한다. 넓은띠녹색부전나비와 닮았지만, 산녹색부전나비는 뒷날개 아랫면 가운데 가장자리에 난 하얀 띠가 좁고, 아랫면이 더 허옇다.

산녹색부전나비는 한 해에 한 번 날개돋이 한다, 6월 중순부터 8월까지 산에서 많이 볼 수 있다. 남녘에서는 서남부 바닷가를 빼고 온 나라 참나무 숲에서 사는데, 요즘에는 수가 많아져서 더 흔하다. 수컷은 오전에 참나무 숲 꼭대기에서 텃세를 부리며 힘차게 날아다니다가 개망초, 사철나무, 쥐똥나무 꽃에 가끔 찾아온다. 두세 마리가 서로 뱅글뱅글 돌면서 날기도 한다. 잎에 맺힌 물방울을 빨거나 축축한 땅에 내려앉아 물을 빨기도 한다. 암컷과 수컷이 만나면 나무 위에서 짝짓기를 한다. 알로 겨울을 나고, 이듬해 봄 알에서 깬 애벌레는 참나무과에 속하는 졸참나무, 떡갈나무, 물참나무, 굴참나무, 신갈나무, 갈참나무 잎을 갉아 먹는다. 애벌레는 밤에만 나와 잎을 갉아 먹는다. 번데기가 되면 고치 속에서 조그만 소리를 낸다.

산녹색부전나비는 러시아 연해주 지방에서 맨 처음 기록된 나비다. 우리나라에서는 1932년에 *Zephyrus jozana*로 처음 기록되었다. 극동 러시아, 일본, 중국에서도 살고 있다.

6월 중순 ~ 8월
알

북녘 이름 참푸른숫돌나비
다른 이름 아이노녹색부전나비
사는 곳 산속 참나무 숲
나라 안 분포 온 나라
나라 밖 분포 극동 러시아, 일본, 중국
잘 모이는 꽃 개망초, 사철나무, 쥐똥나무
애벌레가 먹는 식물 여러 가지 참나무

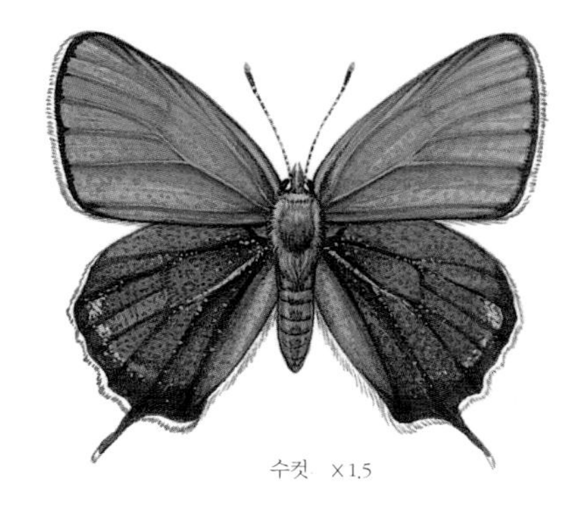
수컷 ×1.5

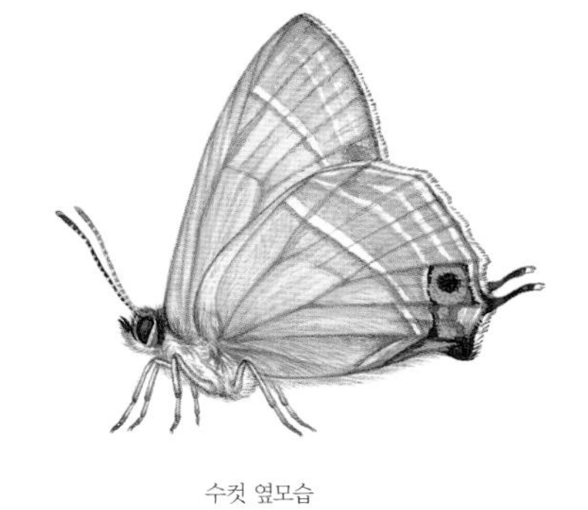
수컷 옆모습

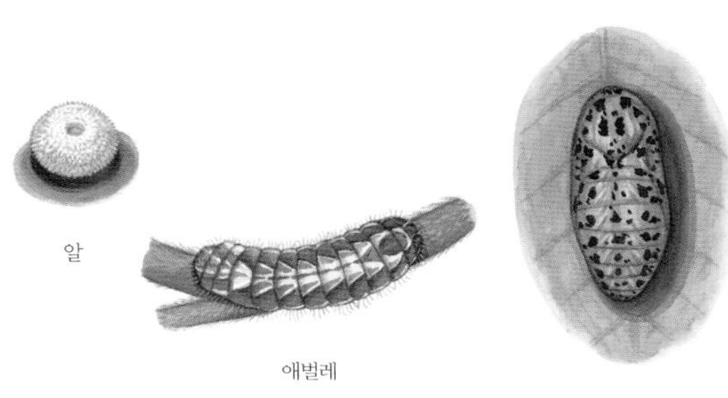

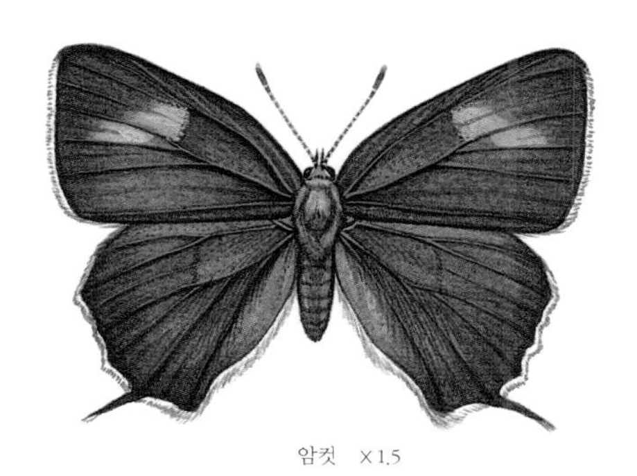
암컷 ×1.5

날개 편 길이는 31 ~ 37mm이다. 수컷은 날개 윗면이 파르스름한 풀빛을 띤다. 앞날개 까만 테두리는 좁지만, 뒷날개 까만 테두리는 넓다. 암컷은 까만 밤색을 띤다. 앞날개 윗면 가운데에 주황색 무늬가 있다. 때로는 앞날개 가운데와 뒤쪽 가장자리에 청람색 무늬가 나타나기도 한다. 날개 아랫면은 누르스름한 빨간색을 띤다. 앞날개 아랫면 날개맥 가운데방에 막대 무늬가 희미하게 나타나고, 뒷날개 가운데 가장자리에 있는 하얀 선은 조금 좁다. 뒷날개 아랫면 모서리에 있는 빨간 점은 서로 이어진다. 꼬리처럼 생긴 돌기는 짧다.

금강산녹색부전나비 *Favonius ultramarinus*

산녹색부전나비랑 닮았지만, 금강산녹색부전나비는 앞날개 아랫면 날개맥 가운데방에 있는 막대 무늬가 흐릿하고, 날개 아랫면 색이 누런 밤색을 띤다. 날개 편 길이는 33 ~ 37mm이다. 강원도 참나무 숲에서 드물게 볼 수 있다.

수컷

암컷

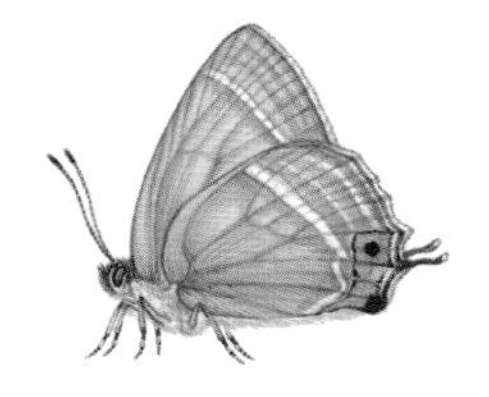
수컷 옆모습

검정녹색부전나비

Favonius yuasai

다른 녹색부전나비 무리와 달리 수컷과 암컷 모두 날개 윗면이 까만 밤색을 띠어서 '검정녹색부전나비'라는 이름이 붙었다. 북녘에서는 '검은푸른숫돌나비'라고 한다.

검정녹색부전나비는 한 해에 한 번 날개돋이 한다. 6월 중순부터 8월까지 중부 내륙과 경기도 굴업도, 강화도 같은 몇몇 섬과 충청남도 진락산, 전라남도 함평 같은 몇몇 곳에서만 볼 수 있다. 오후 늦게 힘차게 날아다니고, 암컷은 불빛에 때때로 모인다. 짝짓기를 마친 암컷은 참나무에 알을 낳는다. 알은 그대로 겨울을 난다. 봄에 알에서 깬 애벌레는 참나무과에 속하는 굴참나무, 상수리나무, 갈참나무, 떡갈나무 잎을 갉아 먹으며 큰다.

검정녹색부전나비는 일본에서 맨 처음 기록된 나비다. 우리나라에서는 1963년 경기도 광릉에서 처음 찾아 *Favonius yuasai coreensis*로 기록되었다. 일본, 중국에서도 살고 있다.

6월 중순 ~ 8월
알
국외반출승인대상생물종

북녘 이름 검은푸른숫돌나비
사는 곳 산속 참나무 숲
나라 안 분포 중부 내륙, 몇몇 섬, 남부 지방 몇몇 곳
나라 밖 분포 일본, 중국
잘 모이는 꽃 아직 모름
애벌레가 먹는 식물 굴참나무, 상수리나무, 갈참나무, 떡갈나무

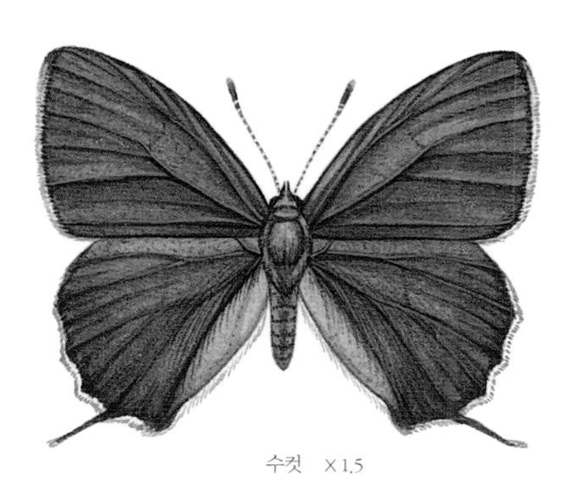

수컷 ×1.5

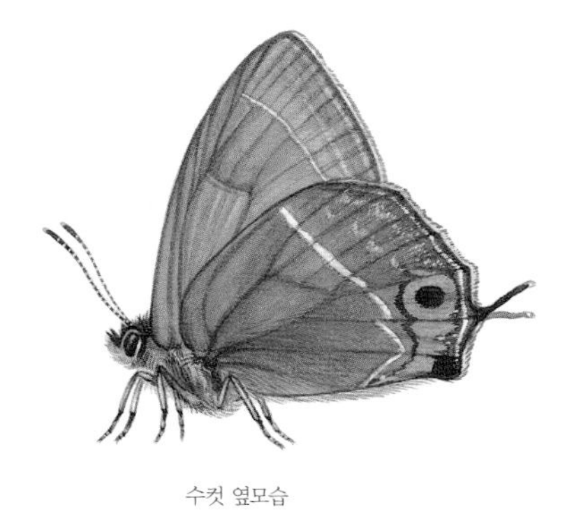

수컷 옆모습

암컷 ×1.5

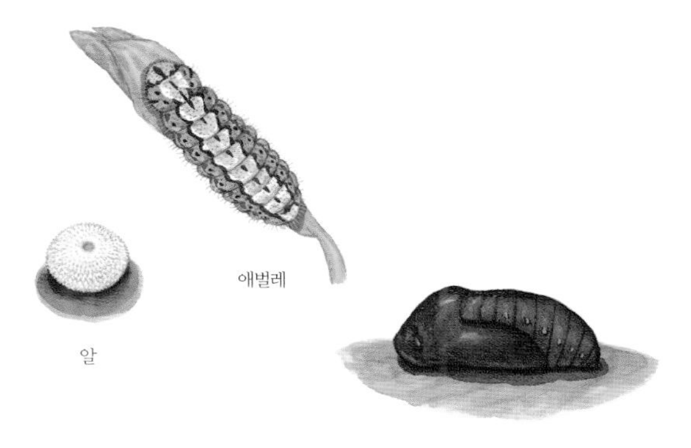

애벌레

알

번데기

날개 편 길이는 32 ~ 37mm이다. 암수 모두 날개 윗면이 온통 거무스름한 밤색이다. 앞날개 아랫면 바깥쪽 가장자리 뒤쪽에 까만 무늬가 있다. 뒷날개 아랫면 뒤쪽 모서리에는 빨간 점무늬 두 개가 서로 이어진다. 꼬리처럼 생긴 돌기는 가늘고 길다.

암붉은점녹색부전나비

Chrysozephyrus smaragdinus

암컷 앞날개 윗면에 빨간 점무늬가 있다고 '암붉은점녹색부전나비'다. 북녘에서는 '암붉은점푸른꼬리숫돌나비'라고 한다. 수컷은 남방녹색부전나비와 닮았지만, 날개 아랫면이 까만 밤색을 띠고 하얀 띠가 좁다. 암컷은 깊은산녹색부전나비와 닮았지만, 뒷날개 아랫면 날개 뿌리 쪽에 짧고 하얀 띠가 있다.

암붉은점녹색부전나비는 한 해에 한 번 날개돋이 한다. 남녘에서는 6월 중순부터 8월까지 산속 숲에서 폭넓게 사는데, 수는 많지 않다. 지리산보다 북쪽에 있는 산에 산다. 수컷은 맑은 날 오후에 나무 꼭대기 위에서 힘차게 날아다니며 텃세를 부린다. 가끔 축축한 땅에 내려앉아 물을 빨지만 꽃에는 날아오지 않는다. 7 ~ 8월에 짝짓기를 마친 암컷은 애벌레가 먹는 벚나무나 귀룽나무 가지에 알을 하나씩 낳는다. 알로 겨울을 나고 이듬해 봄에 깬 애벌레는 꽃봉오리 속을 파고 들어가 살다가 잎 뒤로 자리를 옮긴다. 다 자란 애벌레는 노랗고, 옆구리에 까만 점무늬가 있어서 다른 녹색부전나비 애벌레와 쉽게 가른다. 애벌레는 장미과에 속하는 벚나무, 귀룽나무 잎을 갉아 먹다가 나무 밑으로 내려와 가랑잎 속에서 번데기가 된다.

암붉은점녹색부전나비는 러시아 우수리 지역에서 맨 처음 기록된 나비다. 우리나라에서는 1907년에 *Zephyrus brillantina*로 처음 기록되었다. 극동 러시아, 일본, 중국에서도 살고 있다.

6월 중순 ~ 8월
알

북녘 이름 암붉은점푸른꼬리숫돌나비
다른 이름 붉은점암녹색부전나비
사는 곳 산속 수풀
나라 안 분포 중남부, 중부 및 북부 내륙
나라 밖 분포 극동 러시아, 일본, 중국
잘 모이는 곳 축축한 땅
애벌레가 먹는 식물 벚나무, 귀룽나무

수컷 ×1.5

수컷 옆모습

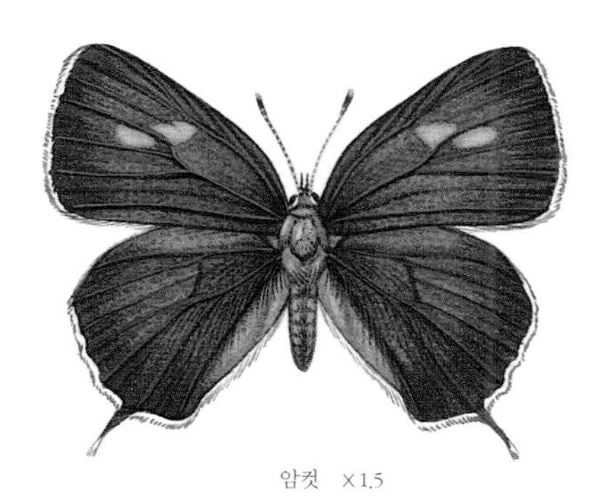
암컷 ×1.5

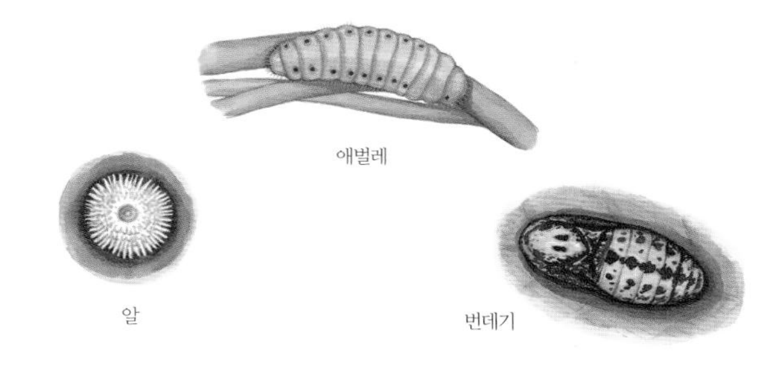

날개 편 길이는 34 ~ 37mm이다. 수컷은 날개 윗면이 누런 풀빛을 띠고, 앞날개 가장자리로 까만 테가 넓다. 암컷은 까만 밤색을 띠고, 앞날개 윗면 가운데에 주황색 무늬가 있다. 날개 아랫면은 어두운 붉은 밤빛이다. 앞날개 아랫면 날개맥 가운데방과 뒷날개 아랫면 날개 뿌리와 날개맥 가운데방에 있는 하얀 막대 무늬가 뚜렷하다. 뒷날개 아랫면 뒤쪽 모서리에 있는 빨간 점 두 개가 서로 이어진다. 꼬리처럼 생긴 돌기는 짧다.

남방녹색부전나비 *Thermozephyrus ataxus*

수컷은 암붉은점녹색부전나비와 닮았지만 날개 아랫면이 번쩍번쩍 빛나는 은빛을 띤다. 암컷은 앞날개 윗면 가운데부터 뒤쪽 가장자리까지 파란 무늬가 뚜렷하게 나 있어서 다른 녹색부전나비와 다르다. 날개 편 길이는 33 ~ 34mm이다. 전라남도 남해와 두륜산과 대둔산 둘레에서만 가끔 볼 수 있다.

수컷

암컷

수컷 옆모습

암컷 옆모습

북방녹색부전나비

Chrysozephyrus brillantinus

녹색부전나비 무리 가운데 강원도 북쪽 산에 많이 산다고 '북방녹색부전나비'라는 이름이 붙었다. 북녘에서는 '북방푸른꼬리숫돌나비'라고 한다. 작은녹색부전나비와 닮았지만, 북방녹색부전나비는 뒷날개 아랫면 가운데 가장자리에 있는 하얀 띠가 한 줄이고, 앞날개 아랫면 가장자리 뒤쪽에 있는 까만 무늬가 흐릿하다.

북방녹색부전나비는 한 해에 한 번 날개돋이 한다. 6월 말부터 8월까지 날아다니고 암컷은 9월까지 볼 수 있다. 남녘에서는 주로 강원도 산속에 있는 참나무 숲에서 폭넓게 산다. 사는 곳에서는 다른 녹색부전나비보다 수가 많은 편이다. 수컷은 맑은 날 아침 일찍 나무 꼭대기나 가장자리에서 힘차게 날아다니며 텃세를 부린다. 알로 겨울을 나고, 이듬해 봄 알에서 깬 애벌레는 참나무과에 속하는 신갈나무, 물참나무, 졸참나무, 굴참나무, 갈참나무 잎을 갉아 먹는다.

북방녹색부전나비는 러시아 우수리 지역에서 맨 처음 기록된 나비다. 우리나라에서는 1895년에 *Thecla brillantina*로 처음 기록되었다. 극동 러시아, 일본, 중국에서도 살고 있다.

6월 말 ~ 9월
알

북녘 이름 북방푸른꼬리숫돌나비
다른 이름 아이노녹색부전나비
사는 곳 산속 참나무 숲
나라 안 분포 중부
나라 밖 분포 극동 러시아, 일본, 중국
잘 모이는 꽃 아직 모름
애벌레가 먹는 식물 여러 가지 참나무

수컷 ×1.5

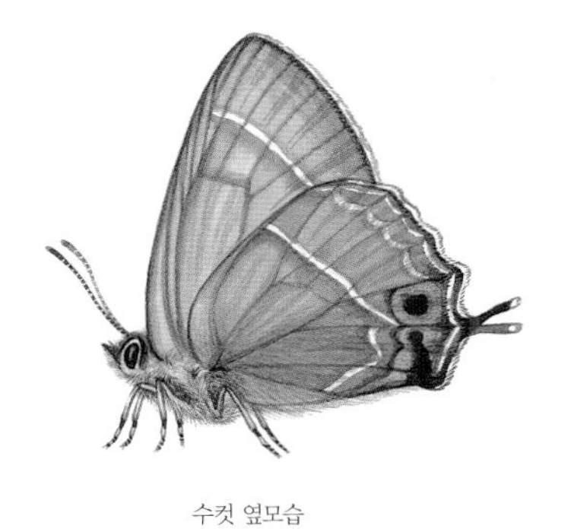
수컷 옆모습

암컷 ×1.5

애벌레

번데기

알

날개 편 길이는 33 ~ 39mm이다. 수컷은 날개 윗면이 푸르스름한 풀빛을 띠고, 앞날개 바깥쪽에 있는 테두리가 조금 까맣다. 암컷은 까만 밤색을 띠고, 앞날개 윗면 가운데에 주황색 무늬가 있다. 때로는 날개 가운데와 뒤쪽 가장자리에 청람색 무늬가 있다. 날개 아랫면은 불그스름한 밤색을 띠고, 앞날개 아랫면 날개맥 가운데방에 막대 무늬가 없다. 뒷날개 아랫면 날개맥 2실에 있는 하얀 띠가 반듯하게 서 있다. 뒷날개 아랫면 모서리에 있는 빨간 점은 서로 이어진다. 꼬리처럼 생긴 돌기는 짧다.

범부전나비

Rapala caerulea

날개 아랫면 무늬가 꼭 범 무늬를 닮았다고 '범부전나비'라는 이름이 붙었다. 북녘에서는 '범숫돌나비'라고 한다. 울릉범부전나비와 닮았지만, 범부전나비는 뒷날개 아랫면 모서리에 까만 점무늬가 두 개 있다. 울릉범부전나비는 까만 점이 네 개 있다. 또 앞날개 아랫면 가운데에 있는 까만 밤색 선이 울릉범부전나비보다 좁다.

범부전나비는 한 해에 두 번, 봄과 여름에 날개돋이 한다. 4월부터 9월까지 온 나라에서 쉽게 볼 수 있다. 해가 뜨면 이리저리 날아다니고 신나무, 국수나무, 밤나무, 사과나무, 족제비싸리, 사철나무, 합다리나무 꽃에 잘 모인다. 맑은 날에는 날개를 반쯤 펴고 햇볕을 쬔다. 짝짓기를 마친 암컷은 애벌레가 먹는 식물 꽃에 알을 낳는다. 알에서 깬 애벌레는 콩과에 속하는 칡, 아까시나무, 고삼, 조록싸리, 자귀나무와 범의귀과에 속하는 빈도리, 장미과에 속하는 찔레꽃, 진달래과에 속하는 철쭉, 참나무과에 속하는 너도밤나무, 갈매나무과에 속하는 갈매나무 잎을 갉아 먹는다. 애벌레 몸에서는 단물이 나온다. 곰개미, 하야시털개미, 트렁크불개미, 불개미, 누운털개미, 일본풀개미, 마쓰무라밑들이개미, 테라니시털개미, 주름개미, 일본왕개미 같은 여러 개미가 와서 이 단물을 빨아 먹고 애벌레를 지켜준다. 다 큰 애벌레는 땅으로 내려와 가랑잎 속이나 돌 밑으로 들어간 뒤 입에서 토해 낸 실로 몸을 붙이고 번데기가 되어 겨울을 난다.

범부전나비는 중국 베이징 지역에서 맨 처음 기록된 나비다. 우리나라에서는 1882년에 *Setina micans*로 처음 기록되었다. 중국, 극동 러시아, 일본에서도 살고 있다.

4 ~ 9월

번데기

북녘 이름 범숫돌나비

사는 곳 논밭, 도랑이나 시냇가, 넓은잎나무 숲 둘레

나라 안 분포 온 나라

나라 밖 분포 중국, 극동 러시아, 일본

잘 모이는 꽃 신나무, 국수나무, 밤나무, 사과나무 따위

애벌레가 먹는 식물 칡, 아까시나무, 고삼, 등, 조록싸리 따위

수컷 봄형 ×1.5

수컷 봄형 옆모습

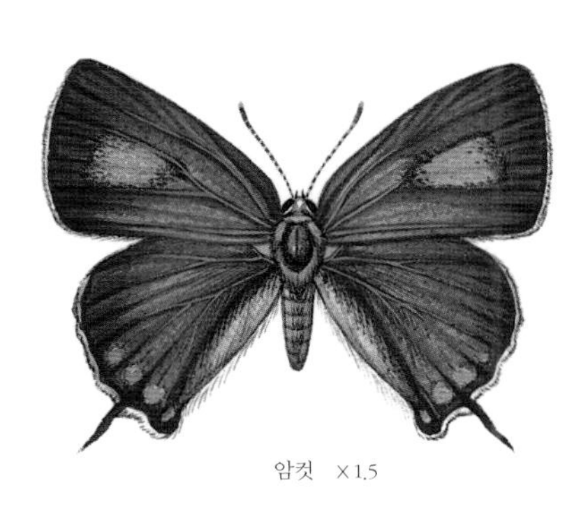
암컷 ×1.5

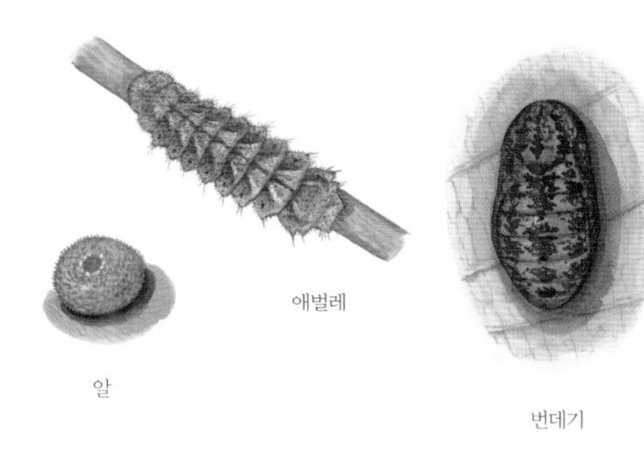

날개 편 길이는 26 ~ 33mm이다. 날개 윗면은 진한 파란색을 띠고, 날개 테두리는 까맣다. 앞날개 윗면 가운데에 불그스름한 빛깔이 나타나기도 한다. 날개 아랫면은 봄에는 까만 밤색을 띠고, 여름에는 누런 밤색을 띤다. 또 봄에 나온 나비는 날개 아랫면에 있는 짙은 밤색 띠무늬가 굵지만, 여름에 나온 나비는 띠무늬가 뚜렷하지 않다. 수컷은 뒷날개 윗면 날개맥 7실 뿌리 가까이에 밤색 무늬가 있다. 꼬리처럼 생긴 돌기는 가늘고 길다.

울릉범부전나비 *Rapala arata*

범부전나비와 닮았지만, 뒷날개 아랫면 모서리에 있는 까만 점무늬 네 개가 뚜렷하다. 또 앞날개 아랫면 가운데에 까만 밤색 선이 굵고 구부러져 있다. 날개 편 길이는 29 ~ 32mm이다. 울릉도와 제주도에만 볼 수 있는데 수가 적다.

수컷 봄형

암컷

수컷 봄형 옆모습

남방남색부전나비

Arhopala japonica

남쪽에 살고 몸빛이 파란 남색이라고 '남방남색부전나비'라는 이름이 붙었다. 북녘에서는 아직 보이지 않는다. 남방남색꼬리부전나비와 닮았지만, 크기가 더 작고 뒷날개에 꼬리처럼 생긴 돌기가 없다.

남방남색부전나비는 한 해에 서너 번 날개돋이 한다. 4월부터 11월 초까지 제주도 조천읍 둘레에서만 볼 수 있는데, 수가 적어서 아주 드물다. 1999년부터는 통영처럼 남쪽 바닷가 몇몇 곳에서도 가끔 보인다. 맑은 날 낮은 산에 있는 넓은잎나무 숲에서 날개를 쫙 펴고 햇볕을 쬔다. 수컷들은 자기 사는 곳을 지키며 텃세를 부린다. 애벌레는 종가시나무 잎을 갉아 먹는다. 가을에 나온 남방남색부전나비는 어른벌레로 무리 지어 겨울을 난다.

남방남색부전나비는 일본에서 맨 처음 기록된 나비다. 1987년에 강원도 원산에서 찾아 *Amblypodia japonica* 로 처음 기록되었다. 일본, 타이완, 중국 남부에서도 살고 있다.

4 ~ 11월 초
어른벌레
국외반출승인대상생물종

다른 이름 남색부전나비
사는 곳 낮은 산 넓은잎나무 숲
나라 안 분포 제주도, 남쪽 바닷가
나라 밖 분포 일본, 타이완, 중국 남부
잘 모이는 꽃 아직 모름
애벌레가 먹는 식물 종가시나무

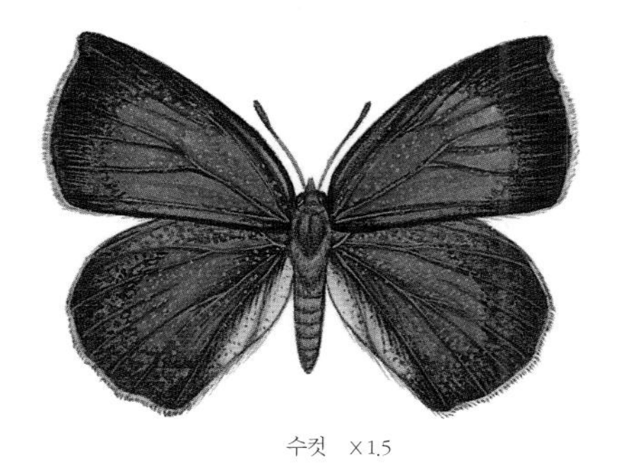

수컷 ×1.5

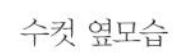

수컷 옆모습

암컷 ×1.5

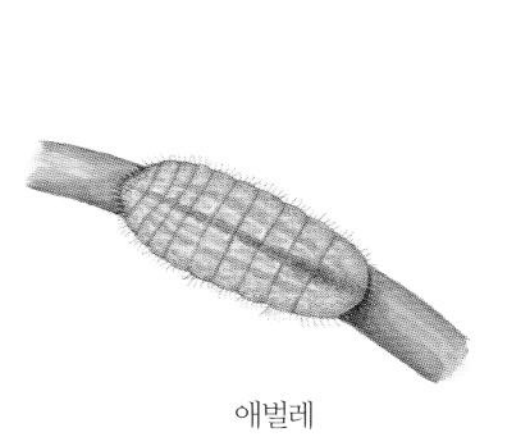

애벌레

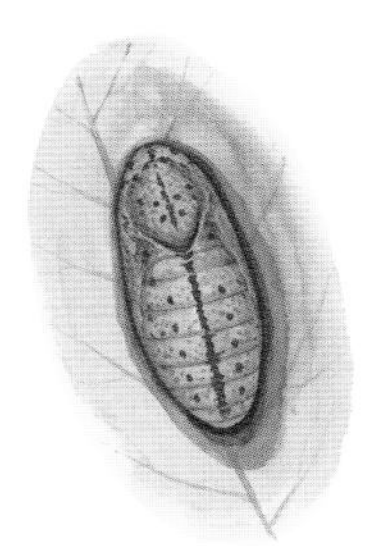

번데기

날개 편 길이는 31 ~ 33mm이다. 수컷은 날개 윗면이 파란 남색을 띠고, 날개 테두리는 까만 밤색인데 폭이 넓다. 암컷 날개 윗면은 수컷과 달리 앞날개 가운데부터 뒤쪽 가장자리까지 쇠붙이처럼 번쩍이는 파란 남색 무늬가 있다. 날개 아랫면은 잿빛 밤색이고, 희끄무레한 테두리를 두른 짙은 밤색 점무늬들이 여기저기 흩어져 있다. 꼬리처럼 생긴 돌기는 없다.

남방남색꼬리부전나비 *Arhopala bazalus*

남방남색부전나비와 닮았지만, 크기가 조금 더 크고 뒷날개에 꼬리처럼 생긴 돌기가 있다. 날개 편 길이는 37 ~ 40mm이다. 제주도 조천읍 둘레에서 보이는데 수가 아주 적다.

수컷

암컷

수컷 옆모습

민꼬리까마귀부전나비

Satyrium herzi

뒷날개에 꼬리처럼 생긴 돌기가 없는 까마귀부전나비라고 '민꼬리까마귀부전나비'라는 이름이 붙었다. 북녘에서는 '참먹숫돌나비'라고 한다. 뒷날개에 꼬리처럼 생긴 돌기가 없어서 다른 까마귀부전나비 무리와 다르다.

민꼬리까마귀부전나비는 한 해에 한 번 날개돋이 한다. 남녘에서는 5월부터 6월까지 들이나 낮은 산 숲 가장자리에서 가끔 볼 수 있다. 우리나라에서는 중부와 북부 지방 몇몇 곳에서만 살고, 경상북도와 충청북도 몇몇 곳에서도 보인다. 날개를 접고 그늘에서 쉴 때가 많고, 오후 늦게 나무 위쪽에서 기운차게 날아다니다가 국수나무, 야광나무 꽃에 가끔 찾아온다. 알로 겨울을 나고, 이듬해 알에서 깬 애벌레는 장미과에 속하는 귀룽나무, 털야광나무 잎을 갉아 먹는다. 번데기는 배 쪽이 풀빛을 띠어서 다른 까마귀부전나비 무리 번데기와 다르다.

민꼬리까마귀부전나비는 우리나라 강원도 김화 북점에서 처음 기록된 우리 나비다. 1887년에 *Thecla herzi* 로 처음으로 기록되었다. 극동 러시아, 중국 동북부에서도 살고 있다.

5 ~ 6월
알
고유종

북녘 이름 참먹숫돌나비
다른 이름 헤르츠까마귀부전나비
사는 곳 들판이나 낮은 산 숲
나라 안 분포 중부, 북부
나라 밖 분포 극동 러시아, 중국 동북부
잘 모이는 꽃 국수나무, 야광나무
애벌레가 먹는 식물 귀룽나무, 털야광나무

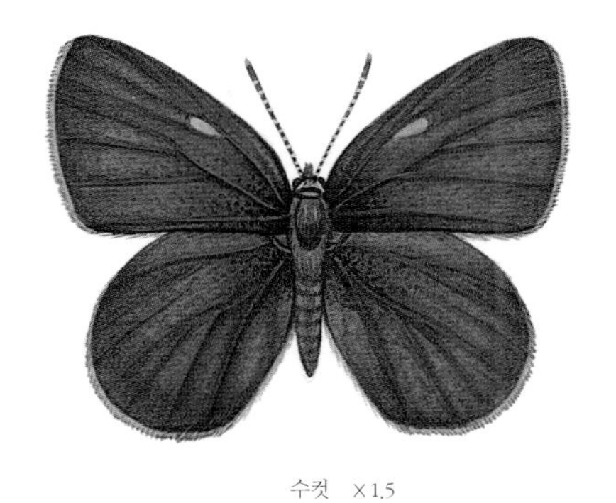

수컷 ×1.5

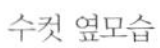

수컷 옆모습

암컷 ×1.5

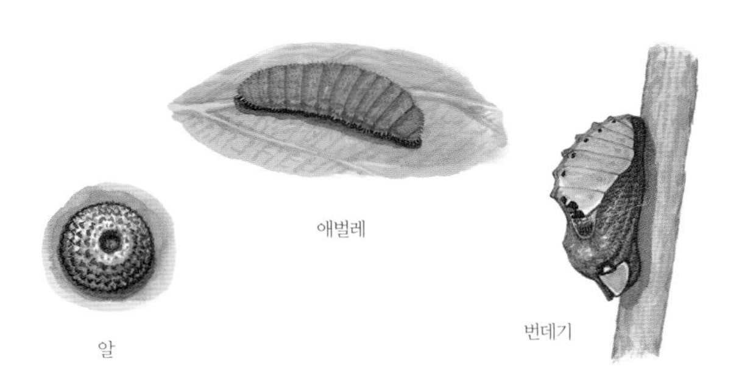

날개 편 길이는 29 ~ 31mm이다. 날개는 거무스름한 밤빛을 띤다. 날개 아랫면 가운데 가장자리로 작고 까만 점들이 나란히 줄지어 있고, 바깥쪽 가장자리에 주황색 무늬가 뚜렷하다. 수컷은 앞날개 윗면 날개맥 가운데방 끝에 타원형으로 생긴 허연 무늬가 있다. 꼬리처럼 생긴 돌기는 없다.

벚나무까마귀부전나비

Satyrium pruni

벚나무 숲에서 많이 보인다고 '벚나무까마귀부전나비'라는 이름이 붙었다. 종 이름인 '*pruni*'도 벚나무라는 뜻이다. 북녘에서는 '큰사과먹숫돌나비'라고 한다. 뒷날개 아랫면 바깥쪽 가장자리에 있는 주황색 띠무늬 둘레로 동그랗고 까만 점들이 줄지어 있어서 다른 까마귀부전나비와 다르다.

벚나무까마귀부전나비는 한 해에 한 번 날개돋이 한다. 남녘에서는 5월부터 7월 초까지 들이나 낮은 산, 마을 둘레에 있는 벚나무 숲에서 볼 수 있다. 하지만 우리나라 중부와 북부 지방 몇몇 곳에만 살고 수가 적어서 보기 힘들다. 날개를 접고 그늘에서 쉴 때가 많다. 오후 늦게 숲 가장자리와 나무 위쪽에서 기운차게 날아다니다가 큰까치수염, 어수리 꽃에 가끔 찾아온다. 알로 겨울을 나고, 이듬해 알에서 깬 애벌레는 장미과에 속하는 귀룽나무, 왕벚나무, 자두나무, 벚나무, 복사나무 잎을 갉아 먹는다. 번데기는 까맣고 머리 쪽에 하얀 무늬가 있어서 꼭 새똥처럼 보인다.

벚나무까마귀부전나비는 독일에서 맨 처음 기록된 나비다. 우리나라에서는 1887년에 *Thecla pruni*로 처음 기록되었다. 극동 러시아, 중국, 일본, 중앙아시아, 유럽에서도 살고 있다.

5 ~ 7월 초
알

북녘 이름 큰사과먹숫돌나비
사는 곳 벚나무 숲
나라 안 분포 중부, 북부
나라 밖 분포 극동 러시아, 중국, 일본, 중앙아시아, 유럽
잘 모이는 꽃 큰까치수염, 어수리
애벌레가 먹는 식물 귀룽나무, 왕벚나무, 자두나무 따위

수컷 X1.5

수컷 옆모습

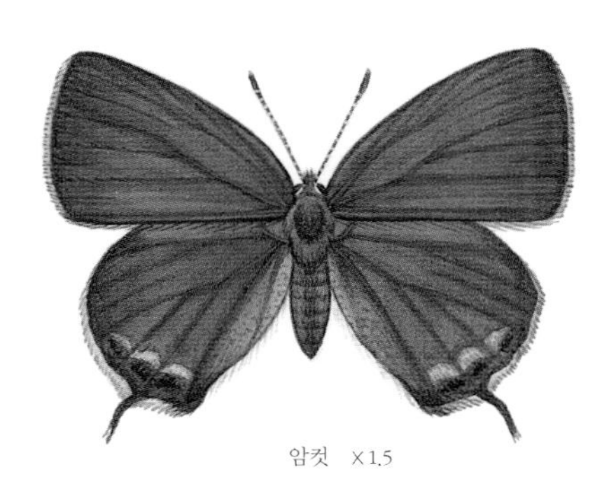

암컷 X1.5

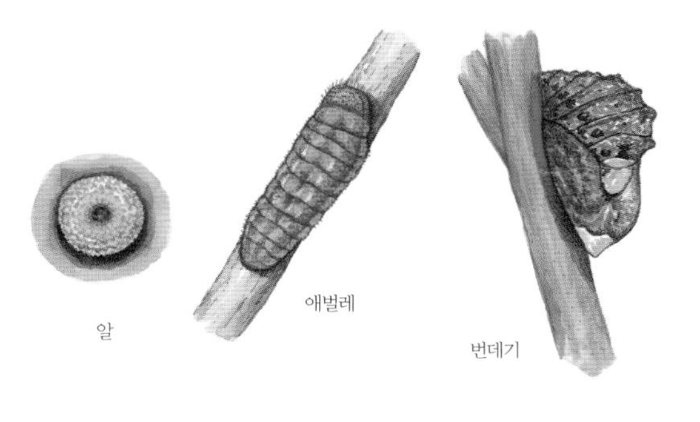

날개 편 길이는 32 ~ 35mm이다. 날개 윗면은 거무스름한 밤색을 띤다. 암컷은 뒷날개 바깥쪽 가장자리에 주황색 띠무늬가 있다. 날개 아랫면도 거무스름한 밤색인데, 가운데 가장자리에 하얀 점으로 이어진 가는 선 두 개가 뚜렷하다. 뒷날개 아랫면 바깥쪽 가장자리로 주황색 띠무늬가 있고, 까만 점들이 두 줄로 늘어서 있다. 꼬리처럼 생긴 돌기는 가늘고 짧다.

북방까마귀부전나비 *Satyrium latior*

뒷날개 윗면 꼬리처럼 생긴 돌기 바로 윗면에 주황색 점무늬가 있고, 뒷날개 아랫면 모서리에 있는 커다란 밤색 무늬에 파란 비늘가루가 흩뿌려 있어서 다른 까마귀부전나비와 다르다. 날개 편 길이는 31 ~ 40mm이다. 남녘에서는 강원도 영월 지역에서 볼 수 있다.

수컷

암컷

수컷 옆모습

까마귀부전나비

Satyrium w-album

날개 빛깔이 까마귀 색을 닮았다고 '까마귀부전나비'라는 이름이 붙었다. 북녘에서는 '먹숫돌나비'라고 한다. 까마귀부전나비 무리는 모두 날개가 까맣다. 우리나라에는 6종이 산다. 참까마귀부전나비와 닮았지만, 뒷날개 아랫면 날개맥 1a실에 하얀 선이 한 줄만 있다.

까마귀부전나비는 한 해에 한 번 날개돋이 한다. 남녘에서는 5월부터 7월까지 강원도 몇몇 산속 수풀에서 드물게 볼 수 있다. 맑은 날 가만히 앉아 햇볕을 쬐고 개망초나 큰까치수염 꽃에 잘 모인다. 알로 겨울을 나고, 이듬해 알에서 깬 애벌레는 느릅나무과에 속하는 느릅나무, 장미과에 속하는 벚나무와 자두나무 잎을 갉아 먹는다.

까마귀부전나비는 독일 동남부 라이프치히 지역에서 맨 처음 기록된 나비다. 우리나라에서는 1887년 강원도 원산에서 처음 찾아 *Thecla fentoni*로 기록되었다. 러시아, 중국 남동부, 일본, 중앙아시아, 유럽에서도 살고 있다.

5 ~ 7월
알

북녘 이름 먹숫돌나비
다른 이름 떠불류알붐부전나비
사는 곳 산속 수풀
나라 안 분포 중북부, 북부
나라 밖 분포 러시아, 중국 남동부, 일본, 중앙아시아, 유럽
잘 모이는 꽃 개망초, 큰까치수염
애벌레가 먹는 식물 느릅나무, 벚나무, 자두나무

뒷날개 아랫면 날개맥 1a실에 하얀 선이 한 줄 있다.

뒷날개 아랫면 날개맥 1a실에 하얀 선이 2개 있다.

까마귀부전나비와 참까마귀부전나비

수컷 ×1.5

수컷 옆모습

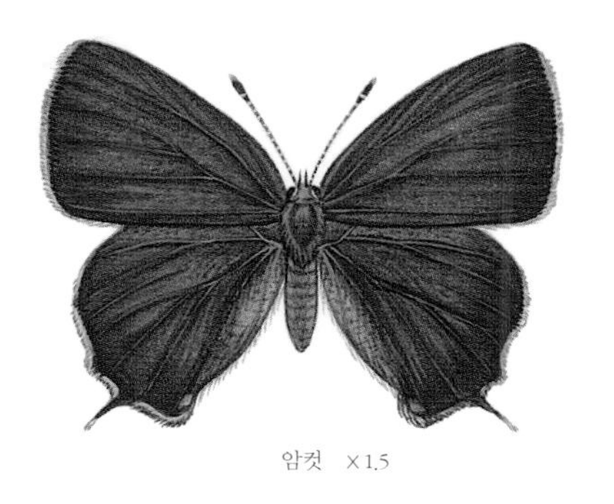
암컷 ×1.5

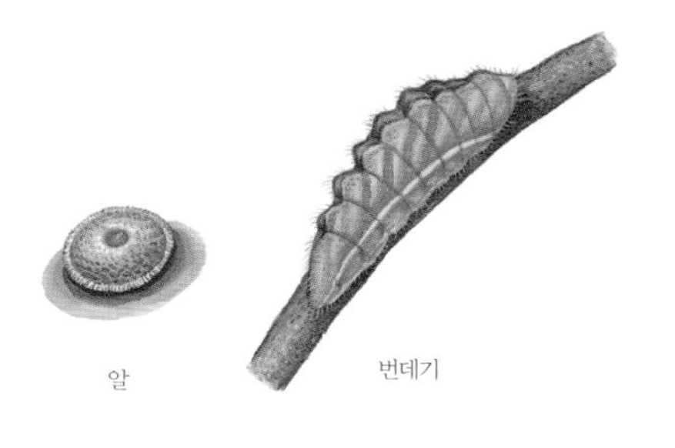
알 번데기

날개 편 길이는 30 ~ 31mm이다. 날개 윗면은 까만 밤색, 아랫면은 불그스름한 밤색을 띤다. 날개 아랫면 가운데 가장자리에 하얀 점무늬가 이어진 가는 선이 뚜렷하게 나 있다. 뒷날개에 있는 하얀 선은 날개맥 1b실에서 'W'자처럼 휘어진다. 날개맥 1a실에는 하얀 선이 한 개 있다. 꼬리처럼 생긴 돌기는 가늘고 길다.

참까마귀부전나비 *Satyrium eximia*

까마귀부전나비와 닮았지만, 참까마귀부전나비는 뒷날개 아랫면 날개맥 1a실에 하얀 선이 두 개 있다. 날개 편 길이는 31 ~ 34mm이다. 중부와 북부 지방 몇몇 곳에서만 산다.

수컷

암컷

수컷 옆모습

꼬마까마귀부전나비

Satyrium prunoides

까마귀부전나비 무리 가운데 크기가 작다고 '꼬마까마귀부전나비'라는 이름이 붙었다. 북녘에서는 '사과먹숫돌나비'라고 한다. 까마귀부전나비와 닮았지만, 꼬마까마귀부전나비는 크기가 더 작고, 뒷날개 아랫면에 있는 하얀 선이 날개맥 1b실에서 부드럽게 살짝 구부러진다.

꼬마까마귀부전나비는 한 해에 한 번 날개돋이 한다. 남녘에서는 5월부터 7월까지 산속 수풀이나 숲 가장자리에서 볼 수 있다. 강원도를 중심으로 몇몇 곳에서 사는데, 6월 말부터 7월 초에는 곳에 따라 많이 볼 수 있다. 수컷은 오후에 나무 위에서 텃세를 부리며 기운차게 날아다니다가 개망초, 큰까치수염, 큰금계국 꽃에 잘 모여 꿀을 빤다. 짝짓기를 마친 암컷은 애벌레가 먹는 식물 줄기 틈에 알을 1 ~ 5개 낳는다. 알로 겨울을 나고, 봄에 알에서 깬 애벌레는 장미과에 속하는 자두나무, 귀룽나무, 조팝나무 잎을 갉아 먹는다.

꼬마까마귀부전나비는 러시아 블라디보스토크에서 맨 처음 기록된 나비다. 우리나라에서는 1887년에 강원도 김화 북점에서 처음 찾아 *Thecla prunoides*로 기록되었다. 극동 러시아, 중국 남동부, 중앙아시아에서도 산다.

5 ~ 7월
알

북녘 이름 사과먹숫돌나비
사는 곳 산속 수풀, 숲 가장자리
나라 안 분포 중동부, 북동부
나라 밖 분포 극동 러시아, 중국 남동부, 중앙아시아
잘 모이는 꽃 개망초, 큰까치수염, 큰금계국
애벌레가 먹는 식물 자두나무, 귀룽나무, 조팝나무

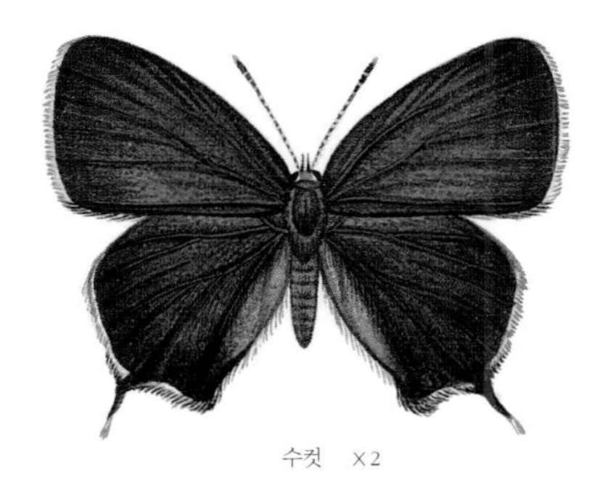

수컷 ×2

수컷 옆모습

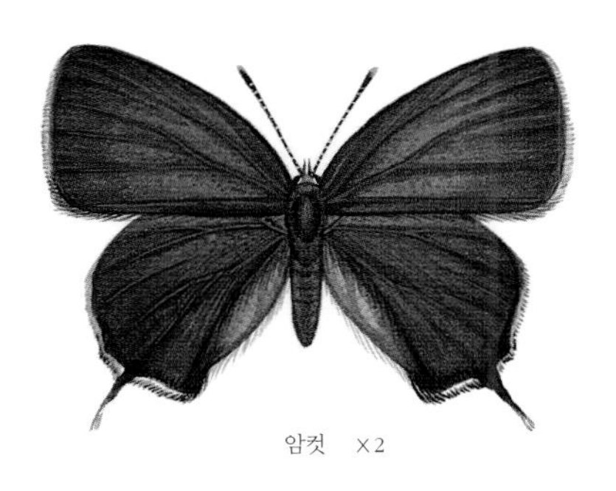

암컷 ×2

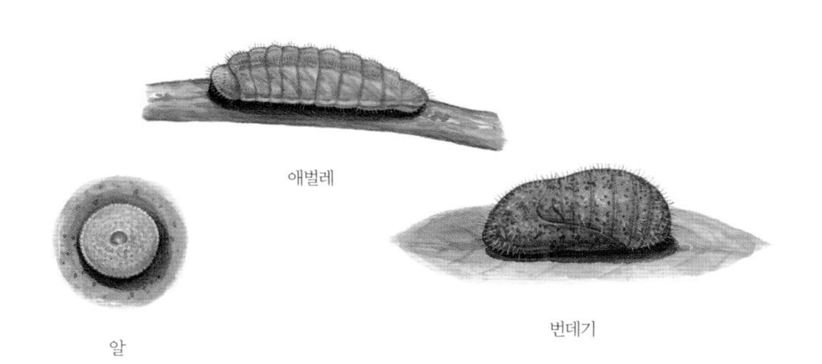

애벌레

번데기

알

날개 편 길이는 25 ~ 30mm이다. 날개 윗면은 까만 밤빛, 아랫면은 빨간 밤빛을 띤다. 날개 아랫면 가운데와 바깥쪽 가장자리에 하얀 점무늬로 이루어진 가는 선 두 줄이 뚜렷하다. 가운데에 있는 하얀 선은 날개맥 1b실에서 부드럽게 구부러진다. 날개맥 1a실에는 하얀 선이 한 줄 있다. 꼬리처럼 생긴 돌기는 가늘고 길다.

쇳빛부전나비

Ahlbergia ferrea

날개 윗면 바탕색이 쇠붙이처럼 반짝인다고 '쇳빛부전나비'다. 북녘에서는 '쇳빛숫돌나비'라고 한다. 북방쇳빛부전나비와 닮았지만, 쇳빛부전나비는 뒷날개 바깥쪽 가장자리가 북방쇳빛부전나비보다 덜 튀어나와서 완만하고, 뒷날개 뒤쪽 모서리에 있는 돌기가 더 작다.

쇳빛부전나비는 한 해에 한 번 날개돋이 한다. 4월부터 5월까지 산속 수풀이나 숲 가장자리에서 볼 수 있다. 제주도를 뺀 온 나라 어디에서나 살지만, 때에 따라 한곳에서 많이 볼 수 있다. 맑은 날 오전에 숲 가장자리에서 무리 지어 날개를 접고 햇볕을 쬐거나, 땅바닥에 모여 소금기나 물을 빨아 먹는다. 수컷은 수풀이나 마른 풀밭 둘레에서 텃세를 세게 부린다. 여러 마리가 뒤엉켜 서로 쫓고 쫓기며 싸우다가 모두 흩어지면 다시 제자리로 돌아와 앉는다. 영산홍, 산철쭉, 진달래, 얼레지, 조팝나무 꽃에 잘 모여 꿀을 빤다. 짝짓기를 마친 암컷은 애벌레가 먹는 식물 잎에 알을 낳는다. 일주일쯤 지나면 알에서 애벌레가 깨 나온다. 애벌레는 인동과에 속하는 가막살나무와 진달래과에 속하는 진달래, 산진달래, 장미과에 속하는 사과나무, 귀룽나무, 조팝나무 잎과 꽃을 갉아 먹는다. 다 자란 애벌레는 6월 중순쯤 땅으로 내려와 가랑잎 밑에서 번데기가 된다. 번데기로 겨울을 나고 이듬해 4월에 날개돋이 한다.

쇳빛부전나비는 일본 홋카이도에서 맨 처음 기록된 나비다. 우리나라에서는 1909년에 강원도 원산에서 처음 찾아 *Satsuma frivaldskyi ferrea*로 기록되었다. 그동안 사람마다 학명을 다르게 적어서 많이 바뀌었다. 일본, 극동 러시아, 중국 북동부에도 살고 있다.

4 ~ 5월
번데기

북녘 이름 쇳빛숫돌나비
다른 이름 쇠빛부전나비
사는 곳 산속 수풀, 숲 가장자리
나라 안 분포 제주도를 뺀 온 나라
나라 밖 분포 일본, 극동 러시아, 중국 북동부
잘 모이는 꽃 영산홍, 산철쭉, 진달래, 얼레지, 조팝나무
애벌레가 먹는 식물 가막살나무, 진달래, 산진달래, 사과나무 따위

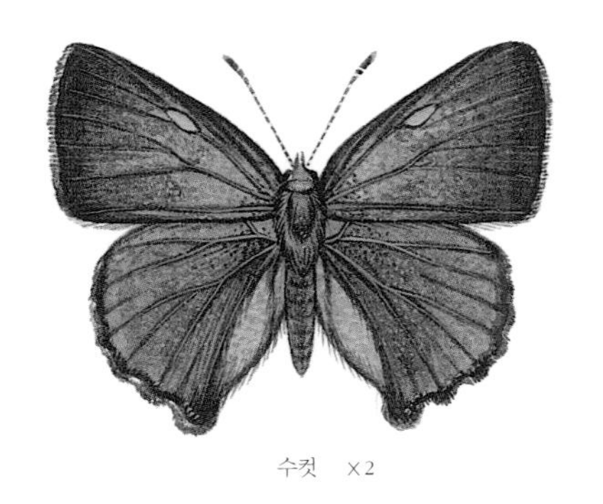
수컷 ×2

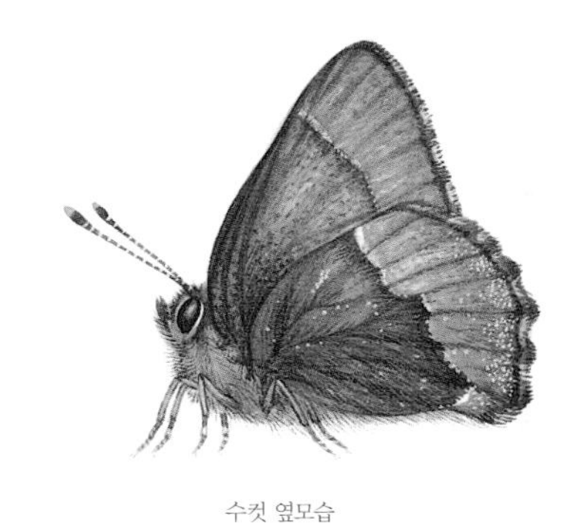
수컷 옆모습

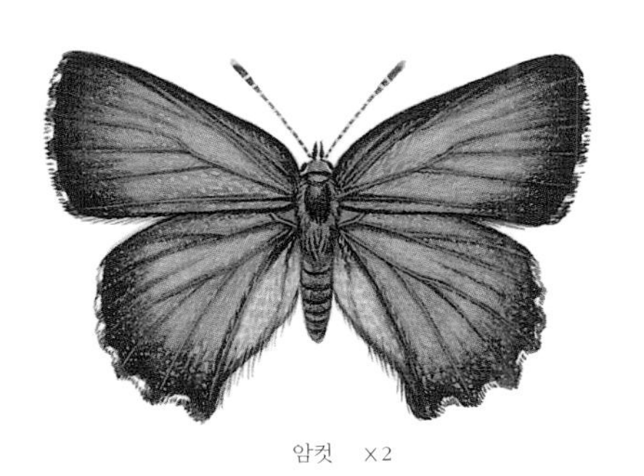
암컷 ×2

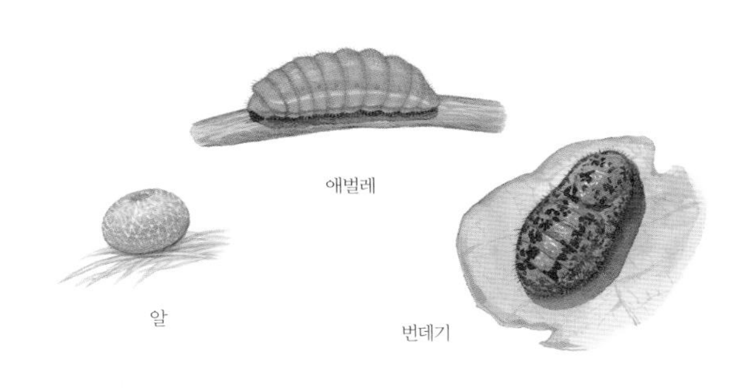
애벌레

알

번데기

날개 편 길이는 25 ~ 27mm이다. 날개 윗면은 쇠붙이처럼 반짝거리는 파란빛을 띠고, 까만 밤색 테두리가 넓다. 날개 아랫면은 밤색을 띠고, 가운데 가장자리에 짙은 밤색 무늬가 삐뚤빼뚤 나 있다. 수컷은 앞날개 윗면 날개맥 가운데방 끝에 타원형으로 생긴 잿빛 밤색 무늬가 있다. 암컷은 수컷보다 날개 윗면에 있는 파란 무늬가 더 넓다. 뒷날개 바깥쪽 가장자리는 물결처럼 튀어나왔고, 뒤쪽 모서리에 있는 돌기가 작다. 꼬리처럼 생긴 돌기는 없다.

북방쇳빛부전나비 *Ahlbergia frivaldszkyi*

쇳빛부전나비와 닮았지만 날개 바깥쪽 가장자리가 더 크게 튀어나왔고, 뒷날개 뒤쪽 모서리에 있는 돌기가 더 크다. 날개 편 길이는 25 ~ 26mm이다. 남녘에서는 강원도 높은 산에서 볼 수 있다.

수컷

암컷

수컷 옆모습

쌍꼬리부전나비

Cigaritis takanonis

뒷날개에 꼬리처럼 생긴 돌기가 두 개여서 '쌍꼬리부전나비'라는 이름이 붙었다. 북녘에서는 '쌍꼬리숫돌나비'라고 한다. 우리나라에 사는 나비 가운데 이 나비만 돌기가 두 개다.

쌍꼬리부전나비는 한 해에 한 번 날개돋이 한다. 6월부터 8월 초까지 낮은 산속 소나무 숲 둘레에서 볼 수 있다. 남녘에서는 내륙 몇몇 곳에서만 볼 수 있었는데, 1990년대에 들어서 아예 사라진 곳이 많아 멸종될 위기에 놓여 있다. 맑은 날 소나무 숲 둘레에서 햇볕을 쬐고 개망초, 큰까치수염, 밤나무 꽃에 잘 모여든다. 낮에는 꼼짝 않고 있다가 늦은 오후에 많이 나온다. 암컷은 마쓰무라밑들이개미집이 있는 소나무, 신갈나무, 노간주나무 따위에 알을 낳는다. 일주일쯤 지나면 알에서 애벌레가 깬다. 애벌레는 마쓰무라밑들이개미와 먹이를 주고받으며 서로 돕고 산다. 개미는 애벌레에게 먹이를 물어다 주고, 애벌레는 몸에 난 돌기에서 개미가 좋아하는 단물을 뿜어낸다. 애벌레는 가끔 개미집 안에 모아 둔 먹이를 먹기도 한다. 애벌레로 겨울을 난다.

쌍꼬리부전나비는 일본에서 맨 처음 기록된 나비다. 우리나라에서는 1929년에 황해도 장수산에서 처음 찾아 *Aphnaeus takanonis*로 기록되었다. 일본, 중국 서부에서도 살고 있다.

6 ~ 8월
애벌레
멸종위기야생동물 II급

북녘 이름 쌍꼬리숫돌나비
사는 곳 낮은 산속 소나무 숲
나라 안 분포 온 나라 몇몇 곳
나라 밖 분포 일본, 중국 서부
잘 모이는 꽃 개망초, 큰까치수염, 밤나무
애벌레 먹이 마쓰무라밑들이개미에 더부살이

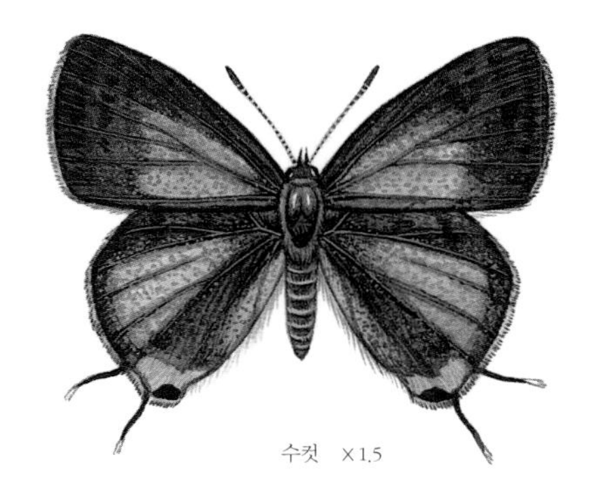

수컷 X 1.5

수컷 옆모습

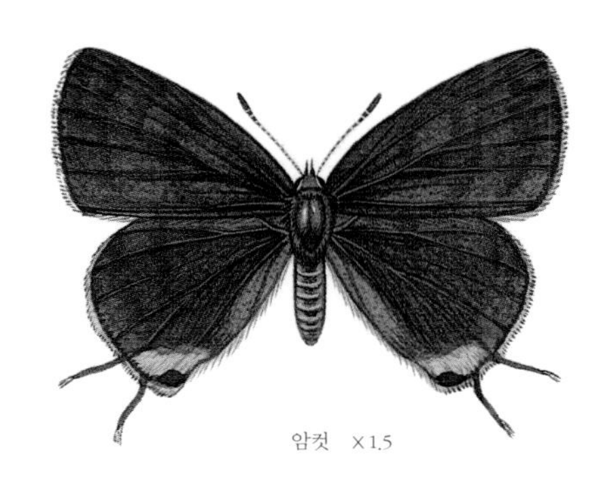

암컷 X 1.5

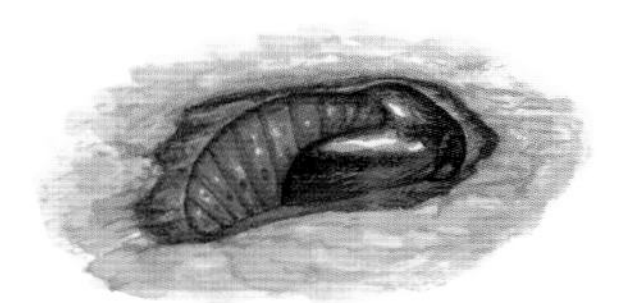

번데기

쌍꼬리부전나비 애벌레 몸에서는 단물이 나온다.
개미가 이 단물을 빨아 먹고 애벌레를 돌봐준다.

날개 편 길이는 32 ~ 33mm이다. 수컷은 날개 윗면이 까만 밤색이고 가운데가 파랗다. 암컷은 온 날개가 까만 밤색을 띤다. 날개 아랫면은 누르스름한 하얀빛이고, 까만 밤색 무늬들이 줄지어 나 있다. 날개 뿌리 쪽에는 커다란 점들이 있다. 뒷날개 뒤쪽 모서리는 주황색을 띤다. 꼬리처럼 생긴 돌기가 두 개다.

네발나비과

네발나비과 NYMPHALIDAE

네발나비는 앞다리 한 쌍이 작게 줄어들어서 몸에 붙어 있다. 그래서 다리가 네 개만 있는 것처럼 보인다고 이런 이름이 붙었다. 네발나비 무리는 온 세계에 널리 퍼져 살고 6000종쯤이 알려졌다. 어느 지역에서나 여러 가지 네발나비들이 살기 때문에 지구 생태계를 연구하는 데 아주 중요한 나비 무리다.

네발나비 무리는 날개 윗면 무늬가 알록달록하고 아름다운데, 아랫면은 어두운 색을 띤다. 앞다리 한 쌍이 작아서 쓸모가 없고, 더듬이 뒷면에 줄이 난 것처럼 홈이 파여 있어서 다른 나비 무리와 다르다. 우리나라에는 9아과 126종이 알려졌고, 북녘에서는 '메나비과'라고 한다.

알 알은 대추나 고깔처럼 생기거나 공처럼 둥글다. 빛깔도 연한 풀빛이나 흰색, 옅은 노란색으로 여러 가지다.

애벌레 애벌레는 머리와 몸에 돌기들이 튀어나온 종이 많다. 몸빛이나 크기는 저마다 다르다. 애벌레는 벼과, 사초과, 백합과, 느릅나무과, 제비꽃과, 쐐기풀과, 인동과, 버드나무과, 장미과, 자작나무과, 참나무과, 국화과, 삼과, 콩과, 마편초과, 쥐방울덩굴과, 쇠비름과, 미나리아재비과, 단풍나무과, 갈매나무과, 포도과, 벽오동과, 산형과, 나도밤나무과, 박주가리과, 메꽃과, 현삼과, 쥐꼬리망초과, 질경이과, 마타리과, 산토끼꽃과 풀잎을 갉아 먹는다. 이 가운데 느릅나무과와 제비꽃과 식물을 각각 15종이 갉아 먹는다. 그래서 네발나비 무리를 많이 보려면 느릅나무과나 제비꽃과 식물을 찾아가면 된다. 홍줄나비 애벌레는 다른 나비 애벌레와 달리 바늘잎나무인 잣나무 잎을 갉아 먹는다.

번데기 번데기는 매끈하거나 배 쪽에 돌기가 있다. 애벌레가 갉아 먹는 식물이나 그 둘레에서 배 끝을 붙여 거꾸로 매달린다.

어른벌레 어른벌레는 낮에 기운차게 날아다닌다. 꽃꿀을 빨거나 나뭇진을 빨아 먹고 축축한 땅바닥에 모여 물을 빨아 먹기도 한다. 왕오색나비나 어리세줄나비, 줄나비, 유리창나비 같은 나비는 동물 똥에도 잘 모인다. 들판부터 높은 산까지 여러 곳에서 살고, 이른 봄부터 늦가을까지 볼 수 있다. 뿔나비와 네발나비, 산네발나비, 들신선나비, 청띠신선나비는 어른벌레로 겨울을 나고, 다른 나비들은 거의 종령 애벌레나 번데기로 겨울을 난다.

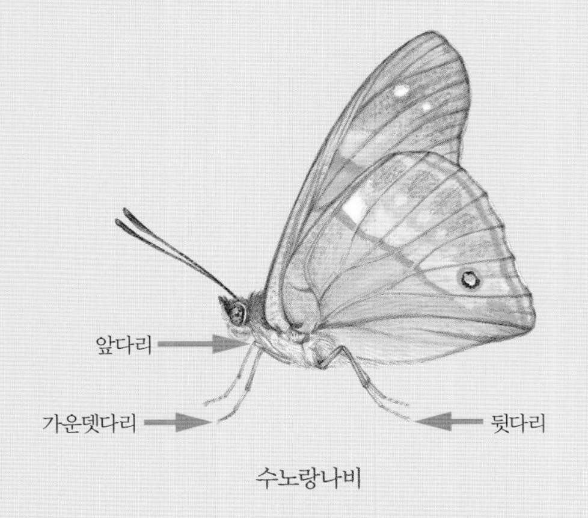

수노랑나비

뿔나비

Libythea lepita

다른 네발나비와 달리 머리에 있는 아랫입술 수염이 앞으로 툭 튀어나왔다. 이것이 마치 뿔이 솟은 것처럼 보인다고 '뿔나비'라는 이름이 붙었다. 북녘에서도 '뿔나비'라고 한다.

뿔나비는 한 해에 한 번 날개돋이 한다. 남녘에서는 산 여기저기에 살고 수도 많아서 쉽게 볼 수 있다. 어른벌레로 겨울을 나고 3월부터 5월까지 날아다니다가 짝짓기를 한 뒤, 애벌레가 먹는 팽나무나 풍게나무 어린잎이나 가지에 알을 무더기로 낳고 죽는다. 알에서 깬 애벌레는 무리 지어 느릅나무과에 속하는 팽나무, 풍게나무 잎을 갉아 먹다가 번데기가 된다. 번데기는 까맣고, 연노랑 무늬들이 있어서 알록달록하다. 다른 네발나비 번데기와 달리 배 끝이 잔뜩 구부러져서 쉽게 알아볼 수 있다. 6월부터 날개돋이 해서 어른벌레가 된다. 어른벌레는 7월부터 8월쯤에 여름잠을 잔다. 여름잠에서 깬 나비들은 11월까지 날아다닌다. 맑은 날 국수나무, 미국쑥부쟁이, 고마리 꽃에 잘 모인다. 때때로 축축한 땅바닥에서 수백 마리씩 무리 지어 물을 빨아 먹는다. 숲 가장자리나 풀밭에서 날개를 쫙 펴고 햇볕을 쬐기도 한다. 날개를 접고 있으면 꼭 마른 나뭇잎처럼 보여서 몸을 잘 숨길 수 있다.

뿔나비는 인도에서 맨 처음 기록된 나비다. 우리나라에서는 1919년 *Libythea celtis* var. *celtoides*로 처음 기록되었고, 요즘까지 *Libythea celtis*로 썼다. 인도, 일본, 중국에도 살고 있다.

3 ~ 5월, 6월, 9 ~ 11월 **사는 곳** 산속 넓은잎나무 숲
어른벌레 **나라 안 분포** 북서부와 북동부를 뺀 온 나라
나라 밖 분포 인도, 일본, 중국
잘 모이는 꽃 국수나무, 미국쑥부쟁이, 고마리
애벌레가 먹는 식물 팽나무, 풍게나무

수컷 ×1.5

수컷 옆모습

암컷 ×1.5

암컷 옆모습

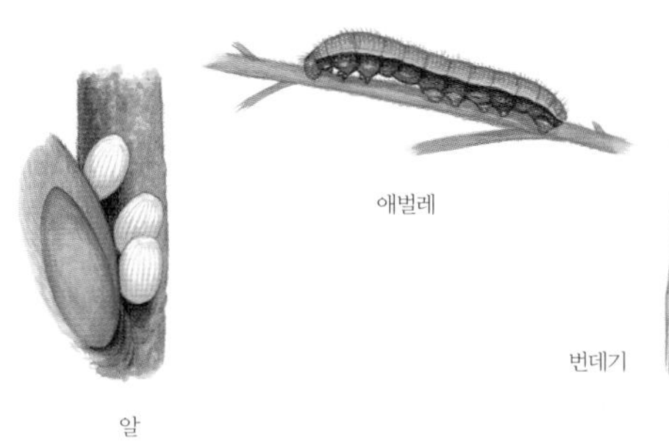

애벌레

번데기

알

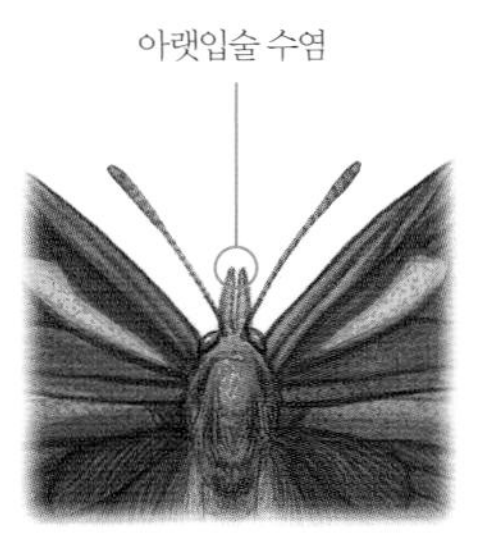

날개 편 길이는 32 ~ 47mm이다. 머리에 있는 아랫입술 수염이 앞으로 툭 튀어나와 뿔처럼 보인다. 날개 윗면은 까만 밤색에 누런 무늬가 있다. 앞날개 윗면 앞쪽 모서리가 날카롭게 튀어나왔다. 뒷날개 바깥쪽 가장자리는 날개맥 끝이 튀어나와서 톱니처럼 보인다. 암컷은 뒷날개 아랫면이 불그스름한 밤색이고, 수컷은 하얀빛이 도는 짙은 밤색이다.

왕나비

Parantica sita

몸이 크고 날개가 멋지다고 '왕나비'라는 이름이 붙었다. 북녘에서는 '알락나비'라고 한다. 앞날개는 까맣고 하얀 무늬가 잔뜩 나 있다. 뒷날개는 불그스름한 밤색이고 하얀 무늬가 가운데부터 날개 뿌리까지 나 있다.

왕나비는 열대와 아열대 지역에서 살던 나비다. 우리나라에서는 제주도에 눌러사는 것 같다. 몸집이 크고, 아주 멀리까지 날아서 여름에는 강원도 높은 산등성이에서도 자주 보인다. 요즘에는 봄에도 중부 지방에서 암컷이 가끔 보인다. 날씨가 따뜻해지면서 사는 곳이 넓어지는 것 같다.

왕나비는 한 해에 두세 번 날개돋이 한다. 봄에 나오는 나비는 5월부터 6월, 여름에 나오는 나비는 7월부터 9월에 걸쳐 볼 수 있다. 맑은 날 숲 가장자리나 산등성이에서 천천히 날아다니고 등골나물, 엉겅퀴, 곰취, 국화 꽃에 잘 모여 꿀을 빤다. 짝짓기를 마친 암컷은 알을 하나씩 낳아 붙인다. 알에서 깬 애벌레는 잎 뒤에 붙어살면서 박주가리과에 속하는 박주가리, 큰조롱, 백미꽃, 나도은조롱, 쥐방울덩굴과에 속하는 등칡 잎을 갉아 먹는다. 애벌레로 겨울을 나는 것 같다.

왕나비는 인도 머스우리 지역에서 맨 처음 기록된 나비다. 우리나라에서는 1906년에 제주도에서 처음 찾아 *Danais tytia*로 기록되었다. 인도, 일본, 중국, 러시아, 동남아시아에서도 살고 있다.

5 ~ 6월, 7 ~ 9월
애벌레

북녘 이름 알락나비
다른 이름 제주왕나비
사는 곳 산등성이, 산꼭대기 수풀
나라 안 분포 제주도
나라 밖 분포 인도, 일본, 중국, 러시아, 동남아시아
잘 모이는 꽃 등골나물, 엉겅퀴, 곰취, 국화
애벌레가 먹는 식물 박주가리, 큰조롱, 백미꽃, 나도은조롱, 등칡

수컷 ×0.5

수컷 옆모습

암컷 ×0.5

알

애벌레

번데기

날개 편 길이는 88 ~ 105mm이다. 앞날개는 까맣고 여러 가지 모양을 한 하얀 무늬가 많다. 뒷날개는 불그스름한 밤빛이고 하얀 무늬가 가운데부터 날개 뿌리까지 나 있다. 날개 앞뒤 무늬는 같다. 수컷은 뒷날개 윗면 바깥쪽 가장자리에 까만 밤색 무늬가 있다. 가슴은 까맣고 하얀 점무늬가 잔뜩 나 있다.

별선두리왕나비와 끝검은왕나비는 바람을 타고 날아오는 '길 잃은 나비'다. 남해 바닷가나 섬, 제주도에서 가끔 보인다. 별선두리왕나비는 날개 가장자리에 까만 테두리가 나 있고, 그 속에 작고 동그랗고 하얀 무늬들이 밤하늘에 뜬 별처럼 줄지어 있어서 다른 왕나비와 다르다. 날개 편 길이는 62 ~ 77mm이다. 끝검은왕나비는 날개가 누렇고, 뒷날개 가운데에 까만 무늬가 제멋대로 나 있다. 날개 편 길이는 55 ~ 70mm이다.

별선두리왕나비 *Danaus genutia*

수컷

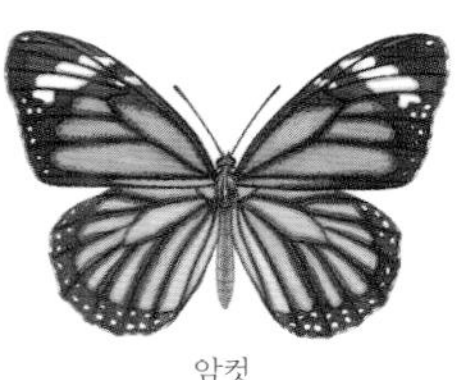
암컷

수컷 옆모습

끝검은왕나비 *Danaus chrysippus*

수컷

암컷

수컷 옆모습

먹나비

Melanitis leda

날개 색이 먹빛처럼 거무스름하다고 '먹나비'라는 이름이 붙었다. 북녘에서는 '남방뱀눈나비'라고 한다. 날개 가운데 가장자리에 눈알처럼 생긴 무늬가 있고, 날개 아랫면에는 작고 하얀 잿빛 무늬들이 물결처럼 나 있어서 다른 뱀눈나비와 다르다.

먹나비는 '길 잃은 나비'로 우리나라에서 살지 않는다. 남쪽에서 바람을 타고 우리나라로 날아온다. 1984년에 제주도에서 처음 찾았다. 요즘에는 제주도와 경상도, 전라도 같은 남부 지방뿐만 아니라 한여름에는 충청도, 강원도, 경기도 몇몇 섬과 서울 같은 중부 지방에서도 가끔 보인다. 날씨가 따뜻해지면서 제주도와 남해 바닷가에서 눌러살 것으로 짐작하고 있다. 사는 모습은 아직 잘 모른다. 애벌레는 벼나 참바랭이, 강아지풀 잎을 갉아 먹는다.

먹나비는 중국 남부 광둥성 지역에서 맨 처음 기록된 나비다. 일본, 중국 남부, 타이완, 오스트레일리아, 태평양에 있는 여러 섬들, 아라비아, 아프리카에서 살고 있다.

모름
모름
길 잃은 나비

북녘 이름 남방뱀눈나비
사는 곳 풀밭
나라 안 분포 제주도와 남쪽 바닷가
나라 밖 분포 일본, 중국 남부, 타이완, 오스트레일리아, 태평양 섬, 아라비아, 아프리카
잘 모이는 꽃 아직 모름
애벌레가 먹는 식물 벼, 사탕수수, 참바랭이, 강아지풀

수컷 ×1

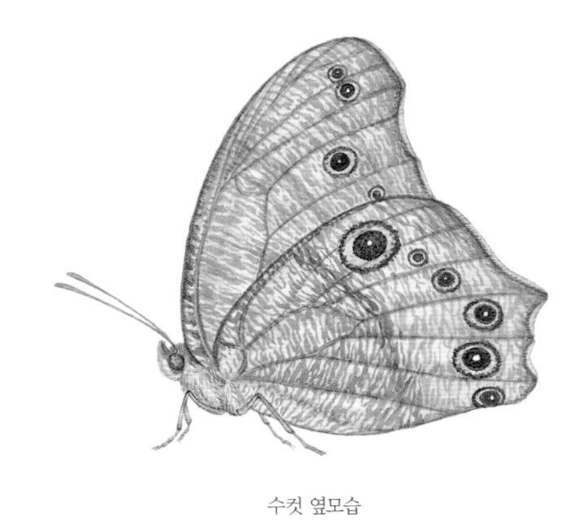

수컷 옆모습

암컷 ×1

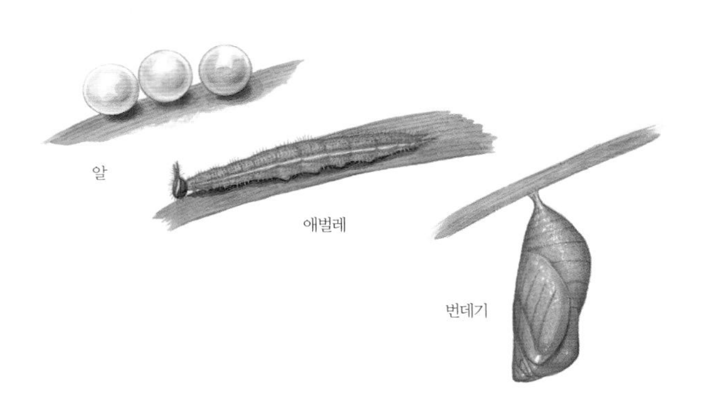

날개 편 길이는 62 ~ 72mm이다. 날개 윗면은 거무스름한 밤색을 띠고, 가장자리에는 눈알처럼 생긴 까만 무늬가 있다. 그 안에 하얀 점이 들어 있다. 뒷날개에서 날개맥 4실 언저리가 톡 튀어나왔다. 날개 아랫면은 희끄무레한 잿빛 밤색을 띠고, 작고 허연 무늬들이 물결처럼 나 있다. 암컷은 수컷보다 크고, 눈알 무늬도 더 크며, 앞날개 앞쪽 끝이 더 튀어나왔다.

큰먹나비 *Melanitis phedima*

먹나비와 닮았지만, 큰먹나비는 앞날개 끄트머리에 있는 주황색 무늬가 더 넓고, 뒷날개 날개맥 4실 언저리가 바깥으로 더 크게 튀어나왔다. 날개 편 길이는 55 ~ 74mm이다. 바람을 타고 날아오는 '길 잃은 나비'다.

수컷

암컷

수컷 옆모습

먹그늘나비

Lethe diana

그늘나비 무리 가운데 날개 색깔이 가장 검다고 '먹그늘나비'다. 북녘에서도 '먹그늘나비'라고 한다. 먹그늘나비붙이와 닮았지만, 먹그늘나비는 앞날개 아랫면 바깥쪽 가장자리에 눈알 무늬가 두 개 있다. 먹그늘나비붙이는 세 개 있다.

먹그늘나비는 한 해에 한두 번 날개돋이 한다. 6월 말부터 8월까지 조릿대가 많은 산에서 쉽게 볼 수 있다. 남녘에서는 폭넓게 살고 있다. 숲 가장자리에서 날개를 접고 앉아 쉬는 모습을 흔히 본다. 밝은 곳에는 잘 안 나오고 그늘 속에서 지낸다. 흐린 날이나 오후 늦게 기운차게 날아다니고 참나무에서 흘러나오는 나뭇진을 빨아 먹으러 모인다. 가끔 밤에 불빛을 찾아오기도 한다. 짝짓기를 마친 암컷은 애벌레가 먹는 식물 잎에 알을 하나씩 낳아 붙인다. 애벌레는 다른 뱀눈나비아과 애벌레처럼 머리와 배 끝에 긴 돌기가 두 개씩 나 있다. 벼과에 속하는 해장죽, 왕대, 조릿대, 제주조릿대, 참억새와 산형과에 속하는 바디나물 잎을 갉아 먹는다. 애벌레로 겨울을 난다.

먹그늘나비는 일본 홋카이도 지역에서 맨 처음 기록된 나비다. 우리나라에서는 1887년에 원산과 부산에서 처음 찾아 *Lethe diana* 로 기록되었다. 일본, 러시아, 중국 동부, 타이완에서도 살고 있다.

6월 말 ~ 8월

애벌레

사는 곳 조릿대가 많은 산

나라 안 분포 북서부 지방을 뺀 온 나라

나라 밖 분포 일본, 러시아, 중국 동부, 타이완

잘 모이는 곳 참나무 진

애벌레가 먹는 식물 해장죽, 왕대, 조릿대, 바디나물 따위

날개맥 3실에 눈알 무늬가 없다.

날개맥 3실에 눈알 무늬가 있다.

먹그늘나비와 먹그늘나비붙이

수컷 ×1

수컷 옆모습

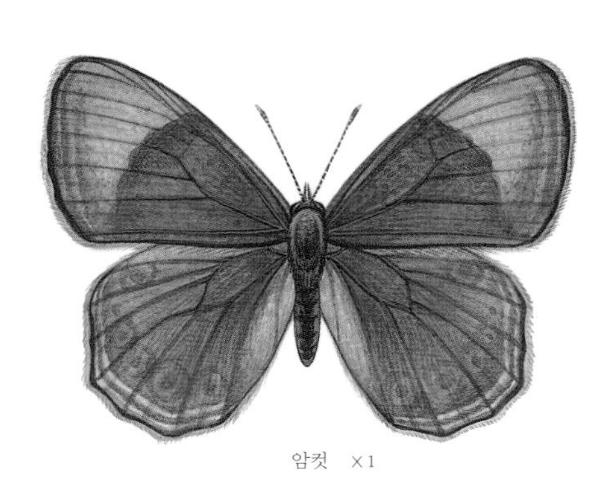
암컷 ×1

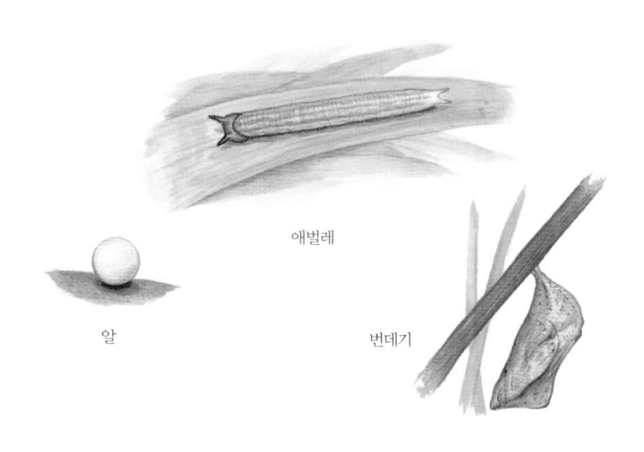
애벌레
알
번데기

날개 편 길이는 45 ~ 53mm이다. 날개 윗면은 짙은 까만 밤색이고, 가운데부터 날개 앞쪽 모서리로 갈수록 색깔이 옅어진다. 앞날개 아랫면 바깥쪽 가장자리에 눈알 무늬가 2개 있다. 뒷날개 아랫면 바깥쪽 가장자리를 따라 주황색 테두리를 두른 눈알 무늬가 여러 개 있다. 수컷은 앞날개 아랫면 뒤쪽 가장자리에 까만 털 뭉치로 된 무늬가 있다. 암컷은 날개가 넓고 빛깔이 더 옅다.

먹그늘나비붙이 *Lethe marginalis*

먹그늘나비와 닮았지만, 먹그늘나비붙이는 앞날개 아랫면 바깥쪽 가장자리에 줄지어 있는 눈알 무늬가 세 개 있다. 날개 편 길이는 54 ~ 58mm이다. 제주도를 뺀 온 나라 몇몇 곳에서 산다.

수컷

암컷

수컷 옆모습

왕그늘나비

Ninguta schrenckii

그늘나비 무리 가운데 몸집이 가장 커서 '왕그늘나비'다. 북녘에서는 '큰뱀눈나비'라고 한다.

왕그늘나비는 한 해에 한 번 날개돋이 한다. 6월부터 9월까지 수풀이나 숲 가장자리에서 볼 수 있다. 남녘에서는 경기도나 강원도 몇몇 곳에서 사는데, 수가 적어서 보기 어렵다. 가끔 동물 똥에 모이기도 한다. 대부분 흐린 날 숲 가장자리에서 느긋하게 날아다니거나 숲속 그늘진 곳에서 날아다닌다. 애벌레는 벼과에 속하는 참억새, 사초과에 속하는 삿갓사초, 개찌버리사초, 흰사초, 그늘사초, 괭이사초 잎을 갉아 먹고 산다. 애벌레로 겨울을 난다.

왕그늘나비는 러시아 아무르 지방에서 맨 처음 기록된 나비다. 우리나라에서는 1887년에 *Pararge schrenckii*로 처음 기록되었다. 극동 러시아, 중국 동부, 일본에서도 살고 있다.

6 ~ 9월
애벌레

북녘 이름 큰뱀눈나비
사는 곳 수풀, 숲 가장자리
나라 안 분포 중부, 북동부
나라 밖 분포 극동 러시아, 중국 동부, 일본
잘 모이는 곳 동물 똥
애벌레가 먹는 식물 참억새, 삿갓사초, 흰사초, 괭이사초 따위

수컷 ×1

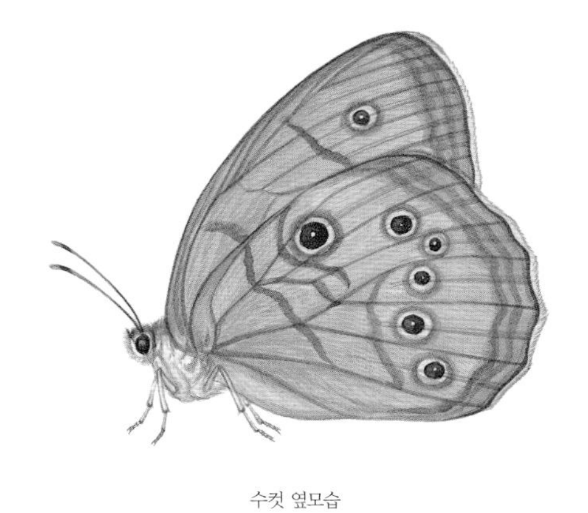

수컷 옆모습

암컷 ×1

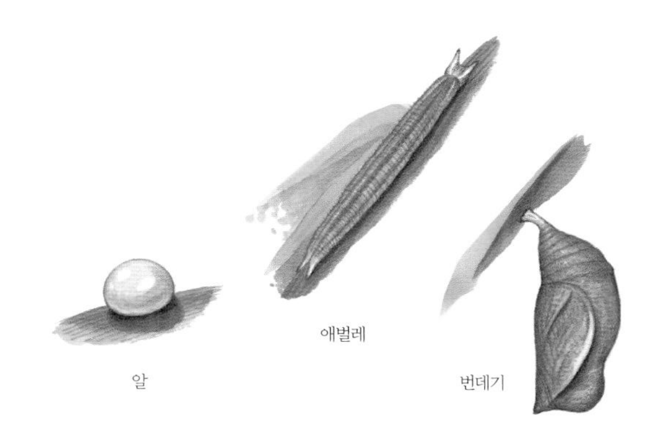

날개 편 길이는 62 ~ 72mm이다. 날개 윗면은 누르스름한 밤색을 띠고, 앞날개 앞쪽 끝과 뒷날개 바깥쪽 가장자리에 동그랗고 까만 무늬가 있다. 날개 아랫면은 누런 밤색을 띠며, 눈알 무늬가 있다. 또 가운데에는 짙은 밤색으로 된 가는 줄이 나 있다. 수컷은 뒷날개 윗면 날개 뿌리 가까이에 하얀 털 뭉치로 된 무늬가 있다.

황알락그늘나비

Kirinia epaminondas

알락그늘나비보다 더 누렇다고 '황알락그늘나비'라는 이름이 붙었다. 북녘 이름은 알려지지 않았다. 알락그늘나비와 닮았지만, 황알락그늘나비는 앞날개 바깥쪽 가장자리가 더 둥그스름하고, 앞날개 아랫면 날개맥 1b실과 뒷날개 아랫면 날개맥 가운데방 끝에 있는 밤색 줄무늬가 더 가늘다.

황알락그늘나비는 한 해에 한 번 날개돋이 한다. 6월부터 9월까지 참나무가 많은 낮은 산에서 볼 수 있다. 남녘에는 중부와 남부 지방 산에서 사는데, 수가 많지 않아서 드물게 보인다. 그늘진 수풀에서 날아다니다가 8월 말에서 9월 초에 썩어 가는 과일에 잘 모인다. 이때 산속에 있는 과수원에 찾아가면 쉽게 볼 수 있다. 꽃에는 잘 안 날아오고 참나무 진을 빨아 먹기도 한다. 수컷은 산등성이에서 나무 사이를 재빨리 날아다니지만, 암컷은 풀잎에 자주 앉는다. 짝짓기를 마친 암컷은 참억새나 바랭이 잎에 알을 붙여 낳는다. 알에서 깬 애벌레는 벼과에 속하는 참억새, 바랭이 잎을 갉아 먹고 큰다. 애벌레는 잎을 갉아 먹다가 잎 뒤에 숨어서 겨울을 난다.

황알락그늘나비는 러시아 아무르 지방에서 맨 처음 기록된 나비다. 우리나라에서는 1894년에 *Lethe epimenides* var. *epaminondas*로 처음 기록되었다. 러시아, 중국 동부, 일본에서도 살고 있다.

6 ~ 9월
애벌레

사는 곳 참나무 숲
나라 안 분포 온 나라
나라 밖 분포 러시아, 중국 동부, 일본
잘 모이는 곳 썩은 과일, 참나무 진
애벌레가 먹는 식물 참억새, 바랭이

앞날개 아랫면
줄무늬가 가늘다.

앞날개 아랫면
줄무늬가 굵다.

황알락그늘나비와 알락그늘나비

수컷 ×1

수컷 옆모습

암컷 ×1

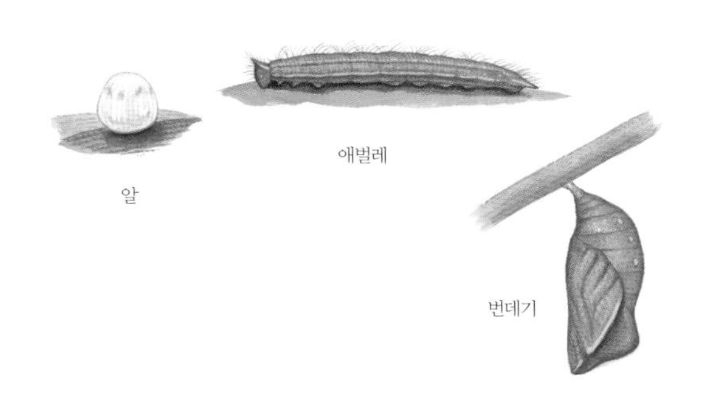

날개 편 길이는 47 ~ 60mm이다. 수컷 날개 윗면은 연한 밤색이고, 짙은 밤색 줄무늬가 이리저리 나 있다. 바깥쪽 가장자리를 따라 까만 밤색 테두리를 두른 눈알 무늬가 있다. 암컷은 수컷보다 색깔이 옅고, 눈알 무늬도 더 흐릿하다. 앞날개 바깥쪽 가장자리는 둥그스름하고, 앞날개 아랫면 날개맥 1b실과 뒷날개 아랫면 날개맥 가운데방 끝에 있는 밤색 줄무늬가 더 가늘다.

알락그늘나비 *Kirinia epimenides*

황알락그늘나비와 닮았지만, 알락그늘나비는 앞날개 바깥쪽 가장자리가 자른 듯 반듯하고, 앞날개 아랫면 날개맥 1b실과 뒷날개 아랫면 날개맥 가운데방 끝에 있는 밤색 줄무늬가 더 굵다. 날개 편 길이는 47 ~ 54mm이다. 강원도 몇몇 곳에서 산다.

수컷

암컷

수컷 옆모습

눈많은그늘나비

Lopinga achine

그늘나비 무리 가운데 날개 가장자리를 따라 눈알 무늬가 가장 많아서 '눈많은그늘나비'라는 이름이 붙었다. 북녘에서는 '암뱀눈나비'라고 한다.

눈많은그늘나비는 한 해에 한 번 날개돋이 한다. 5월 말부터 8월까지 산속 수풀이나 풀밭에서 제법 흔하게 볼 수 있다. 6월 중순에는 곳에 따라 더 많이 볼 수도 있다. 울릉도에서는 아직까지 보이지 않는다. 맑은 날 나무 사이를 가볍게 날아다니다가 바위나 나뭇잎에 잘 앉는다. 앉아서 쉴 때는 날개를 접었다 폈다 한다. 개망초나 곰취, 금방망이 꽃에 잘 모여 꿀을 빤다. 짝짓기를 마친 암컷은 애벌레가 먹는 식물 둘레 아무 곳에나 알을 낳는다. 열흘쯤 지나면 알에서 애벌레가 깨어 나와 벼과에 속하는 새포아풀, 띠, 참억새와 사초과에 속하는 방동사니, 여우꼬리사초 잎을 갉아 먹고 큰다. 애벌레로 겨울을 난다.

눈많은그늘나비는 오스트리아 남부 지역에서 맨 처음 기록된 나비다. 우리나라에서는 1887년에 *Pararge achine*로 처음 기록되었다. 러시아, 중국, 일본, 유럽에서도 살고 있다.

5월 말 ~ 8월

애벌레

북녘 이름 암뱀눈나비

다른 이름 눈많은뱀눈나비

사는 곳 산속 수풀, 숲 가장자리 풀밭

나라 안 분포 온 나라

나라 밖 분포 러시아, 중국, 일본, 유럽

잘 모이는 꽃 개망초, 곰취, 금방망이

애벌레가 먹는 식물 새포아풀, 참억새, 띠, 방동사니, 여우꼬리사초

수컷 ×1

수컷 옆모습

암컷 ×1

날개 편 길이는 47 ~ 55mm이다. 날개 윗면은 까만 밤색을 띠고, 바깥쪽 가장자리를 따라 갸름하거나 동그란 까만 무늬가 여러 개 줄지어 있다. 까만 무늬는 누런 밤색 테두리를 둘렀다. 날개 아랫면 무늬는 윗면과 비슷하다. 아랫면 가운데부터 바깥쪽까지는 누런 밤색을 띤다. 날개 아랫면 가운데 가장자리와 앞날개, 뒷날개 아랫면 날개맥 가운데방에는 허연 선 무늬가 나 있다. 뒷날개 아랫면 가운데 가장자리에는 허연 띠무늬가 있다.

뱀눈그늘나비

Lopinga deidamia

그늘나비 무리 가운데 앞날개에 있는 눈알 무늬가 마치 뱀 눈처럼 생겼다고 '뱀눈그늘나비' 라는 이름이 붙었다. 북녘에서는 '암흰뱀눈나비'라고 한다. 앞날개 윗면 앞쪽 끄트머리에 동그랗고 커다란 눈알 무늬가 한 개 있고, 뒷날개 아랫면 바깥쪽 가장자리에 동그란 무늬가 여섯 개 있어서 다른 뱀눈나비와 다르다.

뱀눈그늘나비는 한 해에 두세 번 날개돋이 한다. 5월 말부터 9월까지 산에서 많이 볼 수 있는데, 아직까지 제주도와 남쪽 바닷가 지역에서는 안 보인다. 낮은 들판부터 높은 산꼭대기까지 두루 산다. 축축한 땅바닥이나 돌 위에 잘 앉고 개망초, 마타리, 참나리, 씀바귀 꽃에 잘 모인다. 짝짓기를 마친 암컷은 벼과 식물 잎에 알을 낳는다. 알에서 깬 애벌레는 벼과에 속하는 참억새, 띠, 솔털개밀, 겨이삭, 새포아풀, 바랭이, 참바랭이, 주름조개풀 잎을 갉아 먹는다. 애벌레로 겨울을 난다.

뱀눈그늘나비는 러시아 이르쿠츠크 지역에서 맨 처음 기록된 나비다. 우리나라에서는 1882년에 *Pararge erebina* 로 처음 기록되었다. 러시아, 일본, 중국, 몽골에서도 살고 있다.

5월 말 ~ 9월
애벌레

북녘 이름 암흰뱀눈나비
사는 곳 산속 수풀, 숲 가장자리 풀밭
나라 안 분포 제주도와 남쪽 바닷가를 뺀 온 나라
나라 밖 분포 러시아, 일본, 중국, 몽골
잘 모이는 꽃 개망초, 마타리, 참나리, 씀바귀
애벌레가 먹는 식물 참억새, 띠, 솔털개밀, 겨이삭, 새포아풀 따위

수컷 ×1

수컷 옆모습

암컷 ×1

날개 편 길이는 37 ~ 55mm이다. 날개 윗면은 까만 밤색을 띠고, 아랫면은 잿빛 밤색을 띤다. 앞날개 윗면 앞쪽 끄트머리에 눈알 무늬가 한 개 있다. 앞날개 아랫면 날개 끄트머리에도 눈알 무늬가 있고, 바깥쪽 가장자리와 가운데쯤에 허연 줄무늬가 비스듬히 나 있다. 뒷날개 아랫면 바깥쪽 가장자리를 따라 눈알 무늬가 여섯 개 있다.

부처나비

Mycalesis gotama

종 이름인 '고타마(*gotama*)'가 부처 성과 같아서 '부처나비'라는 이름이 붙었다. 북녘에서는 '큰애기뱀눈나비'라고 한다. 부처사촌나비와 닮았지만, 부처나비는 날개 아랫면이 옅은 누런 밤색을 띠고, 날개 아랫면 가운데에 가늘고 허연 띠가 곧게 나 있다.

부처나비는 한 해에 두세 번 날개돋이 한다. 4월 중순부터 10월까지 남녘 어디에서나 볼 수 있다. 높은 산보다는 낮은 산 그늘진 숲 가장자리나 논밭 둘레 풀밭에 흔하다. 해거름에 더 많이 날아다닌다. 또 그늘진 곳에서 자주 날개를 딱 접고 앉아 있다. 참나무 진이나 썩은 과일에 잘 모이는데, 꽃에는 날아오지 않는다. 짝짓기를 마친 암컷은 알 낳기 좋은 곳을 찾아 여기저기 날아다니며 여러 번 잎 뒤에 알을 낳는다. 알에서 깬 애벌레는 벼과에 속하는 강아지풀, 벼, 바랭이, 돌피, 참새피, 나도바랭이새, 참억새, 억새, 주름조개풀 잎을 갉아 먹다가, 애벌레로 겨울을 난다. 다 자란 애벌레는 풀색이나 밤색을 띤다. 번데기는 완두콩 빛을 띠고, 잎 뒤에서 거꾸로 매달린다.

부처나비는 중국 저장성 저우산시에서 맨 처음 기록된 나비다. 우리나라에서는 1909년에 *Mycalesis gotama*로 처음 기록되었다. 중국, 일본, 타이완, 미얀마, 히말라야 동북부에서도 살고 있다.

4월 중순 ~ 10월
애벌레

북녘 이름 큰애기뱀눈나비
사는 곳 논밭 둘레, 숲 가장자리 풀밭
나라 안 분포 북동부를 뺀 온 나라
나라 밖 분포 중국, 일본, 타이완, 미얀마, 히말라야 동북부
잘 모이는 곳 참나무 진, 썩은 과일
애벌레가 먹는 식물 강아지풀, 벼, 바랭이, 돌피 따위

수컷 ×1.5

수컷 옆모습

암컷 ×1.5

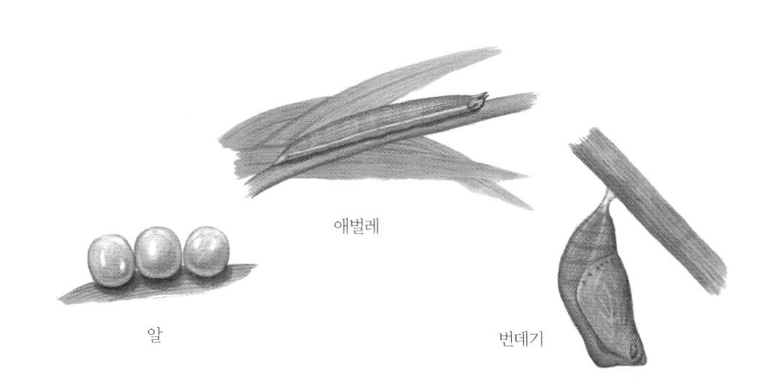

애벌레

알

번데기

날개 편 길이는 37 ~ 48mm이다. 날개 윗면은 밤색을 띠고, 아랫면은 옅은 밤색을 띤다. 날개 아랫면 가운데에는 허연 띠가 가늘지만 뚜렷하게 나 있다. 앞날개 윗면 바깥쪽 가장자리에는 누런 테두리를 두른 눈알 무늬가 두 개씩 있는데, 아래 무늬가 더 크다. 뒷날개 아랫면 가운데 가장자리에도 날개 윗면과 닮은 눈알 무늬가 줄지어 있다. 수컷은 뒷날개 윗면 앞쪽 가장자리에 가늘고 하얀 털이 뭉쳐 난다.

부처사촌나비

Mycalesis francisca

부처나비와 닮았다고 '부처사촌나비'다. 북녘에서는 '애기뱀눈나비'라고 한다. 부처나비와 닮았지만, 부처사촌나비는 날개 아랫면 바탕색이 더 짙고, 날개 아랫면 가운데에 있는 띠가 보랏빛을 띤다. 이 띠는 앞날개 커다란 눈알 무늬가 있는 곳에서 날개 뿌리 쪽으로 조금 휘어진다.

부처사촌나비는 한 해에 두 번 날개돋이 한다. 5월부터 8월까지 남녘 어디서나 볼 수 있다. 높은 산보다는 낮은 산 그늘진 숲 가장자리와 논밭 둘레 풀밭에 많이 산다. 그늘진 곳에서 자주 날개를 접고 앉고, 썩은 과일에 잘 모인다. 애벌레는 벼과에 속하는 참억새, 나도바랭이새, 민바랭이새, 주름조개풀, 실새풀, 조개풀 잎을 갉아 먹고, 다 자란 애벌레로 겨울을 난다. 번데기는 부처나비 번데기와 닮았다.

부처사촌나비는 중국에서 맨 처음 기록된 나비다. 우리나라에서는 1887년 *Mycalesis perdiccas*로 처음 기록되었다. 중국, 일본, 타이완, 미얀마에서도 살고 있다.

5 ~ 8월
애벌레

북녘 이름 애기뱀눈나비
다른 이름 꼬마부처나비
사는 곳 논밭 둘레, 숲 가장자리 풀밭
나라 안 분포 북동부를 뺀 온 나라
나라 밖 분포 중국, 일본, 타이완, 미얀마
잘 모이는 곳 썩은 과일
애벌레가 먹는 식물 참억새, 나도바랭이새, 민바랭이새 따위

수컷 ×1.5

수컷 옆모습

암컷 ×1.5

날개 편 길이는 38 ~ 47mm이다. 날개 윗면은 짙은 밤색이다. 아랫면은 날개 뿌리 쪽부터 가운데까지는 까만 밤색이고, 그 바깥쪽으로는 옅다. 날개 아랫면 가운데에는 보랏빛이 도는 가는 띠가 뚜렷하게 나 있다. 앞날개 윗면 바깥쪽 가장자리에 누런 테두리를 두른 눈알 무늬가 두 개씩 있는데, 아래 무늬가 더 크다. 뒷날개 아랫면 바깥쪽 가장자리에도 눈알 무늬가 줄지어 있다. 수컷은 앞날개 윗면 날개맥 1맥에 까만 무늬가 있고, 뒷날개 윗면 앞쪽 날개 뿌리 쪽에 가늘고 하얀 털이 뭉쳐나 있다.

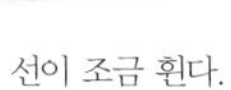

선이 조금 휜다.

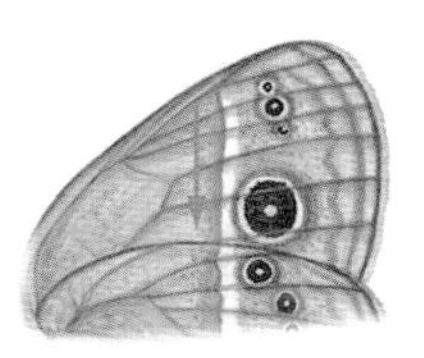

선이 똑바르다.

부처사촌나비와 부처나비

도시처녀나비

Coenonympha hero

날개 아랫면 바깥쪽 가장자리에 나 있는 하얀 띠무늬가 도시 처녀들이 묶는 리본을 떠올린다고 '도시처녀나비'라는 이름이 붙었다. 북녘에서는 '흰띠애기뱀눈나비'라고 한다. 봄처녀나비와 닮았지만, 도시처녀나비는 날개 아랫면 가운데 가장자리에 하얀 무늬가 넓게 나타나고, 그 바깥쪽 가장자리로 눈알 무늬가 둥그렇게 줄지어 나 있다.

도시처녀나비는 한 해에 한 번 날개돋이 한다. 남녘에서는 5월 말부터 6월까지 서남부 바닷가 지역을 뺀 온 나라에 살지만 몇몇 곳에서만 볼 수 있다. 높은 산부터 낮은 산 숲 가장자리나 풀밭에서 날아다닌다. 요즘에는 사는 곳이나 수가 시나브로 줄고 있다. 한낮에 숲 가장자리나 풀밭에서 날개를 접고 햇볕을 쬐며 국수나무, 조팝나무, 엉겅퀴 꽃에 잘 모인다. 짝짓기를 마친 암컷은 애벌레가 갉아 먹는 풀잎에 알을 낳는다. 애벌레는 사초과에 속하는 이삭사초, 새포아풀, 그늘사초, 실청사초, 괭이사초 잎을 갉아 먹고 큰다. 애벌레로 겨울을 난다.

도시처녀나비는 스웨덴 남부에서 맨 처음 기록된 나비다. 우리나라에서는 1887년에 강원도 원산에서 처음 찾아 *Coenonympha hero*로 기록되었다. 러시아, 일본, 중앙아시아, 유럽에서도 살고 있다.

5월 말 ~ 6월
애벌레

북녘 이름 흰띠애기뱀눈나비
다른 이름 흰줄어리지옥나비
사는 곳 산속 수풀이나 풀밭
나라 안 분포 서남부 지역을 뺀 온 나라
나라 밖 분포 러시아, 일본, 중앙아시아, 유럽
잘 모이는 꽃 국수나무, 조팝나무, 엉겅퀴
애벌레가 먹는 식물 이삭사초, 새포아풀, 그늘사초 따위

수컷 ×1.5

수컷 옆모습

암컷 ×1.5

알

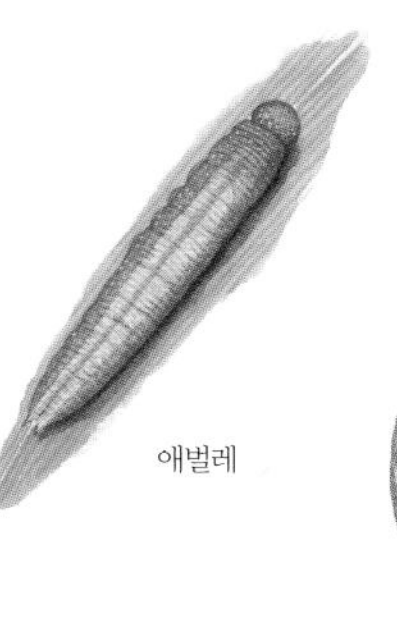
애벌레

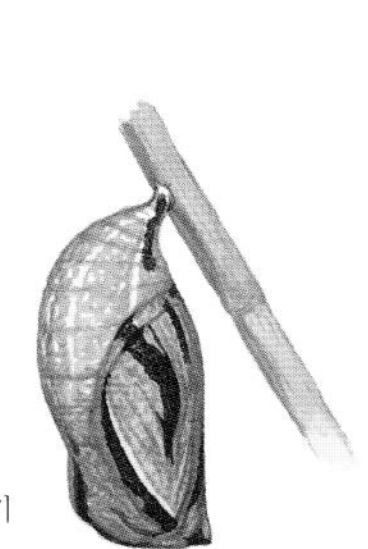

번데기

날개 편 길이는 32 ~ 35mm이다. 날개 윗면은 까만 밤색이거나 짙은 밤색이다. 날개 바깥쪽 가장자리를 따라 눈알 무늬가 있다. 날개 아랫면 가운데 가장자리에 하얀 무늬가 삐뚤빼뚤 넓게 나 있다. 또 바깥쪽 가장자리를 따라 주황색 테두리를 두른 눈알 무늬가 줄지어 나 있다. 날개 아랫면 바깥쪽 테두리에는 쇠붙이처럼 번쩍이는 가늘고 하얀 띠가 있다.

시골처녀나비 *Coenonympha amaryllis*

도시처녀나비와 닮았지만, 시골처녀나비는 날개 윗면이 밝은 주황색을 띠고, 뒷날개 아랫면에 있는 하얀 띠무늬가 날개맥 4실에서 크게 튀어나온다. 날개 편 길이는 30 ~ 32mm이다. 남녘에서는 5월부터 7월에 몇몇 곳에서만 볼 수 있다.

수컷

암컷

수컷 옆모습

봄처녀나비

Coenonympha oedippus

봄에 많이 나오는 처녀나비라고 '봄처녀나비'다. 북녘에서는 '애기그늘나비'라고 한다. 도시처녀나비와 닮았지만, 봄처녀나비는 날개 아랫면이 옅은 귤빛을 띠고, 뒷날개 아랫면에 있는 눈알무늬들이 가지런히 늘어서 있다.

봄처녀나비는 한 해에 한 번 날개돋이 한다. 남녘에서는 6월부터 7월까지 남부와 동부 바닷가를 뺀 온 나라 몇몇 곳에서 산다. 볕이 잘 드는 산속 풀밭에서 볼 수 있다. 요즘에는 사는 곳과 수가 줄고 있다. 경상남도 양산시 천성산 둘레가 봄처녀나비가 사는 가장 남쪽 지역이라고 밝혀졌다. 맑은 날 날개를 접고 앉아 햇볕을 쬐며 큰까치수염, 개망초, 엉겅퀴 꽃에 잘 모인다. 애벌레는 사초과에 속하는 골사초, 애기사초, 청사초, 금방동사니, 괭이사초와 벼과에 속하는 참억새, 잔디, 참바랭이, 보리 잎을 갉아 먹는다. 그러다가 애벌레로 겨울을 난다.

봄처녀나비는 러시아 남부에서 맨 처음 기록된 나비다. 우리나라에서는 1887년에 부산에서 처음 찾아 *Coenonympha oedippus*로 기록되었다. 러시아, 일본, 중국, 중앙아시아, 유럽에서도 살고 있다.

6 ~ 7월

애벌레

국외반출승인대상생물종

북녘 이름 애기그늘나비

다른 이름 어리지옥나비, 지옥나비붙이, 암노랑애기뱀눈나비

사는 곳 산속 풀밭

나라 안 분포 남부와 동해 바닷가를 뺀 온 나라

나라 밖 분포 러시아, 일본, 중국, 중앙아시아, 유럽

잘 모이는 꽃 큰까치수염, 개망초, 엉겅퀴

애벌레가 먹는 식물 골사초, 애기사초, 청사초, 금방동사니 따위

수컷 ×1.5

수컷 옆모습

암컷 ×1.5

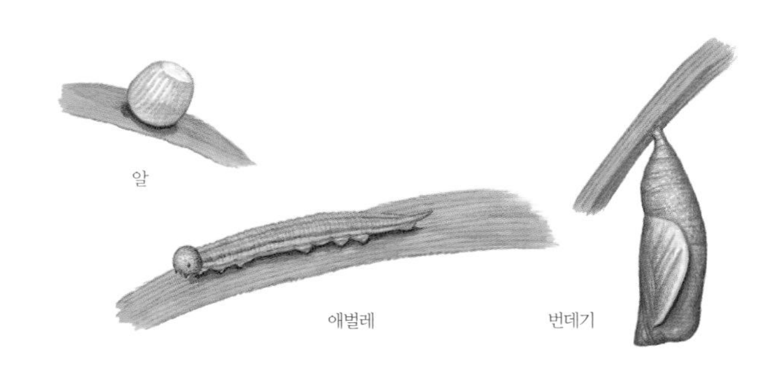

알

애벌레

번데기

날개 편 길이는 32 ~ 38mm이다. 날개 윗면은 거무스름한 밤색이고, 날개 아랫면은 옅은 귤빛을 띤다. 날개 아랫면 가운데 가장자리에 동그랗고 까만 눈알 무늬가 줄지어 있다. 눈알 무늬는 개수나 크기가 저마다 다르다. 바깥쪽 테두리를 따라 쇠붙이처럼 반짝이는 은백색 가는 띠가 나 있다.

가락지나비 *Aphantopus hyperantus*

날개 아랫면이 제법 밝은 검은 밤색이고, 주황색 테두리를 두른 눈알 무늬가 여러 개 있지만 개체에 따라 차이가 많다. 북녘에 살수록 동그란 무늬가 아주 크다. 남녘에서는 제주도 한라산 높은 곳에서 볼 수 있는데, 눈알 무늬가 거의 없다. 날개 편 길이는 36 ~ 41mm이다.

수컷 제주도산

암컷 제주도산

수컷 제주도산 옆모습

외눈이지옥사촌나비

Erebia wanga

외눈이지옥나비와 아주 닮아서 '외눈이지옥사촌나비'다. 북녘에서는 '외눈이산뱀눈나비'라고 한다. 외눈이지옥나비와 닮았지만, 외눈이지옥사촌나비는 앞날개 눈알 무늬 안에 있는 하얀 점 두 개가 위아래로 비스듬히 나 있다.

외눈이지옥사촌나비는 한 해에 한 번 날개돋이 한다. 남녘에서는 4월 말부터 6월까지 지리산보다 북쪽 지방 몇몇 산에서 사는데, 외눈이지옥나비보다 더 많이 볼 수 있다. 맑은 날 산길 위에 날개를 반쯤 펴고 앉아 햇볕을 쬐고 고추나무, 국수나무, 조팝나무, 얇은잎고광나무 꽃에 잘 모인다. 축축한 땅이나 짐승 똥에도 잘 날아든다. 애벌레는 벼과에 속하는 김의털, 용수염 잎을 갉아 먹는 것으로 알려졌고, 애벌레로 겨울을 나는 것 같다. 한살이는 더 밝혀져야 한다.

외눈이지옥사촌나비는 러시아 아무르 지방에서 맨 처음 기록된 나비다. 우리나라에서는 1923년에 *Erebia tristis*로 처음 기록되었다. 극동 러시아, 중국 북동부에서도 살고 있다.

4월 말 ~ 6월
애벌레

북녘 이름 외눈이산뱀눈나비
다른 이름 외눈이사촌, 어리외눈나비, 외눈이사촌나비
사는 곳 산속 숲 가장자리나 풀밭
나라 안 분포 중남부, 중부, 북부
나라 밖 분포 극동 러시아, 중국 북동부
잘 모이는 꽃 고추나무, 국수나무, 조팝나무, 얇은잎고광나무
애벌레가 먹는 식물 김의털, 용수염(북녘)

흰 점이 비스듬히 나 있다.

흰 점이 나란히 나 있다.

외눈이지옥사촌나비와 외눈이지옥나비

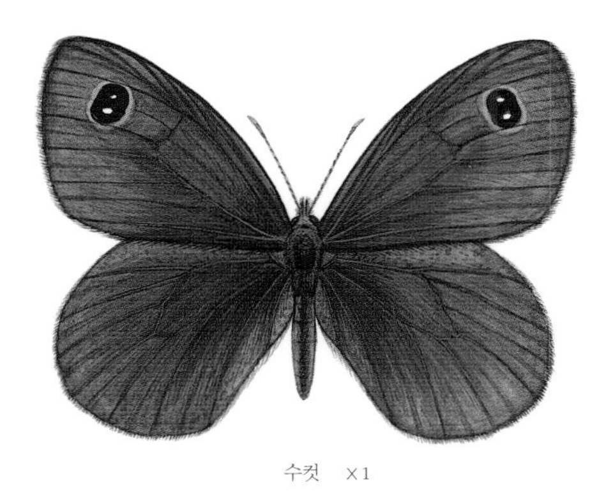
수컷 ×1

수컷 옆모습

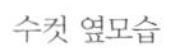

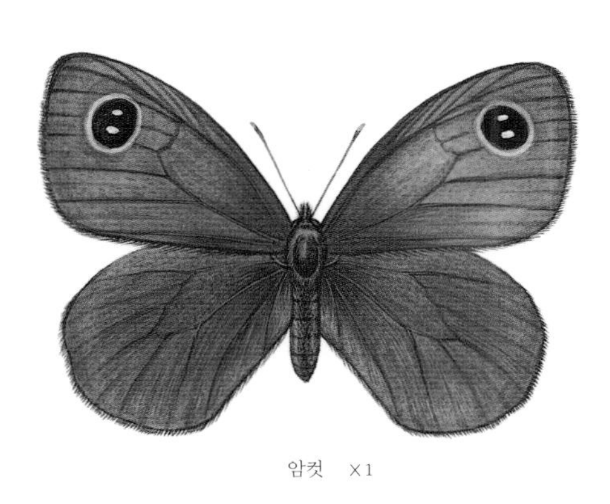
암컷 ×1

날개 편 길이는 46 ~ 57mm이다. 날개는 까만 밤색을 띤다. 앞날개 앞쪽 끄트머리에 누런 테두리를 두른 까맣고 동그란 눈알 무늬가 하나씩 있다. 까만 무늬 안에는 작고 하얀 점무늬 두 개가 비스듬히 늘어선다.

외눈이지옥나비 *Erebia cyclopius*

외눈이지옥사촌나비와 닮았지만, 외눈이지옥나비는 눈알 무늬 안에 있는 하얀 점 두 개가 나란히 늘어선다. 날개 편 길이는 46 ~ 56mm이다. 백두 대간 몇몇 높은 산에서 산다.

수컷

암컷

수컷 옆모습

흰뱀눈나비

Melanargia halimede

날개가 하얗고, 뱀 눈처럼 생긴 무늬가 있다고 '흰뱀눈나비'라는 이름이 붙었다. 북녘에서도 '흰뱀눈나비'라고 한다. 조흰뱀눈나비와 닮았지만, 흰뱀눈나비는 뒷날개 아랫면 가운데에 있는 밤색 물결무늬가 더 뚜렷하고, 바깥쪽 가장자리에 있는 하얀 반달무늬가 더 크다.

흰뱀눈나비는 한 해에 한 번 날개돋이 한다. 우리나라에서는 6월 중순부터 8월까지 제주도와 남쪽 섬, 바닷가 몇몇 곳에서 볼 수 있다. 산속 풀밭이나 떨기나무 숲 둘레를 천천히 날아다닌다. 맑은 날 풀밭이나 숲 가장자리에서 날개를 반쯤 펴고 앉아 햇볕을 쬐며 엉겅퀴, 큰까치수염, 꿀풀, 돌가시나무 꽃에 잘 모인다. 애벌레는 벼과에 속하는 쇠풀, 참억새, 억새 잎을 갉아 먹고, 애벌레로 겨울을 나는 것 같다.

흰뱀눈나비는 러시아 아무르 지방에서 맨 처음 기록된 나비다. 우리나라에서는 1882년에 *Melanargia halimede*로 처음 기록되었다. 러시아, 아시아 중북부에서도 살고 있다.

6월 중순 ~ 8월
애벌레

사는 곳 산속 풀밭
나라 안 분포 남부
나라 밖 분포 러시아, 아시아 중북부
잘 모이는 꽃 엉겅퀴, 큰까치수염, 꿀풀, 돌가시나무
애벌레가 먹는 식물 쇠풀, 참억새, 억새

수컷 ×1

수컷 옆모습

암컷 ×1

알

날개 편 길이는 51 ~ 60mm이다. 날개는 짙은 밤색이고, 하얀 무늬가 넓게 나타난다. 날개맥은 까만 밤색으로 뚜렷하다. 앞날개 윗면 날개맥 1b실과 2실에 있는 하얀 무늬가 길쭉하고 크다. 뒷날개 아랫면 가운데쯤에 밤색 물결무늬가 뚜렷하게 나 있고, 가장자리에 있는 하얀 반달무늬가 크다.

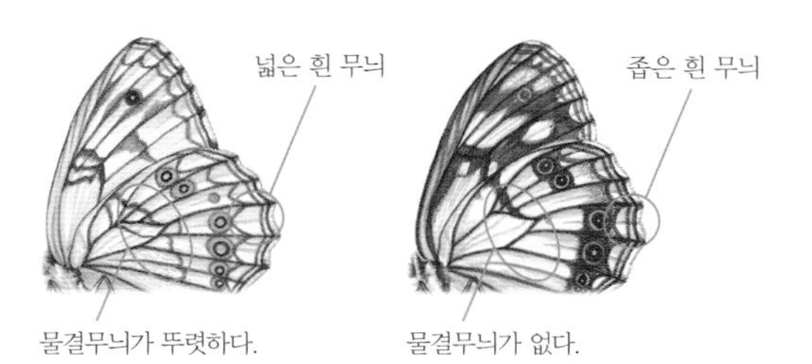

흰뱀눈나비와 조흰뱀눈나비

조흰뱀눈나비

Melanargia epimede

흰뱀눈나비와 닮았는데, 우리 나비 연구에 큰 발걸음을 남긴 학자 조복성의 성을 붙여 '조흰뱀눈나비'라는 이름이 붙었다. 북녘에서는 '참흰뱀눈나비'라고 한다. 흰뱀눈나비와 닮았지만, 조흰뱀눈나비는 뒷날개 아랫면 가장자리에 있는 하얀 반달무늬가 더 작다. 흰뱀눈나비는 따뜻한 곳을 좋아하는데, 조흰뱀눈나비는 더 추운 곳에서도 잘 산다.

조흰뱀눈나비는 한 해에 한 번 날개돋이 한다. 남녘에서는 6월 중순부터 8월까지 낮은 들판부터 높은 산까지 폭넓게 산다. 산속 풀밭이나 떨기나무 숲 둘레를 천천히 날아다니는 것을 쉽게 볼 수 있다. 곳에 따라 수백 마리씩 보이기도 한다. 맑은 날 풀밭이나 숲 가장자리에 앉아 날개를 반쯤 펴서 햇볕을 쬐기도 하고 엉겅퀴, 큰까치수염 꽃에 잘 모인다. 이른 아침이나 오후 늦게 꿀을 빨아 먹고, 한낮에는 쉴 새 없이 날아다닌다. 짝짓기를 마친 암컷은 애벌레가 갉아 먹는 벼과에 속하는 참억새, 억새, 띠와 국화과에 속하는 율무쑥 잎 위나 밑에 알을 1 ~ 6개 낳는다. 애벌레로 겨울을 나는 것 같다.

조흰뱀눈나비는 러시아 아무르 지방에서 맨 처음 기록된 나비다. 우리나라에서는 1887년에 *Melanargia halimede* var. *meridionalis*로 처음 기록되었다. 러시아, 아시아 중북부에서도 살고 있다.

6월 중순 ~ 8월
애벌레

북녘 이름 참흰뱀눈나비
다른 이름 산흰뱀눈나비
사는 곳 산속 풀밭
나라 안 분포 제주도, 중남부, 북부
나라 밖 분포 러시아, 아시아 중북부
잘 모이는 꽃 엉겅퀴, 큰까치수염
애벌레가 먹는 식물 참억새, 억새, 띠, 율무쑥

수컷 ×1

수컷 옆모습

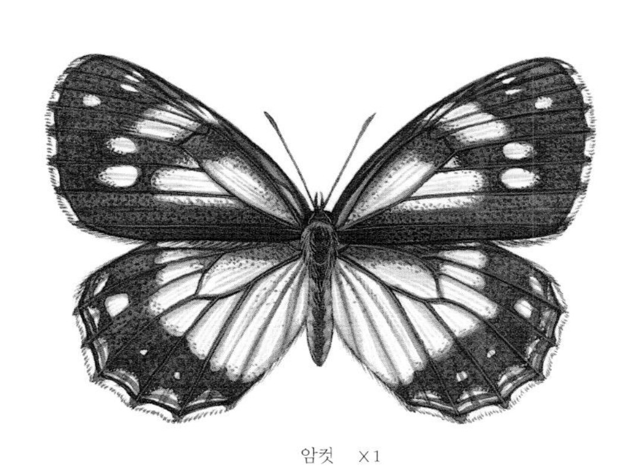
암컷 ×1

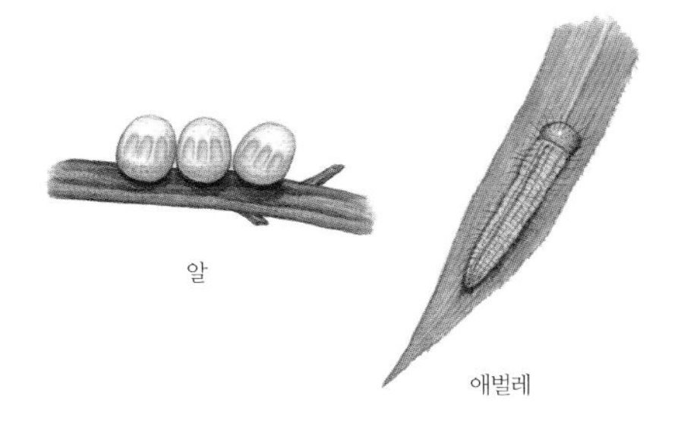
알

애벌레

날개 편 길이는 44 ~ 62mm이다. 날개는 거무스름한 밤색 바탕에 하얀 무늬가 잔뜩 나 있다. 날개맥은 까만 밤색으로 뚜렷하다. 앞날개 윗면 날개맥 1b실과 2실에 있는 하얀 무늬가 짧고 작다. 뒷날개 아랫면 바깥쪽 가장자리에 있는 하얀 반달무늬는 작다.

굴뚝나비

Minois dryas

날개 빛깔이 굴뚝 속처럼 까맣다고 '굴뚝나비'라는 이름이 붙었다. 날개 아랫면에 있는 하얀 띠무늬가 꼭 굴뚝 연기처럼 보인다고 '굴뚝나비'라는 이름이 붙었다고도 한다. 북녘에서는 '뱀눈나비'라고 한다. 산굴뚝나비와 닮았지만, 굴뚝나비는 앞날개 윗면 가운데쯤에 허연 무늬가 없다.

굴뚝나비는 한 해에 한 번 날개돋이 한다. 남녘에서는 6월 말부터 9월까지 날아다니는데, 들판부터 산까지 어디에나 산다. 배추흰나비만큼 수가 많아서 볕이 잘 드는 풀밭이나 떨기나무 숲 둘레에서 낮게 날아다니는 모습을 쉽게 볼 수 있다. 흐린 날에도 잘 날아다닌다. 수컷은 쉴 새 없이 이리저리 돌아다니지만, 암컷은 풀숲에 앉아 쉴 때가 더 많다. 맑은 날 풀밭이나 숲 가장자리에 앉아 날개를 쫙 펴서 햇볕을 쬐고 엉겅퀴, 큰까치수염, 개망초, 꿀풀 꽃에 잘 모인다. 짝짓기를 마친 암컷은 풀숲 아무 곳에나 알을 낳는다. 두 달쯤 지나면 알에서 애벌레가 나와 겨울을 난다. 겨울을 난 애벌레는 벼과에 속하는 참억새, 새포아풀, 잔디 잎을 갉아 먹고 크다가 어른벌레로 날개돋이 한다.

굴뚝나비는 유럽 발칸 반도에서 맨 처음 기록된 나비다. 우리나라에서는 1882년에 *Satyrus dryas*로 처음 기록되었다. 일본, 러시아, 중국, 중앙아시아, 유럽에서도 살고 있다.

6월 말 ~ 9월
애벌레

북녘 이름 뱀눈나비
다른 이름 굴둑나비
사는 곳 풀밭
나라 안 분포 온 나라
나라 밖 분포 일본, 러시아, 중국, 중앙아시아, 유럽
잘 모이는 꽃 엉겅퀴, 큰까치수염, 개망초, 꿀풀
애벌레가 먹는 식물 참억새, 새포아풀, 잔디

수컷 ×1

수컷 옆모습

암컷 ×1

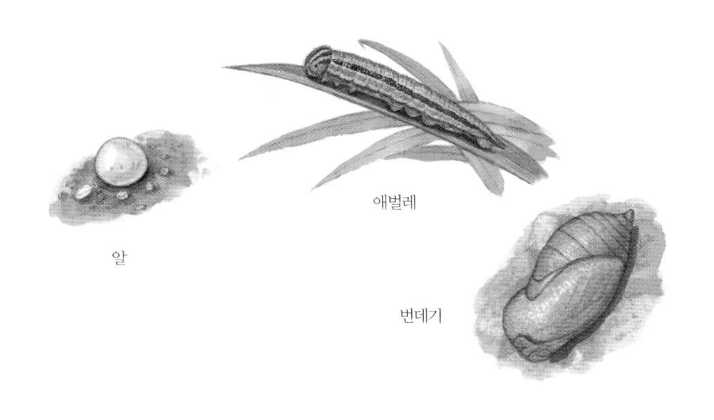

날개 편 길이는 수컷 50 ~ 55mm, 암컷 67 ~ 71mm이다. 수컷 날개 윗면은 까만 밤색이다. 앞날개 가운데 가장자리에 까맣고 동그란 무늬가 두 개씩 나 있다. 이 무늬 안에는 파르스름한 점이 있다. 날개 아랫면은 밤색이고 날개 테두리는 거무스름하다. 뒷날개 아랫면 가운데에는 하얀 띠가 나 있다. 암컷은 수컷보다 더 크고, 색깔은 더 옅다.

산굴뚝나비 *Hipparchia autonoe*

굴뚝나비와 닮았지만, 앞날개 윗면 가운데쯤부터 바깥쪽으로 허연 무늬가 나 있다. 날개 편 길이는 51 ~ 55mm이다. 제주도 한라산에서만 보이는데 1300m보다 높은 곳에서만 날아다닌다. 천연기념물 제458호이며, 멸종위기야생동물 I급으로 정해서 보호하고 있다.

수컷

암컷

수컷 옆모습

참산뱀눈나비

Oeneis mongolica

참산뱀눈나비는 예전에는 '조선산뱀눈나비'였다. 그런데 가장 산뱀눈나비답다는 뜻으로 '참'이라는 말을 붙여 이름이 바뀌었다. 북녘에서는 '산뱀눈나비'라고 한다. 함경산뱀눈나비와 닮았지만, 참산뱀눈나비는 뒷날개 아랫면 날개 뿌리부터 가운데까지 나 있는 까만 밤색 무늬가 훨씬 옅다. 하지만 사는 곳마다 생김새가 여러 가지다.

참산뱀눈나비는 한 해에 한 번 날개돋이 한다. 남녘에서는 4월부터 5월까지 산길 둘레나 산 등성이 풀밭에서 볼 수 있다. 산에서 많이 살고, 경기도 몇몇 섬에서도 볼 수 있다. 요즘에는 사는 곳과 수가 줄어들고 있다. 맑은 날 바위 위나 산길에 날개를 접고 앉아 햇볕을 쬐며 국수나무 꽃에 가끔 찾아온다. 가끔 제자리에서 1 ~ 2m쯤 위로 날아올랐다가 내려앉는다. 애벌레는 사초과에 속하는 방동사니 잎을 갉아 먹는다. 애벌레로 겨울을 나는 것 같다.

참산뱀눈나비는 몽골에서 맨 처음 기록된 나비다. 우리나라에서는 1887년에 강원도 김화 북점에서 처음 찾아 *Oeneis walkyria*로 기록되었다. 중국 동북부, 몽골에서도 살고 있다.

4 ~ 5월
애벌레

북녘 이름 산뱀눈나비
다른 이름 조선산뱀눈나비
사는 곳 산속 풀밭, 숲 가장자리
나라 안 분포 온 나라 몇몇 곳
나라 밖 분포 중국 동북부, 몽골
잘 모이는 꽃 국수나무
애벌레가 먹는 식물 방동사니

수컷 ×1

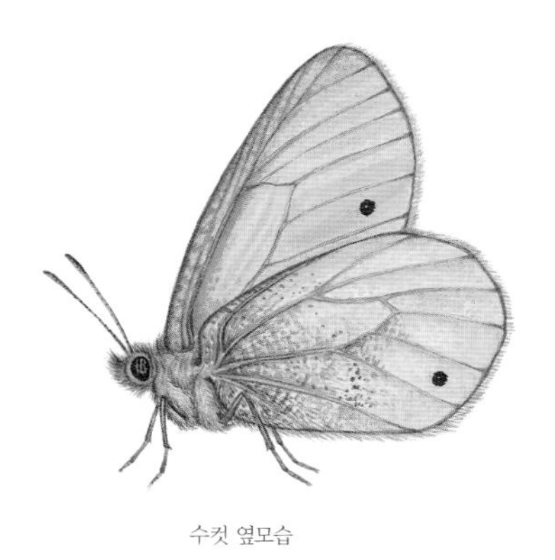
수컷 옆모습

암컷 ×1

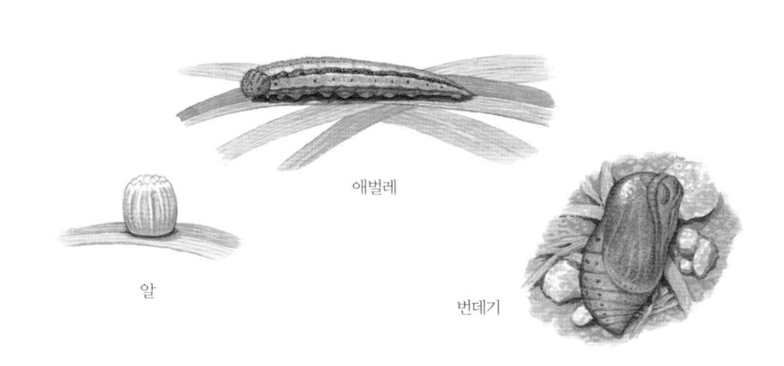

날개 편 길이는 41 ~ 50mm이다. 날개 윗면은 누런 밤색을 띠지만 까만 밤색과 누런 밤색이 섞이기도 한다. 날개맥은 까만 밤색으로 뚜렷하다. 날개 아랫면은 윗면보다 빛깔이 옅다. 앞날개와 뒷날개 바깥쪽 가장자리에 까만 점이 있는데 나비마다 사뭇 다르다.

함경산뱀눈나비 *Oeneis urda*

함경산뱀눈나비는 뒷날개 아랫면 날개 뿌리부터 가운데까지 까만 밤색 무늬가 있는데, 가운데가 창처럼 뾰족하게 튀어나온다. 날개 편 길이는 40 ~ 47mm이다. 남녘에서는 강원도 동북부에 있는 높은 산과 제주도 한라산 1500m 위쪽 높은 곳에서 사는데 수가 적어서 보기 어렵다. 요즘에는 닮은 종과 분류학 검토를 다시 할 필요가 있다고 여긴다.

수컷

암컷

수컷 옆모습

물결나비

Ypthima multistriata

날개 아랫면에 작고 하얀 무늬가 물결을 이루듯이 나 있어서 '물결나비'라는 이름이 붙었다. 북녘에서는 '물결뱀눈나비'라고 한다. 석물결나비와 닮았지만, 물결나비는 앞날개 아랫면 뒤쪽 모서리에서 가운데까지 나 있는 거무스름한 밤색 띠무늬가 더 좁다.

물결나비는 한 해에 두세 번 날개돋이 한다. 5월 중순부터 9월까지 낮은 산 가장자리나 논밭 둘레 풀밭에서 볼 수 있다. 석물결나비나 애물결나비보다 풀밭을 더 좋아한다. 남녘에서는 사는 곳도 넓고 수도 많아서 흔하다. 맑은 날 숲 가장자리나 풀밭에서 날개를 쫙 펴고 앉아 햇볕을 쬐거나 숲 가장자리나 풀밭에서 총총거리며 날아다닌다. 토끼풀, 큰까치수염, 개망초, 쥐똥나무, 산초나무 꽃에 잘 모여 꿀을 빤다. 짝짓기를 마친 암컷은 애벌레가 갉아 먹는 벼과 식물 잎에 알을 낳아 붙인다. 알은 공처럼 동그란데 가까이 들여다보면 겉이 올록볼록 파였다. 애벌레는 옅은 풀빛을 띨 때가 많다. 옆구리 숨구멍 아래로 머리 뒤에서 배 끝까지 허연 띠가 길게 나 있다. 애벌레는 벼과에 속하는 벼, 바랭이, 참억새 잎을 갉아 먹는다. 날씨가 추워지면 땅으로 내려와 돌 틈이나 가랑잎 속에 들어가 애벌레로 겨울을 난다.

물결나비는 타이완에서 맨 처음 기록된 나비다. 우리나라에서는 1887년에 *Ypthima motschulskyi*로 처음 기록되었다. 타이완, 중국에서도 살고 있다.

5월 중순 ~ 9월
애벌레

북녘 이름 물결뱀눈나비
사는 곳 숲 가장자리나 풀밭
나라 안 분포 온 나라
나라 밖 분포 타이완, 중국
잘 모이는 꽃 토끼풀, 큰까치수염, 개망초, 쥐똥나무, 산초나무
애벌레가 먹는 식물 벼, 바랭이, 참억새

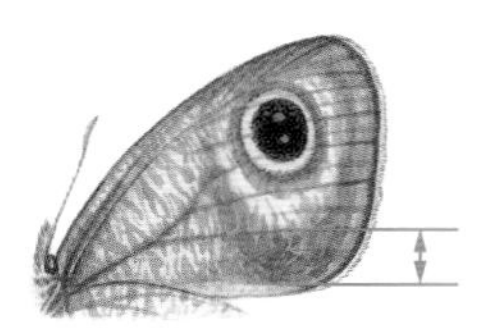
좁은 무늬

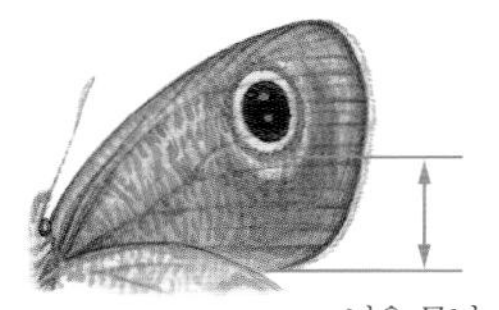
넓은 무늬

물결나비와 석물결나비

수컷 ×1.5

수컷 옆모습

암컷 ×1.5

알

애벌레

번데기

날개 편 길이는 33 ~ 42mm이다. 날개 윗면은 거무스름한 밤색을 띤다. 앞날개 앞쪽 끝과 뒷날개 뒤쪽 모서리에는 까만 눈알 무늬가 하나씩 있다. 그 안에 파란 점무늬가 들어 있다. 날개 아랫면은 옅은 밤색을 띠며, 하얀 무늬가 물결처럼 나 있다. 앞날개 아랫면 뒤쪽 모서리에서 가운데까지 까만 밤색 띠무늬가 좁게 나타난다. 뒷날개 아랫면 바깥쪽 가장자리에는 까만 눈알 무늬가 세 개 있다.

석물결나비 *Ypthima motschulskyi*

물결나비와 닮았지만, 석물결나비는 앞날개 아랫면에 있는 거무스름한 밤색 띠무늬가 뚜렷하고 더 넓게 나타난다. 날개 편 길이는 38 ~ 44mm이다. 남녘에서는 몇몇 곳에만 살고, 다른 물결나비보다 수도 적어서 드물다.

수컷

암컷

수컷 옆모습

애물결나비

Ypthima baldus

날개 아랫면에 하얀 무늬가 물결을 이루는 물결나비 무리 가운데 몸집이 작아서 '애물결나비'라는 이름이 붙었다. 북녘에서는 '작은물결뱀눈나비'라고 한다. 물결나비와 닮았지만, 애물결나비는 뒷날개 아랫면 바깥쪽 가장자리에 까만 눈알 무늬가 대여섯 개 있다.

애물결나비는 한 해에 두세 번 날개돋이 한다. 5월 초부터 9월에 숲 가장자리나 풀밭에서 날아다닌다. 남녘에서는 어디서나 살고 수도 많아서 쉽게 볼 수 있다. 맑은 날 숲 가장자리나 풀밭에서 날개를 쫙 펴고 앉아 햇볕을 쬔다. 또 총총거리며 날아다니다가 찔레꽃, 국화, 개망초, 엉겅퀴, 씀바귀 꽃에 잘 모인다. 햇볕을 쬘 때는 날개를 쫙 펴지만, 꽃에 앉을 때는 날개를 접는다. 짝짓기를 마친 암컷은 벼과 식물 잎 뒤에 알을 낳는다. 알은 찌그러진 공처럼 생겼는데, 처음에는 풀빛을 띠다가 밤색으로 바뀐다. 애벌레는 털이 많고, 옆구리 숨구멍 뒤쪽으로 머리 뒤부터 배 끝까지 붉은 밤색 띠가 길게 나 있다. 애벌레는 벼, 강아지풀, 바랭이, 나도잔디, 주름조개풀, 잔디, 금방동사니 잎을 갉아 먹는다. 애벌레로 겨울을 난다. 번데기는 누런 밤색 바탕에 까만 밤색 무늬들이 나 있어서 알록달록하다.

애물결나비는 인도에서 맨 처음 기록된 나비다. 우리나라에서는 1887년에 *Ypthima philomela*로 처음 기록되었다. 러시아, 일본, 중국, 타이완, 미얀마, 히말라야, 인도에서도 살고 있다.

5월 초 ~ 9월
애벌레

북녘 이름 작은물결뱀눈나비
사는 곳 숲 가장자리나 풀밭
나라 안 분포 북동부를 뺀 온 나라
나라 밖 분포 러시아, 일본, 중국, 타이완, 미얀마, 히말라야, 인도
잘 모이는 꽃 찔레꽃, 국화, 개망초, 엉겅퀴, 씀바귀
애벌레가 먹는 식물 벼, 강아지풀, 바랭이, 금방동사니 따위

수컷 ×1.5

수컷 옆모습

암컷 ×1.5

날개 편 길이는 31 ~ 40mm이다. 날개 윗면은 까만 밤색을 띤다. 앞날개 앞쪽 끝과 뒷날개 뒤쪽 모서리에 까만 눈알 무늬가 있다. 날개 아랫면은 밤색을 띠고, 작고 하얀 무늬가 물결처럼 나 있다. 뒷날개 아랫면 바깥쪽 가장자리에는 눈알 무늬가 대여섯 개 있다.

거꾸로여덟팔나비

Araschnia burejana

날개 윗면에 비스듬하게 나 있는 띠무늬가 한자 '八'을 거꾸로 쓴 것처럼 보인다고 '거꾸로여덟팔나비'라는 이름이 붙었다. 북녘에서는 '팔자나비'라고 한다. 북방거꾸로여덟팔나비와 닮았지만, 거꾸로여덟팔나비는 뒷날개 아랫면 날개 뿌리 쪽에 있는 하얀 직사각형 무늬가 더 작고 폭이 좁다.

거꾸로여덟팔나비는 한 해에 두 번 날개돋이 한다. 봄에 나온 나비와 여름에 나온 나비 생김새가 아주 다르다. 봄에는 4월 말부터 6월까지, 여름에는 7월부터 9월까지 골짜기 둘레나 숲 가장자리에서 볼 수 있다. 남녘에서는 산에 널리 퍼져 사는데, 제주도 같은 섬에서는 안 보인다.

거꾸로여덟팔나비는 맑은 날 숲 가장자리나 풀밭에서 날개를 쫙 펴고 앉아 햇볕을 쬔다. 숲 가장자리에 앉아 텃세를 부리기도 한다. 박태기나무, 고추나무, 개망초, 쥐오줌풀, 꼬리조팝나무와 여러 산형과 식물 꽃에 잘 모인다. 축축한 땅이나 죽은 동물, 똥에도 모이고 사람 몸에 달라붙어 땀을 빨아 먹기도 한다. 알은 동그랗고 파란데, 잎 위로 5개에서 10개가 탑처럼 층층이 쌓여 있다. 애벌레 몸에는 고슴도치처럼 하얗거나 노르스름한 가시 돌기가 빽빽이 나 있다. 쐐기풀과에 속하는 거북꼬리 잎을 갉아 먹는다. 번데기는 등 가운데가 움푹 파이고 각이 진다. 번데기로 겨울을 난다.

거꾸로여덟팔나비는 러시아 아무르 지방에서 맨 처음 기록된 나비다. 우리나라에서는 1887년에 강원도 원산에서 처음 찾아 *Vanessa burejana* 로 기록되었다. 러시아, 일본, 중국, 중앙아시아에서도 살고 있다.

4월 말 ~ 6월, 7 ~ 9월
번데기

북녘 이름 팔자나비
사는 곳 골짜기 둘레, 숲 가장자리
나라 안 분포 제주도를 뺀 온 나라
나라 밖 분포 러시아, 일본, 중국, 중앙아시아
잘 모이는 꽃 박태기나무, 고추나무, 개망초, 쥐오줌풀 따위
애벌레가 먹는 식물 거북꼬리

흰 무늬가 좁다

흰 무늬가 넓다

거꾸로여덟팔나비와 북방거꾸로여덟팔나비

수컷 봄형 ×1.5

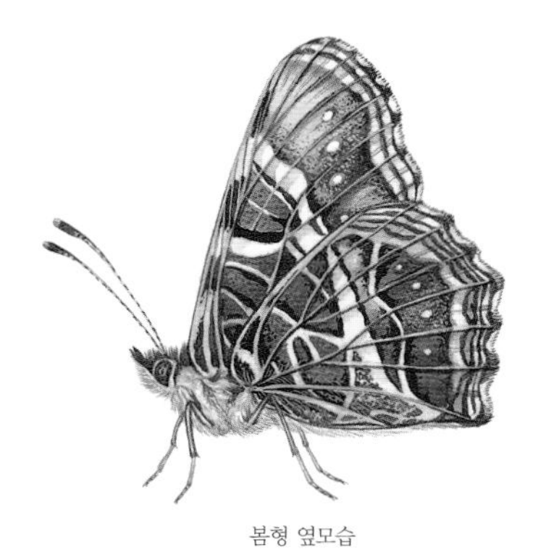

봄형 옆모습

암컷 봄형 ×1.5

여름형 옆모습

알

애벌레

번데기

날개 편 길이는 봄형 35 ~ 40mm, 여름형 40 ~ 46mm이다. 봄형은 불그스름한 바탕에 까만 무늬가 어우러져서 호랑이 무늬처럼 보인다. 여름형은 까만 밤색을 띠고, 날개 아랫면 가운데에 하얀 띠가 뚜렷하게 나 있다. 뒷날개에는 무늬가 어지럽게 얽혀 있고 여러 빛깔 무늬가 어우러진다.

북방거꾸로여덟팔나비 *Araschnia levana*

거꾸로여덟팔나비와 닮았지만, 북방거꾸로여덟팔나비는 크기가 더 작고 날개 아랫면 바탕색이 더 어둡다. 또 뒷날개 아랫면 날개 뿌리 쪽에 있는 하얀 직사각형 무늬가 더 넓고 뚜렷하다. 날개 편 길이는 봄형 30 ~ 34mm, 여름형 36 ~ 41mm이다.

수컷 봄형

암컷 봄형

수컷 옆모습

암컷 여름형

작은멋쟁이나비

Vanessa cardui

멋쟁이나비 가운데 크기가 작아서 '작은멋쟁이나비'다. 북녘에서는 '애기붉은수두나비'라고 한다. 큰멋쟁이나비와 닮았지만, 작은멋쟁이나비는 뒷날개 윗면 가운데에 누런 무늬가 있다. 큰멋쟁이나비는 뒷날개 윗면 가운데가 온통 거무스름하다.

작은멋쟁이나비는 한 해에 여러 번 날개돋이 한다. 4월부터 11월까지 날아다닌다. 남녘에서는 산, 논밭, 도시공원, 물가 둘레 어디에서나 볼 수 있고, 가을 꽃밭에도 아주 흔하다. 볕이 잘 드는 길가나 풀밭에서 날개를 쫙 펴고 앉아 자주 햇볕을 쬔다. 보리수나무, 붉은토끼풀, 고마리, 왕고들빼기, 국화, 쑥부쟁이, 익모초, 큰엉겅퀴, 해바라기 같은 여러 꽃에 잘 모인다. 수컷끼리는 서로 자리다툼을 하며 싸운다. 짝짓기를 마친 암컷은 애벌레가 먹는 쑥 잎에 앉아 알을 하나씩 붙여 낳는다. 알에서 깬 애벌레는 입에서 실을 토해 잎을 엮어 집을 만들고 그 속에 들어가 산다. 애벌레 몸은 까맣고, 연한 노란색 돌기가 가시처럼 많이 나 있다. 국화과에 속하는 우엉, 수레국화, 떡쑥, 사철쑥 잎을 잘 갉아 먹는다. 번데기는 누런 밤색을 띠고, 배마디마다 등에 작은 돌기가 나 있다. 어른벌레로 겨울을 나고, 제주도와 남부 지방에서는 애벌레로 겨울을 난다.

작은멋쟁이나비는 스웨덴에서 맨 처음 기록된 나비다. 우리나라에서는 1883년에 강원도 원산에서 처음 찾아 *Pyrameis cardui*로 기록되었다. 아시아, 오스트레일리아, 아프리카, 유럽, 하와이에서도 산다. 유럽에 사는 작은멋쟁이나비는 해마다 가을이면 큰 무리를 이뤄 유럽에서 열대 아프리카까지 날아간다. 된장잠자리와 미국에 사는 제왕나비와 더불어 아주 멀리까지 날아가는 곤충 가운데 하나다.

4 ~ 11월
어른벌레, 애벌레

북녘 이름 애기붉은수두나비
다른 이름 작은멋장이나비, 어리까불나비, 애까불나비
사는 곳 산, 논밭, 도시공원, 물가
나라 안 분포 온 나라
나라 밖 분포 아시아, 오스트레일리아, 아프리카, 유럽, 하와이
잘 모이는 꽃 보리수나무, 큰까치수염, 붉은토끼풀 따위
애벌레가 먹는 식물 우엉, 수레국화, 떡쑥, 사철쑥

수컷 ×1

수컷 옆모습

암컷 ×1

날개 편 길이는 43 ~ 59mm이다. 앞날개는 주황색 바탕에 까만 무늬가 있고, 작고 하얀 무늬가 여러 개 있다. 뒷날개 윗면은 주황색 바탕에 가장자리에 까만 점무늬들이 나 있다. 뒷날개 아랫면은 누런 밤색, 하얀 색, 까만 밤색 무늬가 얼기설기 어우러진다. 바깥쪽 가장자리에는 눈알 무늬가 있다.

쐐기풀나비 *Nymphalis urticae*

들신선나비와 닮았는데, 뒷날개 윗면 가운데에서 날개 뿌리까지 온통 검은 밤색을 띠어서 다르다. 우리나라 중부와 북부 몇몇 산꼭대기나 산등성이, 골짜기에서 가끔 볼 수 있다. 날개 편 길이는 47 ~ 49mm이다.

수컷

암컷

수컷 옆모습

큰멋쟁이나비

Vanessa indica

작은멋쟁이나비와 닮았지만 크기가 더 크다고 '큰멋쟁이나비'다. 북녘에서는 '붉은수두나비'라고 한다. 작은멋쟁이나비와 닮았지만, 큰멋쟁이나비는 뒷날개 윗면 가운데에 아무런 무늬가 없다.

큰멋쟁이나비는 한 해에 두 번에서 네 번 날개돋이 한다. 남녘에서는 5월부터 11월까지 볼 수 있다. 산부터 섬까지 폭넓게 살고 멀리까지 날아간다. 재빨리 날고 수컷은 자기 사는 곳에서 텃세를 부린다. 날개를 세워 딱 접고 앉는데, 사람이 가까이 가면 날개를 접었다 폈다 하다가 금세 날아간다. 맑은 날에는 바위 위나 산길에서 날개를 쫙 펴고 앉아 햇볕을 자주 쬔다. 썩은 과일과 참나무 진, 장딸기, 산딸기나무, 곰취, 갈퀴덩굴, 토끼풀, 코스모스, 국화, 엉겅퀴, 란타나 꽃에 잘 모인다. 짝짓기를 마친 암컷은 애벌레가 먹는 잎 위에 알을 하나씩 낳는다. 애벌레는 잎을 동그랗게 말아 집을 만든다. 그 속에 들어가 살면서 잎을 갉아 먹을 때만 나온다. 쐐기풀과에 속하는 모시풀, 꼬리모시풀, 왕모시풀, 개모시풀, 쐐기풀, 가는잎쐐기풀, 거북꼬리와 포도과에 속하는 담쟁이덩굴, 느릅나무과에 속하는 느릅나무 잎을 갉아 먹는다. 잎 속에서 번데기가 되었다가 어른벌레로 날개돋이 해서 나온다. 어른벌레로 겨울을 난다.

큰멋쟁이나비는 인도에서 맨 처음 기록된 나비다. 우리나라에서는 1887년에 *Vanessa callirrhoë*(=*calliroe*)로 처음 기록되었다. 일본, 중국, 미얀마, 인도, 서아시아에서도 살고 있다.

5 ~ 11월
어른벌레

북녘 이름 붉은수두나비
다른 이름 까불나비
사는 곳 산과 들
나라 안 분포 온 나라
나라 밖 분포 일본, 중국, 미얀마, 인도, 서아시아
잘 모이는 꽃 장딸기, 산딸기나무, 토끼풀, 국화 따위
애벌레가 먹는 식물 모시풀, 쐐기풀, 거북꼬리, 담쟁이덩굴 따위

수컷 ×1

수컷 옆모습

암컷 ×1

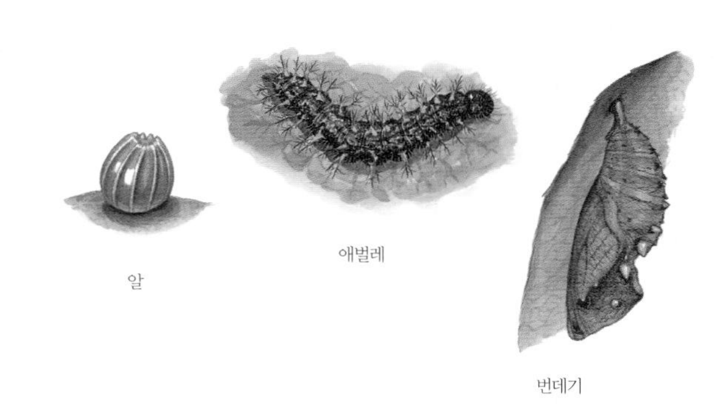
알

애벌레

번데기

날개 편 길이는 47 ~ 65mm이다. 앞날개는 주황색 바탕에 날개 끝이 까맣고, 작고 하얀 무늬가 여러 개 있다. 뒷날개 윗면은 가장자리만 주황색을 띠고 온통 까만 밤색을 띤다. 앞날개 아랫면은 누런 밤색, 하얀색, 까만 밤색, 주황색 무늬가 얼기설기 어울려 있다.

큰멋쟁이나비와 작은멋쟁이나비

들신선나비

Nymphalis xanthomelas

들에 사는 신선나비라고 '들신선나비'다. 하지만 이름과는 달리 산에 더 많이 산다. 북녘에서는 '멧나비'라고 한다. 갈구리신선나비와 닮았지만, 들신선나비는 뒷날개 윗면 앞쪽 가장자리 가운데에 하얀 무늬가 없다.

들신선나비는 한 해에 한 번 날개돋이 한다. 어른벌레로 겨울을 난 뒤에 3월부터 5월까지 날아다니며 짝짓기를 한다, 그리고 6월부터 8월까지 새로 날개돋이 한 나비들이 날아다닌다. 남녘에서는 중부 지방 몇몇 곳에 산다. 산등성이에서 겨울을 난 어른 나비는 자주 볼 수 있지만, 여름에 새로 날개돋이 한 나비는 곧 여름잠을 자러 들어가기 때문에 잠깐만 보인다. 7월 초 강원도 화천군 해산령 지역에 가면 제법 쉽게 볼 수 있다.

들신선나비는 볕이 잘 드는 길가에서 날개를 쫙 펴고 앉아 햇볕을 쬐고, 참나무 진과 썩은 과일에 잘 모인다. 겨울잠을 잔 어른벌레는 봄에 갯버들 꽃에 가끔 찾아와 꿀을 빤다. 짝짓기를 마친 암컷은 애벌레가 먹는 식물 새순에 알을 무더기로 낳는다. 애벌레는 버드나무과에 속하는 버드나무, 분버들, 수양버들, 갯버들, 느릅나무과에 속하는 팽나무, 느릅나무, 느티나무 잎을 갉아 먹는다. 처음에는 모여 살다가 4령 애벌레가 되면 뿔뿔이 흩어진다. 애벌레를 손으로 건드리면 입에서 풀빛 물을 뿜어낸다. 다 자란 애벌레는 나뭇가지에 거꾸로 매달려 번데기가 된다. 번데기를 건드리면 몸을 흔들어 댄다.

들신선나비는 독일 라이프치히에서 맨 처음 기록된 나비다. 우리나라에서는 1887년에 *Vanessa xanthomelas*로 처음 기록되었다. 러시아, 중국, 일본, 타이완, 중앙아시아, 유럽에서도 살고 있다.

3 ~ 5월, 6 ~ 8월
어른벌레

북녘 이름 멧나비
사는 곳 산속 숲
나라 안 분포 중부, 북부
나라 밖 분포 러시아, 중국, 일본, 타이완, 중앙아시아, 유럽
잘 모이는 곳 갯버들, 참나무 진, 썩은 과일
애벌레가 먹는 식물 버드나무, 수양버들, 느릅나무 따위

수컷 ×1

수컷 옆모습

암컷 ×1

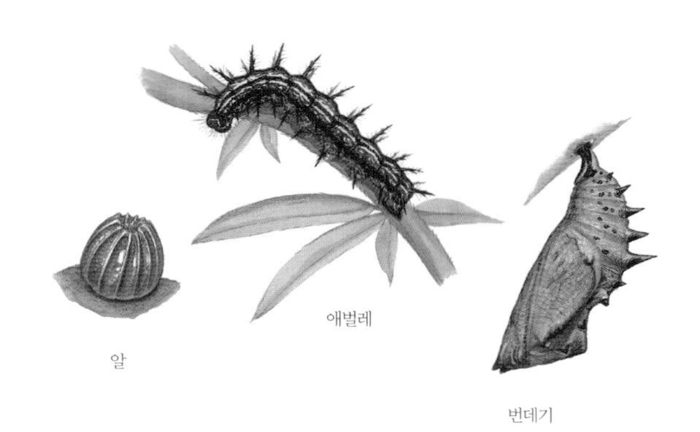

알

애벌레

번데기

날개 편 길이는 61 ~ 71mm이다. 날개 윗면은 주황색 바탕에 까만 점무늬가 여기저기 나 있다. 날개 바깥쪽 가장자리는 톱니처럼 들쭉날쭉하고, 까만 밤색 테두리로 둘러져 있다. 뒷날개 아랫면 가운데에는 아주 작은 하얀 점무늬가 하나 나 있다. 날개 아랫면은 까만 밤색인데, 바깥쪽은 옅다.

갈구리신선나비 *Nymphalis l-album*

들신선나비와 닮았지만, 갈구리신선나비는 뒷날개 윗면 앞쪽 가장자리 가운데쯤에 하얀 무늬가 있다. 날개 편 길이는 58 ~ 62mm이다. 남녘에서는 강원도 높은 산 몇몇 곳에서 사는데 수가 아주 적어서 보기 어렵다.

수컷

암컷

수컷 옆모습

암컷 옆모습

청띠신선나비

Nymphalis canace

신선나비 무리 가운데 날개 윗면에 파란 띠가 있다고 '청띠신선나비'다. 북녘에서는 '파란띠수두나비'라고 한다. 날개 윗면 가장자리를 따라 파르스름한 띠가 있어서 다른 신선나비와 다르다.

청띠신선나비는 한 해에 두세 번 날개돋이 한다. 어른벌레로 겨울을 나고 3월부터 5월까지 날아다닌다. 6월부터 9월까지는 새로 날개돋이를 한 나비가 날아다닌다. 낮은 산부터 높은 산까지 폭넓게 살고, 수도 제법 많아서 쉽게 볼 수 있다.

청띠신선나비는 햇볕이 잘 드는 숲길 가장자리를 날아다니다가 볕이 잘 드는 길가나 바위 위에 잘 앉는다. 참나무, 버드나무, 느릅나무 진에 모이고, 동물 똥이나 썩은 과일에도 잘 모인다. 짝짓기를 마친 암컷은 잎이나 가지에 알을 하나씩 낳는다. 알은 밑이 넓은 종처럼 생겼고, 풀빛 바탕에 하얀 세로줄이 열 개쯤 나 있다. 애벌레는 불그스름하고 알록달록한데, 까만 가시가 여러 개 달린 하얀 돌기들이 빽빽이 나 있다. 백합과에 속하는 청미래덩굴, 청가시덩굴, 참나리 잎을 갉아 먹는다. 번데기는 누런 밤색이고 머리에는 황소 뿔처럼 뾰족하고 짙은 밤색 뿔이 나 있다. 등 쪽 움푹 파인 곳에는 작은 은백색 무늬가 네 개 있다.

청띠신선나비는 중국 광둥성 지역에서 맨 처음 기록된 나비다. 우리나라에서는 1887년에 *Vanessa charonia*로 처음 기록되었다. 러시아, 중국, 일본, 타이완, 미얀마, 인도, 스리랑카에서도 살고 있다.

3 ~ 5월, 6 ~ 9월

어른벌레

북녘 이름 파란띠수두나비

사는 곳 산속 숲

나라 안 분포 온 나라

나라 밖 분포 러시아, 중국, 일본, 타이완, 미얀마, 인도, 스리랑카

잘 모이는 곳 참나무, 버드나무, 느릅나무 진, 동물 똥, 썩은 과일

애벌레가 먹는 식물 청미래덩굴, 청가시덩굴, 참나리

수컷 ×1

수컷 옆모습

암컷 ×1

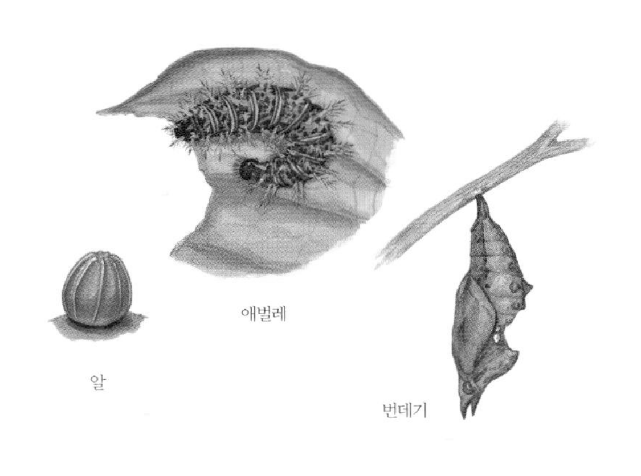
애벌레

알

번데기

날개 편 길이는 55 ~ 64mm이다. 날개 윗면은 파랗고, 가운데 가장자리를 따라 옅은 파란 띠가 나 있다. 날개 아랫면은 까만 밤색인데 날개 뿌리부터 가운데까지는 더 짙다. 또 까만 무늬가 물결을 이룬다.

신선나비 *Nymphalis antiopa*

날개 윗면 바깥쪽 가장자리에 밝은 노란색 테두리가 넓어서 다른 신선나비와 다르다. 날개 편 길이는 57 ~ 70mm이다. 백두산처럼 북쪽에 있는 몇몇 산에서 산다.

수컷

암컷

수컷 옆모습

공작나비

Nymphalis io

날개 무늬가 공작새 꼬리 무늬와 닮았다고 '공작나비'다. 북녘에서도 '공작나비'라고 한다. 공작나비는 한 해에 한두 번 날개돋이 한다. 6월 말부터 9월까지 중부와 북부에 있는 몇몇 산에서 볼 수 있다. 대부분 산등성이와 산꼭대기, 골짜기 둘레에서 날아다닌다. 요즘 남녘에서는 6월 말부터 7월 초까지 강원도 화천 일대에서 제법 볼 수 있고, 휴전선 둘레 산에서도 가끔 보인다.

공작나비는 햇볕이 잘 드는 숲길 가장자리에서 날아다니다가 길가나 바위 위에 잘 앉는다. 남녘에서는 큰까치수염, 엉겅퀴, 금계국 꽃에 이따금 모인다. 알은 완두처럼 풀빛을 띠며 세로로 하얀 줄무늬가 여러 개 나 있다. 둥그런 알은 수십 개씩 모여 있다. 애벌레는 온통 까맣고 돌기가 뾰족뾰족 돋았다. 느릅나무과에 속하는 느릅나무, 쐐기풀과에 속하는 쐐기풀, 삼과에 속하는 홉 잎을 잘 갉아 먹는다. 번데기는 연두색이고 배마디 돌기와 가슴에 있는 돌기 끝이 빨갛다. 어른벌레로 겨울을 난다.

공작나비는 스웨덴에서 맨 처음 기록된 나비다. 우리나라에서는 1887년에 *Vanessa io*로 처음 기록되었다. 일본과 유라시아 여러 나라에서도 살고 있다.

6월 말 ~ 9월
어른벌레

사는 곳 산속
나라 안 분포 중부, 북부
나라 밖 분포 일본, 유라시아
잘 모이는 꽃 큰까치수염, 엉겅퀴, 금계국
애벌레가 먹는 식물 느릅나무, 쐐기풀, 홉

수컷 ×1

수컷 옆모습

암컷 ×1

날개 편 길이는 50 ~ 60mm이다. 날개 윗면은 빨갛고, 앞날개 앞쪽 끄트머리와 뒷날개 윗면 모서리에 파란색, 까만색, 노란색이 섞인 커다랗고 동그란 무늬가 있다. 아랫면은 까만 밤색이고 까만 무늬가 물결을 이룬다.

남방공작나비와 남색남방공작나비는 바람을 타고 우리나라로 날아오는 '길 잃은 나비'다. 제주도나 홍도, 흑산도 같은 섬에서 가끔 볼 수 있다. 남방공작나비는 날개 편 길이가 47 ~ 52mm이다. 남색남방공작나비는 날개 편 길이가 48 ~ 50mm이다.

남방공작나비 *Junonia almana*

수컷

암컷

수컷 옆모습

남색남방공작나비 *Junonia orithya*

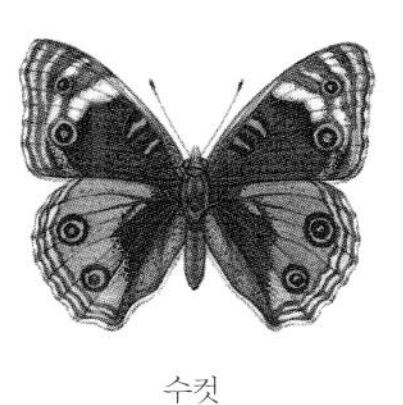

수컷

암컷

수컷 옆모습

네발나비

Polygonia c-aureum

앞다리가 퇴화해서 앉은 모습을 보면 다리가 네 개 밖에 없는 것처럼 보인다고 '네발나비'다. 북녘에서는 '노랑수두나비'라고 한다. 산네발나비와 닮았지만, 네발나비는 뒷날개 날개맥 3실에서 튀어나온 돌기 끝이 더 뾰족하고, 앞날개 윗면 날개 뿌리에 작고 까만 점이 있다.

네발나비는 한 해에 두 번에서 네 번 날개돋이 한다. 어른벌레로 겨울을 나고 3월부터 5월까지 이른 봄부터 날아다닌다. 새로 날개돋이 한 나비는 6월부터 11월까지 볼 수 있다. 낮은 산과 숲 가장자리, 시골, 물가, 도시공원처럼 어디서나 쉽게 볼 수 있다.

네발나비는 볕이 잘 드는 곳에 앉아 날개를 쫙 펴고 햇볕을 쬔다. 솜방망이, 서양민들레, 지칭개, 큰금계국, 개망초 같은 풀꽃이나 밤나무, 자귀나무 같은 여러 나무 꽃에도 모여든다. 또 썩은 과일이나 참나무에서 나오는 나뭇진, 동물 똥에도 잘 모인다. 수컷은 사는 곳 둘레를 쉴 새 없이 날아다니며 텃세를 부린다. 다른 수컷이 들어오면 쫓아내고 암컷을 만나면 짝짓기를 한다. 겨울을 나고 짝짓기 한 암컷은 애벌레가 먹는 식물 싹이나 줄기에 알을 낳고, 여름에 짝짓기 한 암컷은 잎 위에 알을 하나씩 낳는다. 애벌레 몸은 까맣고, 가늘고 누런 줄무늬가 나 있다. 가시처럼 뾰족하게 돋은 돌기는 불그스름한 누런색이다. 잎을 우산처럼 접어 집을 만들고 그 속에 숨어 살면서 환삼덩굴, 삼, 홉 잎을 갉아 먹는다. 번데기는 누런 밤색이다. 등 쪽 움푹 파인 곳에 작은 은백색 무늬가 여섯 개 있다.

네발나비는 중국 광둥성에서 맨 처음 기록된 나비다. 우리나라에서는 1887년에 *Vanessa angelica*로 처음 기록되었다. 일본, 러시아, 중국, 타이완에서도 살고 있다.

3 ~ 5월, 6 ~ 11월
어른벌레

북녘 이름 노랑수두나비
다른 이름 남방씨알붐나비
사는 곳 낮은 산, 숲 가장자리, 물가, 도시공원
나라 안 분포 온 나라
나라 밖 분포 일본, 러시아, 중국, 타이완
잘 모이는 곳 여러 가지 꽃, 썩은 과일, 나뭇진, 동물 똥
애벌레가 먹는 식물 환삼덩굴, 삼, 홉

수컷 여름형 ×1.5

수컷 옆모습

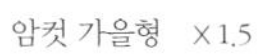

암컷 가을형 ×1.5

암컷 가을형 옆모습

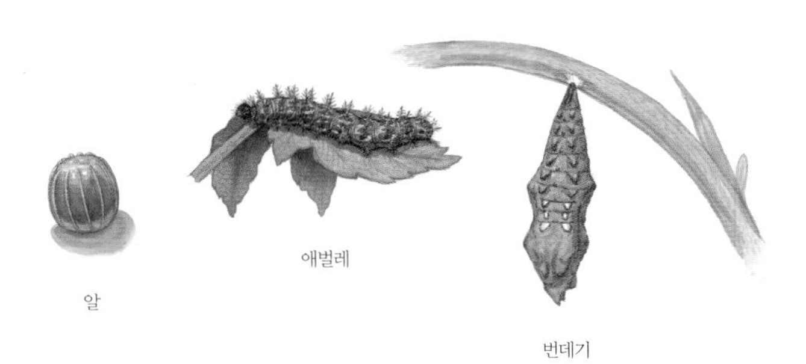

알

애벌레

번데기

날개 편 길이는 41 ~ 55mm이다. 뒷날개 아랫면 가운데에 하얀 C자 무늬가 있다. 여름형은 날개 윗면이 누런 밤색, 가을형은 빨간 밤색으로 철 따라 다르다. 날개 바깥쪽 가장자리는 톱니처럼 삐뚤빼뚤하고, 끝이 뾰족하다. 앞날개 윗면 날개 뿌리 쪽에는 작고 까만 점무늬가 있다. 여름형은 날개 아랫면이 누런 밤색이고, 까만 밤색 작은 무늬들이 어지럽게 나 있다. 가을형은 날개 윗면 날개 뿌리 쪽과 가장자리 쪽이 짙은 밤색을 띤다.

산네발나비

Polygonia c-album

산에 사는 네발나비라고 '산네발나비'다. 북녘에서는 '밤색노랑수두나비'라고 한다. 네발나비와 닮았지만, 산네발나비는 뒷날개 날개맥 3실에서 튀어나온 돌기 끝이 둥글고, 앞날개 윗면 날개 뿌리 쪽에 작고 까만 점이 없다.

산네발나비는 한 해에 두 번 날개돋이 한다. 어른벌레로 겨울을 나고 3월부터 5월까지 이른 봄부터 날아다닌다. 새로 날개돋이를 한 나비는 6월부터 10월까지 볼 수 있다. 높은 산에서 살고 숲 가장자리나 산길에서 때때로 볼 수 있다. 볕이 잘 드는 곳에서 날개를 쫙 펴고 앉아 햇볕을 쬐고 큰까치수염, 쥐손이풀, 구절초, 쑥부쟁이 꽃에 잘 모인다. 애벌레는 느릅나무과에 속하는 팽나무, 느릅나무, 참느릅나무와 쐐기풀과에 속하는 좀깨잎나무 잎을 갉아 먹는다.

산네발나비는 스웨덴에서 맨 처음 기록된 나비다. 우리나라에서는 1887년에 *Vanessa c-album*으로 처음 기록되었다. 일본, 중국, 타이완, 중앙아시아, 유럽, 아프리카 북부에서도 살고 있다.

3 ~ 5월, 6 ~ 10월
어른벌레

북녘 이름 밤색노랑수두나비
다른 이름 씨-알붐나비
사는 곳 높은 산
나라 안 분포 지리산 위쪽 지방
나라 밖 분포 일본, 중국, 타이완, 중앙아시아, 유럽, 아프리카 북부
잘 모이는 꽃 큰까치수염, 쥐손이풀, 구절초, 쑥부쟁이
애벌레가 먹는 식물 팽나무, 느릅나무, 참느릅나무, 좀깨잎나무

수컷 ×1.2

수컷 옆모습

암컷 ×1.2

암컷 가을형 옆모습

산네발나비와 네발나비

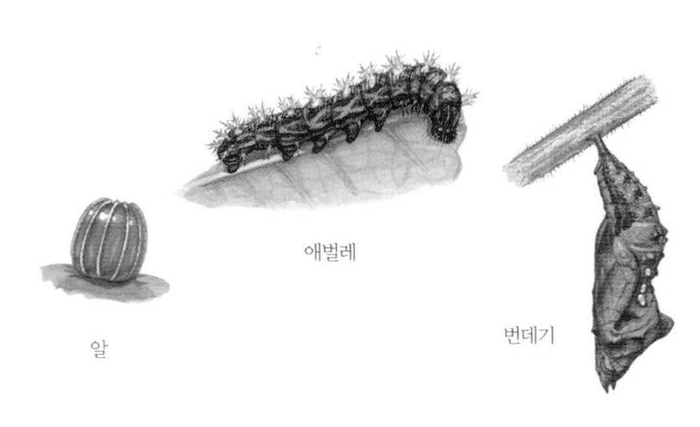

날개 편 길이는 44 ~ 51mm이다. 날개 윗면은 주황색 바탕에 까만 점무늬가 흩어져 있고, 두꺼운 까만 밤색 테두리가 둘러져 있다. 날개 아랫면은 누런 밤색 바탕에 까만 밤색과 누런 무늬가 줄무늬를 이룬다. 뒷날개 아랫면 가운데에 작고 하얀 C자 무늬가 있다.

금빛어리표범나비

Euphydryas sibirica

어리표범나비 무리 가운데 금빛 띠가 있는 것처럼 보인다고 '금빛어리표범나비'라는 이름이 붙었다. 북녘에서는 '금빛표문번티기'라고 한다. 봄어리표범나비와 닮았지만, 금빛어리표범나비는 뒷날개 아랫면이 황금색을 띠고, 가운데 가장자리를 따라 까만 점무늬들이 줄지어 있다.

금빛어리표범나비는 한 해에 한 번 날개돋이 한다. 남녘에서는 5월부터 6월, 북녘에서는 6월 중순부터 7월 중순까지 볼 수 있다. 중부와 북부 지방 몇몇 산속 풀밭에서 산다. 남녘에서는 강원도 남부 지역에서 가끔 보였지만 요즘에는 수가 줄어들고 있어서 앞으로 보호가 필요하다. 숲 가장자리나 풀밭에서 천천히 날아다니며 조팝나무, 엉겅퀴, 개망초, 조뱅이 꽃에 잘 모인다. 짝짓기를 마친 암컷은 애벌레가 갉아 먹는 솔체꽃과 인동덩굴 잎 뒤에 알을 50 ~ 150개 붙여 낳는다. 알은 노랗고 동그랗다. 알에서 깬 애벌레는 입에서 실을 토해 잎을 엮어 그 속에서 무리 지어 산다. 애벌레로 겨울을 난다. 이듬해 다 자란 애벌레는 몸과 가시처럼 돋은 돌기가 까맣고, 숨구멍 둘레와 등 가운데에 노란 무늬가 줄지어 있다. 다 자란 애벌레는 뿔뿔이 흩어져 살면서 솔체꽃과 인동덩굴 잎을 갉아 먹다가, 4 ~ 5월에 알맞은 곳에서 거꾸로 매달려 번데기가 된다. 번데기는 풀빛이 돌면서 노르스름하고, 까만 무늬들이 뚜렷하게 나 있다.

금빛어리표범나비는 러시아 시베리아 지역에서 맨 처음 기록된 나비다. 극동 러시아에서 살고 있다. 우리나라에서는 1887년에 *Melitaea aurinia*로 처음 기록되었다. 우리나라에서는 나라 밖으로 함부로 가지고 나갈 수 없도록 보호하고 있다.

5 ~ 6월,
6월 중순 ~ 7월 중순
애벌레
국외반출승인대상생물종

북녘 이름 금빛표문번티기
사는 곳 산속 풀밭, 수풀
나라 안 분포 중부와 동부 몇몇 곳, 북동부
나라 밖 분포 극동 러시아
잘 모이는 꽃 조팝나무, 엉겅퀴, 개망초, 조뱅이
애벌레가 먹는 식물 솔체꽃, 인동덩굴

수컷 X 1.5

수컷 옆모습

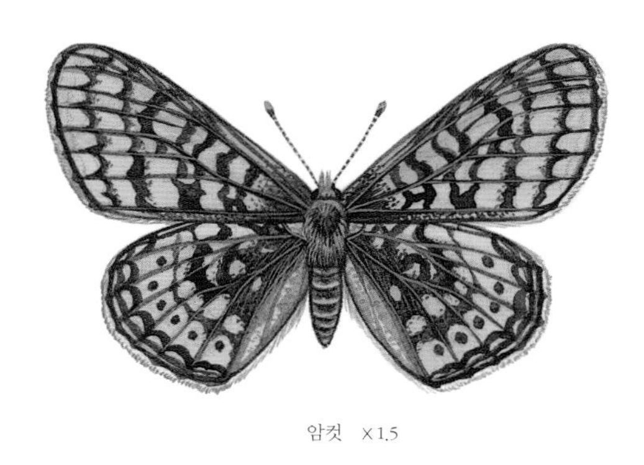
암컷 X 1.5

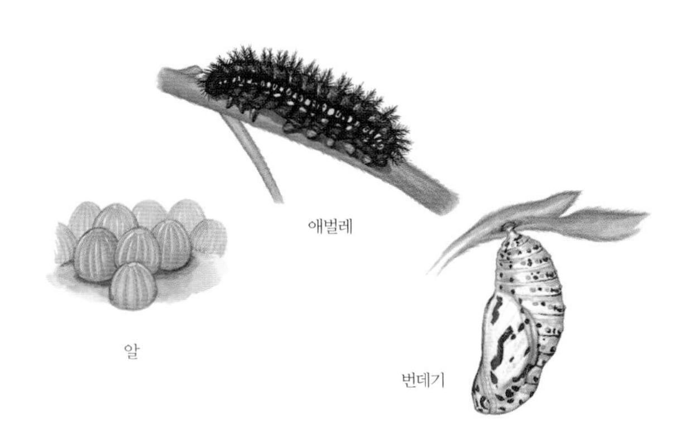

날개 편 길이는 38 ~ 49mm이다. 날개 윗면은 주황빛이고 까만 밤색 띠무늬가 이리저리 나 있다. 뒷날개 윗면 날개 뿌리 쪽에는 까만 밤색 무늬가 넓게 나 있다. 뒷날개 아랫면은 황금색을 띤다. 날개 뿌리 쪽에 까만 점무늬들이 없고, 날개 바깥쪽 가장자리를 따라 까만 점무늬들이 줄지어 있다.

봄어리표범나비 *Mellicta britomartis*

여름어리표범나비와 닮았지만, 봄어리표범나비는 날개 윗면 날개 뿌리에 있는 까만 밤빛 무늬가 아주 넓고, 뒷날개 윗면 바깥쪽 가장자리에 있는 주황색 무늬가 더 작다. 날개 편 길이는 34 ~ 41mm이다. 1980년대 말까지도 경기도 동부에 있는 검단산, 천마산과 전라남도 해남군 대흥사에서도 볼 수 있었다. 하지만 지금은 어느 곳에서도 보이지 않는다.

수컷

암컷

수컷 옆모습

담색어리표범나비

Melitaea protomedia

다른 어리표범나비보다 날개 아랫면 무늬 빛깔이 옅다고 '담색어리표범나비'라는 이름이 붙었다. 북녘에서는 '연한색표문번티기'라고 한다. 여름어리표범나비와 닮았지만, 담색어리표범나비는 앞날개 윗면 바깥쪽 가장자리에 있는 까만 테가 넓고, 뒷날개 아랫면 바깥쪽 가장자리에 까만 점이 있다.

담색어리표범나비는 한 해에 한 번 날개돋이 한다. 5월 말부터 7월까지 중부와 북부 지방과 제주도 낮은 산 풀밭에서 드물게 볼 수 있다. 요즘에는 사는 곳과 수가 더 줄고 있어서 보호가 필요하다. 산속 풀밭을 천천히 날아다니다가 엉겅퀴, 개망초, 큰까치수염, 쥐오줌풀 꽃에 잘 모인다. 애벌레는 마타리와 뚝갈 잎을 갉아 먹고 큰다. 애벌레로 겨울을 나는 것 같다.

담색어리표범나비는 러시아 아무르 지방에서 맨 처음 기록된 나비다. 우리나라에서는 1887년에 *Melitaea protomedia*로 처음 기록되었다. 극동 러시아, 중국, 일본에서도 살고 있다. 우리나라에서는 함부로 나라 밖으로 못 가져가도록 막고 있다.

5월 말 ~ 7월
애벌레
국외반출승인대상생물종

북녘 이름 연한색표문번티기
사는 곳 산속 풀밭, 수풀
나라 안 분포 중북부, 북동부
나라 밖 분포 극동 러시아, 중국, 일본
잘 모이는 꽃 엉겅퀴, 개망초, 큰까치수염, 쥐오줌풀
애벌레가 먹는 식물 마타리, 뚝갈

담색어리표범나비와 여름어리표범나비

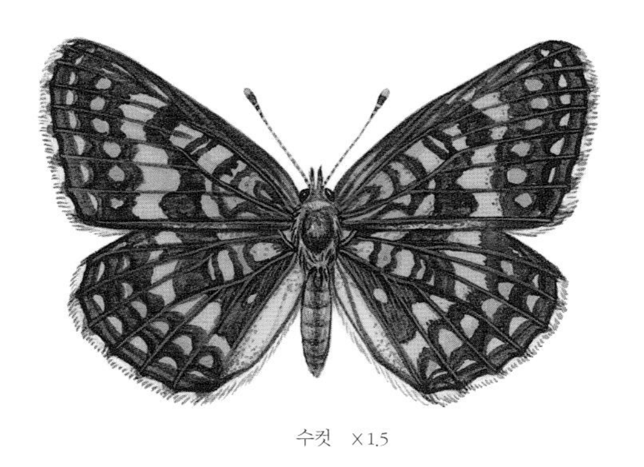
수컷 ×1.5

수컷 옆모습

암컷 ×1.5

번데기

날개 편 길이는 39 ~ 43mm이다. 날개 윗면은 주황색 바탕에 까만 밤색 띠무늬가 여기저기 나 있고, 날개 뿌리 쪽에는 까만 밤색 무늬가 있다. 바깥쪽 가장자리를 따라 작은 주황색 무늬들이 줄지어 있다. 뒷날개 아랫면 날개 뿌리 쪽에는 허연 무늬들이 있고, 바깥쪽 가장자리에 작고 까만 점이 있다.

여름어리표범나비 *Mellicta ambigua*

담색어리표범나비와 닮았지만, 여름어리표범나비는 뒷날개 아랫면 바깥쪽 가장자리에 까만 점이 없다. 날개 편 길이는 38 ~ 50mm이다. 중부와 북부 지방 몇몇 산속 풀밭에서 산다. 2017년에 멸종위기야생동물 II급으로 정해서 보호하고 있다.

수컷

암컷

수컷 옆모습

암어리표범나비

Melitaea scotosia

다른 어리표범나비보다 날개 색이 어두워서 '암어리표범나비'라는 이름이 붙었다. 북녘에서는 '암표문번티기'라고 한다. 담색어리표범나비와 닮았지만, 암어리표범나비는 몸집이 더 크고 뒷날개 아랫면 날개 뿌리 쪽에 까만 무늬들이 있다.

암어리표범나비는 한 해에 한 번 날개돋이 한다. 6월부터 7월까지 중부와 북부 지방 몇몇 산속 풀밭에서 볼 수 있다. 남녘에서는 강원도와 충청북도에서 보이는데, 땅이 축축한 들판이나 산속 풀밭 몇몇 곳에서 드물게 보인다. 강원도 영월과 충청북도 제천시 수산면 둘레에서 그나마 제법 볼 수 있다. 숲 가장자리나 풀밭에서 천천히 날아다니다가 엉겅퀴, 개망초, 큰까치수염, 조뱅이 꽃에 잘 모인다. 애벌레는 국화과에 속하는 분취, 수리취, 산비장이 잎을 갉아 먹다가, 애벌레로 겨울을 난다.

암어리표범나비는 일본 도쿄 지역에서 맨 처음 기록된 나비다. 우리나라에서는 1887년에 *Melitaea phoebe*로 처음 기록되었다. 요즘에는 사는 곳과 수가 시나브로 줄고 있어서 보호가 필요하다. 극동 러시아, 중국, 일본에서도 살고 있다.

6 ~ 7월
애벌레

북녘 이름 암표문번티기
사는 곳 산속 풀밭, 수풀
나라 안 분포 중북부, 북동부
나라 밖 분포 극동 러시아, 중국, 일본
잘 모이는 꽃 엉겅퀴, 개망초, 큰까치수염, 조뱅이
애벌레가 먹는 식물 분취, 수리취, 산비장이

수컷 ×1

수컷 옆모습

암컷 ×1

알

애벌레

번데기

날개 편 길이는 51 ~ 57mm이다. 날개 윗면은 주황색 바탕에 까만 밤색 띠무늬가 이리저리 나 있고, 바깥쪽 테두리는 까만 밤색을 띤다. 앞날개 아랫면은 주황색을 띠고, 가운데에 까만 점무늬들이 뚜렷하게 줄지어 나 있다. 뒷날개 아랫면은 밝은 주황색 바탕에 날개 뿌리부터 바깥쪽 가장자리까지 까만 무늬들이 물결을 이루고 있다. 암컷은 날개 윗면이 수컷보다 더 어둡고, 까만 밤색을 띠기도 한다.

돌담무늬나비

Cyrestis thyodamas

날개 무늬가 꼭 돌담 무늬를 떠올린다고 '돌담무늬나비'라는 이름이 붙었다. 북녘에서는 아직 보이지 않아 북녘 이름은 없다. 날개가 허연데 가늘고 까만 밤색 세로 줄무늬와 가로 날개맥이 서로 어지럽게 얽혀 있어서 다른 네발나비와 다르다.

돌담무늬나비는 '길 잃은 나비'다. 바람을 타고 바다를 건너 우리나라로 날아온다. 1887년에 잡은 기록만 있고 보이지 않다가, 2002년에 제주도 비자림 숲에서 암컷 한 마리를 처음 찾았다. 그 뒤로 거제도 같은 남부 지방 섬이나 바닷가에서 가끔 보인다. 다른 나라에서는 어른벌레로 겨울을 난다. 축축한 땅바닥에 잘 내려앉고, 과일 즙을 빨아 먹는다고 알려져 있다.

돌담무늬나비는 인도 북부 지역에서 맨 처음 기록된 나비다. 중국, 타이완, 미얀마, 인도, 서아시아에서 살고 있다.

모름
어른벌레
길 잃은 나비

사는 곳 숲 가장자리, 수풀
나라 안 분포 제주도, 남쪽 몇몇 섬이나 바닷가
나라 밖 분포 중국, 타이완, 미얀마, 인도, 서아시아
잘 모이는 곳 축축한 땅바닥, 썩은 과일
애벌레가 먹는 식물 뽕나무과 식물(중국)

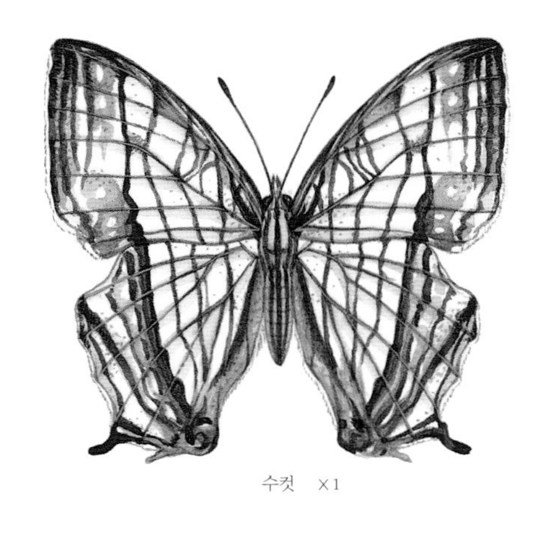
수컷 ×1

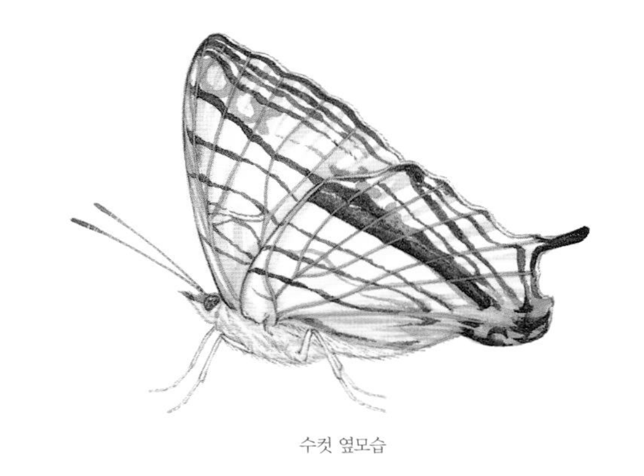
수컷 옆모습

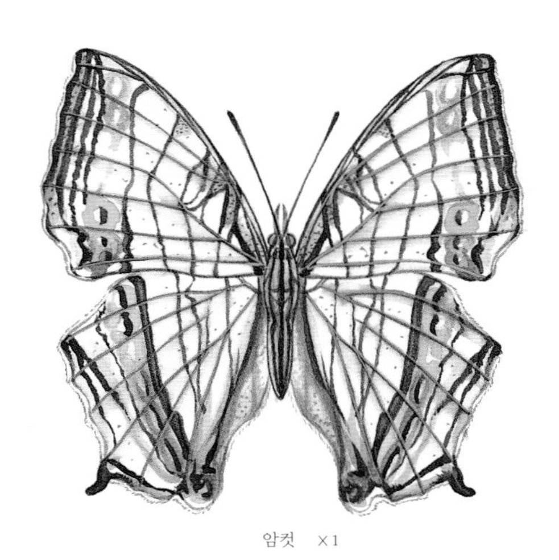
암컷 ×1

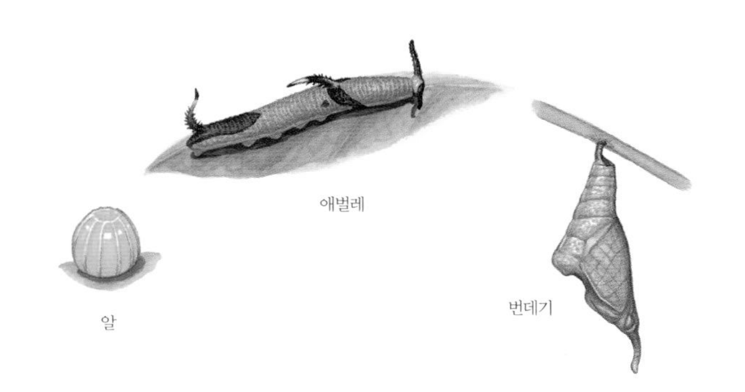
애벌레

알

번데기

날개 편 길이는 47 ~ 52mm이다. 날개 윗면은 하얗고 까만 밤색 가는 줄무늬들이 여러 줄 나 있다. 바깥쪽 가장자리는 까만 밤색을 띤다. 날개맥은 까만 밤색으로 뚜렷하다. 앞날개와 뒷날개 뒤쪽 모서리는 붉은 밤색을 띤다. 꼬리처럼 생긴 돌기는 굵고 짧다. 날개 윗면과 아랫면 무늬와 색깔이 비슷하다.

남방오색나비와 암붉은오색나비도 바람을 타고 날아오는 '길 잃은 나비'다. 남쪽 섬에서 드물게 볼 수 있다. 둘은 서로 닮았는데, 암붉은오색나비 암컷은 주황색을 띠고, 날개맥이 검은 밤색을 띠어 줄무늬처럼 보여서 남방오색나비와 다르다. 남방오색나비 날개 편 길이는 34 ~ 37mm, 암붉은오색나비 날개 편 길이는 65 ~ 67mm이다.

남방오색나비 *Hypolimnas bolina*

수컷

암컷

수컷 옆모습

암붉은오색나비 *Hypolimnas misippus*

수컷

암컷

수컷 옆모습

암컷 옆모습

먹그림나비

Dichorragia nesimachus

날개 무늬가 마치 먹물을 떨어뜨렸을 때 나타나는 무늬를 닮았다고 '먹그림나비'라는 이름이 붙었다. 북녘에서도 '먹그림나비'라고 한다. 날개 윗면은 완두콩 빛이 도는 거무스름한 파란색을 띠고, 앞날개 바깥쪽 가장자리에는 화살촉처럼 뾰족한 하얀 무늬들이 두 겹으로 줄지어 있어서 다른 네발나비와 다르다.

먹그림나비는 한 해에 두 번 날개돋이 한다. 봄에는 5월 중순부터 6월 중순, 여름에는 7월 말부터 8월까지 볼 수 있다. 남부 지방 넓은잎나무 숲에 폭넓게 산다. 요즘에는 서해 바닷가인 태안반도, 청양 칠갑산, 인천 대부도에서도 보인다. 중부 지방 내륙에 있는 산이나 대청도처럼 더 북쪽에 있는 섬에서도 볼 수 있다. 하지만 아직까지 동해안 중부 지역에서는 안 보인다. 날씨가 따뜻해지면서 점점 더 위쪽까지 올라와 사는 것 같다.

먹그림나비는 햇볕이 잘 드는 길가나 바위 위에 잘 앉고 썩은 과일이나 동물 똥이나 죽은 동물에 잘 모인다. 다 자란 애벌레 머리에는 염소 뿔처럼 생긴 큰 돌기가 있다. 애벌레는 나도밤나무, 합다리나무 잎을 잘 갉아 먹는다. 번데기는 등이 머리 쪽으로 *C*자 꼴로 움푹 들어가 있어서 쉽게 알아볼 수 있다. 번데기로 겨울을 난다.

먹그림나비는 인도 히말라야 지역에서 맨 처음 기록된 나비다. 우리나라에서는 1919년에 전라북도 내장산에서 처음 찾아 *Dichorragia nesimachus nesiotes*로 기록되었다. 일본, 타이완, 인도네시아, 말레이시아, 인도, 유럽에서도 살고 있다.

5월 중순 ~ 6월 중순, 7월 말 ~ 8월
번데기
국가기후변화생물지표종
국외반출승인대상생물종

사는 곳 산속 넓은잎나무 숲
나라 안 분포 남부, 서해안 중부
나라 밖 분포 일본, 타이완, 인도네시아, 말레이시아, 인도, 유럽
잘 모이는 곳 썩은 과일, 죽은 동물, 동물 똥
애벌레가 먹는 식물 나도밤나무, 합다리나무

수컷 ×1

수컷 옆모습

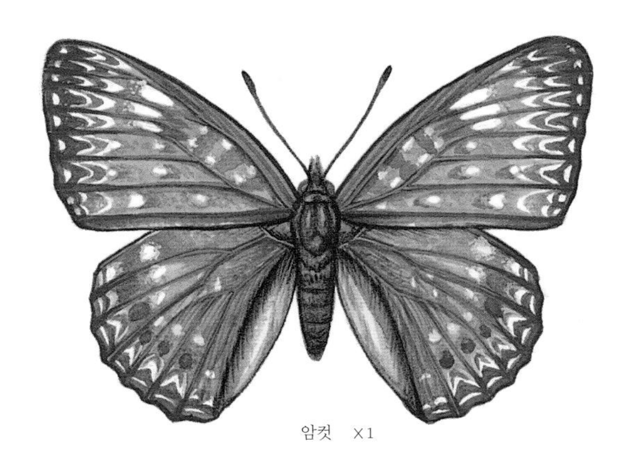

암컷 ×1

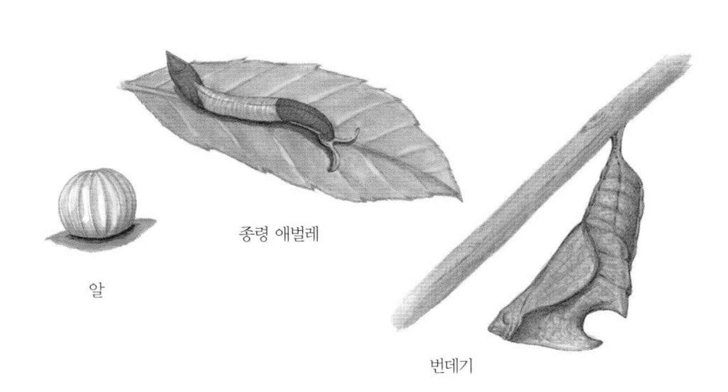

종령 애벌레

알

번데기

날개 편 길이는 47 ~ 71mm이다. 날개 윗면은 완두콩 빛이 도는 거무스름한 파란색이고 여러 가지 하얀 무늬들이 나 있다. 앞날개 바깥쪽 가장자리에는 화살촉처럼 생긴 하얀 무늬들이 두 겹으로 줄지어 있다. 앞날개 아랫면은 윗면 무늬와 비슷하지만 파르스름한 밤색을 띤다. 뒷날개 아랫면은 짙은 밤색 바탕에 가운데 가장자리에 까만 점무늬가 줄지어 있다.

황오색나비

Apatura metis

오색나비보다 노란색을 더 띠어서 '황오색나비'라는 이름이 붙었다. 북녘에서는 '노랑오색나비'라고 한다. 오색나비와 닮았지만, 황오색나비는 뒷날개 윗면 날개맥 1b실에 하얀 무늬가 있고, 뒷날개 윗면 가운데에 있는 하얀 띠무늬가 더 넓다.

황오색나비는 사는 곳에 따라 한 해에 한 번에서 세 번까지 날개돋이 한다. 6월부터 10월까지 제주도를 뺀 온 나라 물가와 마을 둘레, 낮은 산에서 볼 수 있다. 수컷은 햇볕이 잘 드는 나무 꼭대기에 앉아 텃세를 부리기도 하고, 축축한 땅에 잘 앉는다. 또 썩은 과일이나 버드나무 진, 참나무 진, 느릅나무 진, 동물 똥에도 잘 모인다. 짝짓기를 마친 암컷은 잎 앞뒤에 알을 하나씩 낳아 붙인다. 일주일쯤 지나면 알에서 애벌레가 깬다. 3령 애벌레가 되면 몸빛이 밤빛으로 바뀌고 나무줄기 틈에서 겨울을 난다. 다 자란 애벌레는 머리에 기다란 돌기가 두 개 있는데 끝이 두 갈래로 갈라졌다. 등 가운데쯤에는 가늘고 뾰족한 돌기가 두 개 있다. 애벌레는 버드나무과에 속하는 내버들, 수양버들, 쪽버들, 호랑버들, 갯버들과 장미과에 속하는 가는잎조팝나무 잎을 갉아 먹는다. 다 자란 애벌레는 입에서 실을 토해 잎 가운데 맥에 거꾸로 매달려 번데기가 된다. 번데기는 옆에서 보면 반달처럼 등이 불룩하고, 옆구리에 가늘고 연한 노란 옆줄이 뚜렷하게 나 있다. 일주일쯤 지나면 어른벌레로 날개돋이 한다.

황오색나비는 헝가리 지역에서 맨 처음 기록된 나비다. 우리나라에서는 1887년에 *Apatura ilia* var. *metis*로 처음 기록되었다. 러시아, 일본, 중국, 타이완, 중앙아시아, 유럽에서도 산다.

6 ~ 10월
애벌레

북녘 이름 노랑오색나비
사는 곳 산, 논밭, 물가, 마을 수풀
나라 안 분포 제주도를 뺀 온 나라
나라 밖 분포 러시아, 일본, 중국, 타이완, 중앙아시아, 유럽
잘 모이는 곳 축축한 땅, 썩은 과일, 나뭇진, 동물 똥
애벌레가 먹는 식물 내버들, 수양버들, 쪽버들, 호랑버들 따위

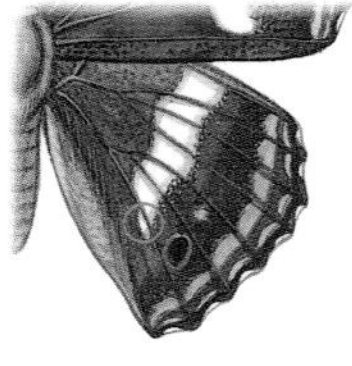

흰 무늬가 있다.

흰 무늬가 없다.

황오색나비와 오색나비

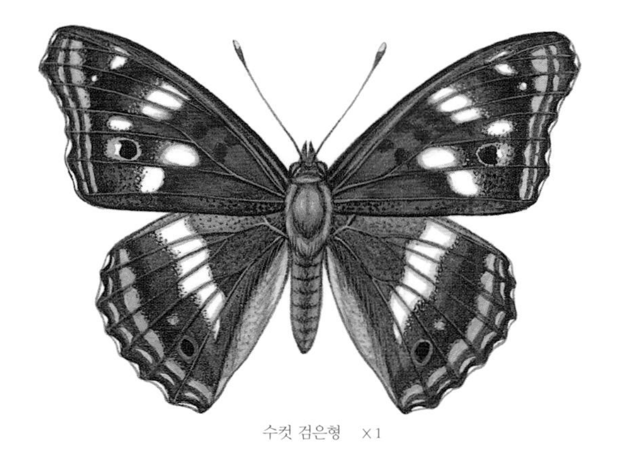
수컷 검은형 ×1

수컷 옆모습

수컷 밤색형 ×1

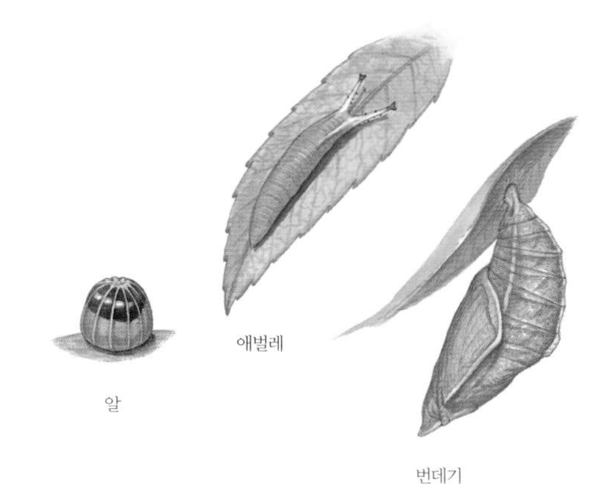

암컷 밤색형 ×1

날개 편 길이는 55 ~ 76mm이다. 날개 윗면은 쇠붙이처럼 반짝이는 거무스름한 파란색이나 누런 밤색을 띤다. 뒷날개 윗면 날개맥 1b실에 자그마한 하얀 무늬가 있다. 앞날개 아랫면 가운데 가장자리에는 주황색 테두리를 두른 하얗고 동그란 무늬가 있고, 뒷날개 아랫면 가운데에는 하얀 띠무늬가 있다. 암수 모두 몸빛이 검은 것과 밤빛이 나는 것 두 가지가 있다.

오색나비 *Apatura ilia*

황오색나비와 닮았지만, 오색나비는 뒷날개 윗면 날개맥 1b실에 하얀 무늬가 없고, 뒷날개 윗면 가운데에 있는 하얀 띠무늬가 더 좁다. 날개 편 길이는 66 ~ 70mm이다. 남녘에서는 강원도 넓은잎나무가 많은 높은 산 몇몇 곳에서 사는데, 수가 적어서 거의 보기 어렵다.

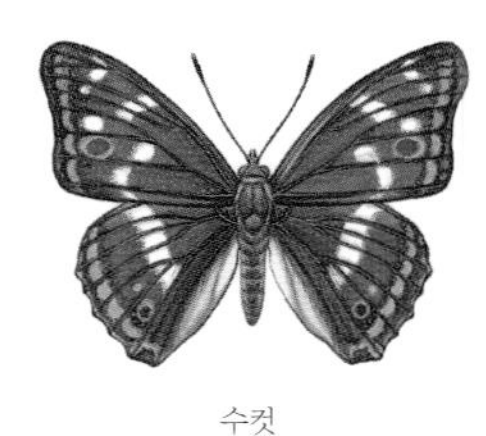
수컷

암컷

수컷 옆모습

번개오색나비

Apatura iris

오색나비와 닮았지만, 뒷날개 아랫면 가운데에 있는 하얀 띠가 날개맥 4실쯤에서 뾰족하게 톡 튀어나와서 '번개오색나비'라는 이름이 붙었다. 북녘에서는 '산오색나비'라고 한다.

번개오색나비는 한 해에 한 번 날개돋이 한다. 6월부터 8월까지 지리산보다 북쪽에 있는 몇몇 산에서 볼 수 있다. 남녘에서는 경기도 북부와 강원도 높은 산 넓은잎나무 숲에서 보인다. 수컷은 햇볕이 잘 드는 길가나 산을 깎아 튀어나온 바위 위에 자주 앉고, 동물 똥에도 모인다. 한여름에 새우젓과 절인 해파리를 함께 섞어 땅에 뿌려 놓으면 때때로 모여든다. 다른 수컷이 자기 사는 곳에 들어오면 세차게 달려들어 쫓아낸다. 암컷은 수컷과 달리 넓은잎나무 위쪽 그늘진 곳에 붙어 있어서 보기 어렵다. 짝짓기를 마친 암컷은 잎 위에 알을 하나씩 낳는다. 알은 꼭 수박처럼 풀빛이고 세로줄이 나 있다. 애벌레는 버드나무과에 속하는 버드나무, 호랑버들 잎을 갉아 먹고, 나뭇가지 사이에 숨어서 애벌레로 겨울을 난다.

번개오색나비는 독일 중서부 지역에서 맨 처음 기록된 나비다. 우리나라에서는 1901년에 *Apatura iris*로 처음 기록되었다. 일본과 유라시아 여러 나라에서도 살고 있다. 남녘에서는 수가 적어서 함부로 잡아 나라 밖으로 가지고 나가지 못하게 보호하고 있다.

6 ~ 8월
애벌레
국외반출승인대상생물종

북녘 이름 산오색나비
다른 이름 번개왕색나비
사는 곳 산속 넓은잎나무 숲
나라 안 분포 지리산 북쪽 몇몇 산
나라 밖 분포 일본, 유라시아
잘 모이는 곳 동물 똥, 바위, 길가
애벌레가 먹는 식물 버드나무, 호랑버들

수컷 ×1

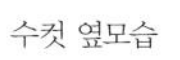

수컷 옆모습

암컷 ×1

알

애벌레

날개 편 길이는 68 ~ 76mm이다. 수컷은 날개 윗면이 쇠붙이처럼 반짝이는 푸른빛을 띤다. 암컷은 까만 밤색을 띠고 수컷보다 크다. 앞날개 아랫면은 빨간 밤색을 띠고, 날개 가운데에 주황색 테두리를 두른 커다란 눈알 무늬가 있다. 날개 아랫면 바깥쪽 가장자리는 보랏빛을 띤다. 뒷날개 아랫면 가운데에 허연 띠가 넓게 나 있는데, 날개맥 4실쯤에서 뾰족하게 튀어나온다.

왕오색나비

Sasakia charonda

오색나비 무리 가운데 가장 커서 '왕오색나비'다. 북녘에서도 '왕오색나비'라고 한다. 수컷은 날개 윗면 가운데부터 날개 뿌리까지 쇠붙이처럼 반짝이는 파란빛을 띠고, 암컷은 짙은 밤색을 띤다. 또 하얀 무늬가 여기저기 많아서 다른 오색나비와 다르다.

왕오색나비는 한 해에 한 번 날개돋이 한다. 6월 중순부터 8월까지 우리나라 몇몇 곳과 제주도, 몇몇 섬에서 가끔 볼 수 있다. 낮은 산이나 마을 둘레 팽나무가 많이 자라는 곳에서 산다. 나무 위나 숲 가장자리 둘레를 천천히 뱅 돌면서 날아다닌다. 수컷은 맑은 날 나무 가장자리나 산을 깎아 툭 튀어나온 바위에 앉아 날개를 펴고 햇볕을 쬔다. 참나무 진과 동물 똥, 썩은 과일에 잘 모인다. 암컷은 참나무 진에만 날아온다. 8월쯤 짝짓기를 마친 암컷은 애벌레가 먹는 식물 줄기나 잎에 수십 개에서 백 개쯤 되는 알을 한꺼번에 낳아 붙인다. 일주일쯤 지나면 알에서 애벌레가 나와 뿔뿔이 흩어져 팽나무와 풍게나무 잎을 갉아 먹고 큰다. 4령 애벌레가 되면 나무에서 내려와 가랑잎 밑으로 들어가서 겨울을 난다. 이듬해 봄에 깬 애벌레는 허물을 두 번 더 벗고 다 자란다. 다 자란 애벌레 등에는 세모꼴 돌기가 네 쌍 뚜렷하게 나 있다. 다 자라면 꽁무니를 나무줄기나 잎에 붙이고 거꾸로 매달려 번데기가 된다. 번데기는 풀빛이고, 옆에서 보면 등이 둥글어서 반달처럼 보인다.

왕오색나비는 일본 혼슈 지방에서 맨 처음 기록된 나비다. 우리나라에서는 1887년에 강원도 원산에서 처음 찾아 *Euripus coreanus*로 기록되었다. 일본, 중국, 타이완에서도 살고 있다. 우리나라에서는 나라 밖으로 가지고 나갈 수 없게 보호하고 있다.

6월 중순 ~ 8월
애벌레
국외반출승인대상생물종

사는 곳 팽나무가 많은 낮은 산, 마을 둘레
나라 안 분포 온 나라 몇몇 곳
나라 밖 분포 일본, 중국, 타이완
잘 모이는 곳 참나무 진, 동물 똥, 썩은 과일
애벌레가 먹는 식물 팽나무, 풍게나무

수컷 ×1

수컷 옆모습

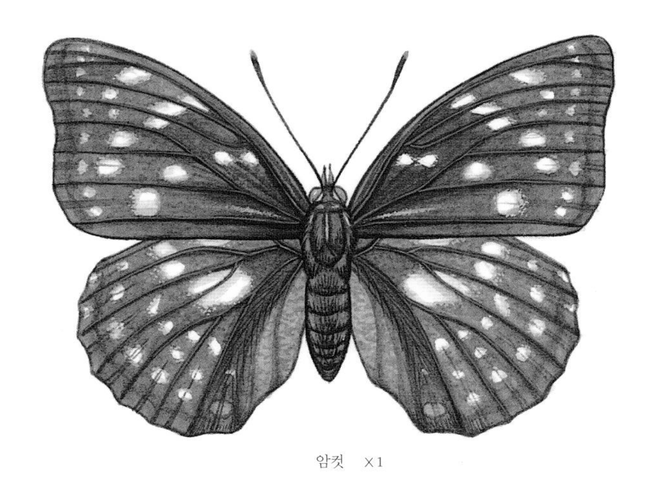

암컷 ×1

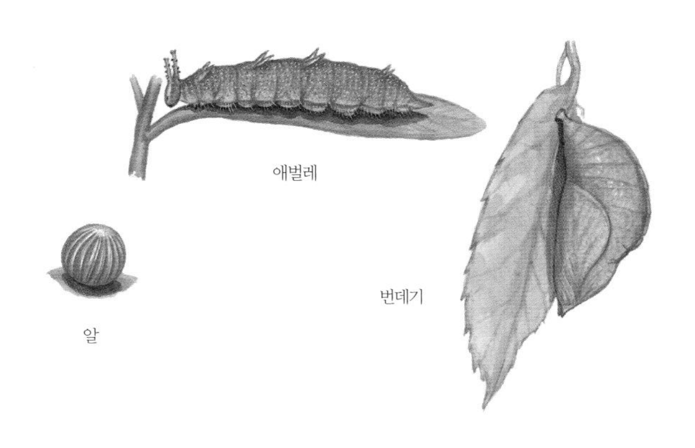

애벌레

알

번데기

날개 편 길이는 71 ~ 101mm이다. 수컷은 날개 윗면 가운데부터 날개 뿌리까지 쇠붙이처럼 반짝이는 파란빛을 띠고, 여기저기에 하얀 무늬가 있다. 앞날개 아랫면 날개 뿌리부터 가운데까지는 까만 밤색을 띠고, 뒷날개 아랫면은 누런빛을 띤다. 암컷이 수컷보다 크다. 암컷은 온몸이 누런 밤색을 띠고, 허연 무늬들이 많다.

은판나비

Mimathyma schrenckii

뒷날개에 은색 무늬가 판처럼 넓게 나 있다고 '은판나비'라는 이름이 붙었다. 북녘에서는 '은오색나비'라고 한다. 뒷날개 아랫면이 은빛을 띠고, 가운데와 바깥쪽 가장자리에 주황색 띠무늬가 있어서 다른 오색나비와 다르다.

은판나비는 한 해에 한 번 날개돋이 한다. 6월 중순부터 8월까지 몇몇 산에서 볼 수 있다. 아직까지 제주도와 남해 섬에서는 안 보이지만, 경기도에 있는 신도와 대이작도 같은 섬에서는 가끔 보인다. 강원도 산에서는 6월 말부터 7월 초에 가장 많이 보인다. 이때는 축축한 땅에서 수십 마리씩 떼 지어 물을 빠는 수컷 모습을 쉽게 볼 수 있다. 참나무 진이나 동물 똥에도 잘 모인다. 7월 중순부터 8월까지 짝짓기를 마친 암컷은 잎에 알을 하나씩 낳아 붙인다. 일주일쯤 지나면 알에서 애벌레가 깬다. 애벌레는 느티나무, 느릅나무, 참느릅나무 잎을 갉아 먹는다. 허물을 두 번 벗고 3령 애벌레가 되면 나뭇가지 틈에 숨어 겨울을 난다. 봄에 겨울잠에서 깬 애벌레는 허물을 세 번 더 벗고 다 자란다. 다 자란 애벌레는 머리에 끝이 갈라진 긴 돌기가 두 개 있고, 옆구리에는 연한 노란색 무늬가 비스듬히 줄지어 난다. 애벌레는 잎 뒤에 붙어 번데기가 된다. 번데기를 건드리면 몸을 비틀면서 소리를 낸다.

은판나비는 러시아 아무르 지방에서 맨 처음 기록된 나비다. 우리나라에서는 1887년에 *Apatura schrenckii*로 처음 기록되었다. 러시아와 중국 북동부에서도 살고 있다.

6월 중순 ~ 8월
애벌레

북녘 이름 은오색나비
다른 이름 은판대기
사는 곳 느릅나무가 많은 산, 골짜기
나라 안 분포 온 나라
나라 밖 분포 러시아, 중국 북동부
잘 모이는 곳 참나무 진, 동물 똥, 축축한 땅
애벌레가 먹는 식물 느티나무, 느릅나무, 참느릅나무

수컷 ×1

수컷 옆모습

암컷 ×1

애벌레

알

번데기

날개 편 길이는 71 ~ 89mm이다. 앞날개 윗면 가운데에 하얀 띠무늬가 있는데, 바로 이어서 주황색 무늬가 있다. 뒷날개 윗면 가운데에는 하얀 무늬가 커다랗게 있다. 앞날개 아랫면 날개 뿌리에는 파란빛이 돌고, 가운데와 앞쪽 끄트머리에 하얀 띠무늬가 있다. 암컷은 수컷보다 날개폭이 넓고, 앞날개 윗면에 있는 주황색 무늬가 더 뚜렷하다.

밤오색나비 *Mimathyma nycteis*

오색나비는 날개 아랫면이 붉은 밤색을 띠고, 하얀 무늬들이 잔뜩 나 있어서 다르다. 날개 편 길이는 73 ~ 85mm이다. 강원도 영월, 정선, 양구에서 많이 산다.

수컷

암컷

수컷 옆모습

수노랑나비

Chitoria ulupi

수컷 날개가 노란빛을 띠어서 '수노랑나비'다. 북녘에서는 '수노랑오색나비'라고 한다. 수컷은 앞날개 끄트머리가 크게 튀어나왔고, 뒷날개 아랫면 가운데에 주황색 띠가 가늘게 나 있다. 암컷은 날개 윗면 가운데에 하얀 띠가 뚜렷하게 나 있고, 아랫면은 은빛이 강해서 다른 오색나비와 다르다.

수노랑나비는 한 해에 한 번 날개돋이 한다. 6월 중순부터 8월에 몇몇 산에서만 볼 수 있고, 제주도와 바닷가에서는 안 보인다. 양평 같은 경기도 몇몇 곳에서는 날개돋이 할 때 한꺼번에 많이 보이기도 한다. 참나무가 많은 숲 가장자리에서 햇볕을 쬐기도 하고, 참나무 진에도 잘 모인다. 꽃에는 안 날아온다. 수컷과 암컷 생김새가 많이 달라 자칫 다른 종으로 알기 쉽다. 짝짓기를 마친 암컷은 잎 뒤에 알을 무더기로 낳는다. 알 무더기는 육각형으로 생겼다. 알이 많을 때는 층층이 쌓아 올린다. 알에서 깬 애벌레는 무리 지어 지내며 풍게나무나 팽나무 잎을 갉아 먹는다. 날씨가 추워지면 한꺼번에 땅으로 내려온 뒤 가랑잎 속에 들어가 겨울을 난다. 이듬해 애벌레가 다 자라면 뿔뿔이 흩어진다. 그리고는 입에서 토해 낸 실로 잎을 조금 말아 그 속에 들어가 산다. 다 자란 애벌레는 머리에 사슴뿔처럼 여러 갈래로 갈라진 굵은 돌기가 두 개 있다. 등 가운데 양쪽으로는 연한 노란색을 띤 가는 줄무늬가 머리에서 배 끝까지 죽 나 있다. 잎 뒤에 거꾸로 매달려 번데기가 되는데, 사람이 만지면 고치 속에서 번데기가 몸을 부르르 떤다.

수노랑나비는 인도 아삼 지역에서 맨 처음 기록된 나비다. 우리나라에서는 1931년에 경기도 소요산에서 처음 찾아 *Apatura subcaerulea*로 기록되었다. 중국, 미얀마, 인도에서도 살고 있다. 우리나라에서는 수가 많지 않아서 함부로 잡지 못하게 보호하고 있다.

6월 중순 ~ 8월
애벌레
국외반출승인대상생물종

북녘 이름 수노랑오색나비
다른 이름 수노랭이
사는 곳 참나무 숲
나라 안 분포 온 나라 몇몇 산
나라 밖 분포 중국, 미얀마, 인도
잘 모이는 곳 참나무 진
애벌레가 먹는 식물 풍게나무, 팽나무

수컷 ×1

수컷 옆모습

암컷 ×1

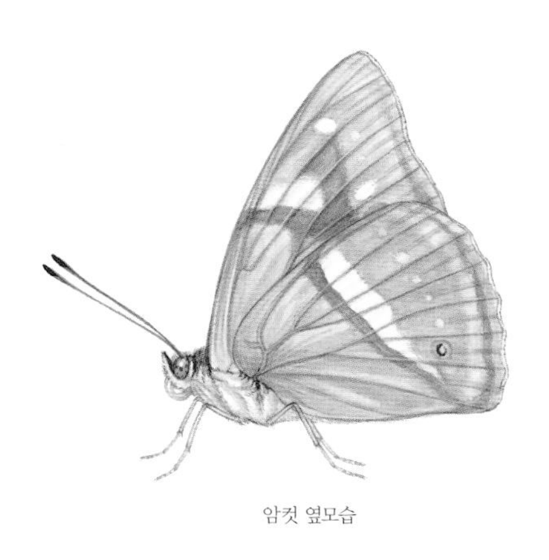

암컷 옆모습

알

애벌레

번데기

날개 편 길이는 57 ~ 71mm이다. 수컷은 날개 윗면이 밝은 누런 밤색이고, 암컷은 까만 밤색이다. 수컷은 앞날개 앞쪽 끄트머리가 크게 튀어나왔다. 윗면 날개 끝과 가장자리, 가운데에 짙은 밤색 띠무늬가 있다. 뒷날개 아랫면 가운데에는 주황색을 띤 가는 띠가 있고, 윗면보다 은백색을 더 띤다. 암컷은 날개 윗면 가운데에 하얀 띠가 나 있고, 아랫면은 은빛이 강하다.

유리창나비

Dilipa fenestra

앞날개 끄트머리에 유리창처럼 반투명한 동그란 무늬가 있어서 '유리창나비'라는 이름이 붙었다. 수컷과 암컷 모두 이 무늬가 있어서 다른 오색나비와 다르다. 북녘에서도 '유리창나비'라고 한다.

유리창나비는 한 해에 한 번 날개돋이 한다. 4월 중순부터 6월 초까지 몇몇 산골짜기에서 볼 수 있다. 제주도에서는 아직까지 보이지 않는다. 수컷은 축축한 땅이나 햇볕이 잘 드는 바위 위에 자주 앉고 가끔 동물 똥에도 꼬인다. 암컷은 재빠르게 날아다니기를 좋아하고, 바위나 땅바닥에 잘 내려앉지 않아서 보기 힘들다. 4월 20일 앞뒤로 골짜기 둘레 그늘진 수풀 속에서 짝짓기 하는 모습을 볼 수 있다. 암컷이 위쪽에 앉고 수컷이 아래쪽에 앉아 짝짓기를 한다. 짝짓기를 마친 암컷은 애벌레가 먹는 식물 나뭇가지나 어린잎에 알을 하나씩 낳는다. 일주일쯤 지나면 알에서 애벌레가 깨어 나온다. 애벌레는 입에서 토해 낸 실로 잎 두 장을 위아래로 엮고 그 속에 들어가 산다. 애벌레는 팽나무와 풍게나무 잎을 갉아 먹고, 추워지면 땅으로 내려와 가랑잎 속에서 번데기가 되어 겨울을 난다.

유리창나비는 중국 쓰촨성 지역에서 맨 처음 기록된 나비다. 우리나라에서는 1934년에 경기도 개성에서 처음 찾아 *Dilipa fenestra* 로 기록되었다. 나라 밖에서는 중국에서만 살고 있다. 우리나라에서는 함부로 나라 밖으로 가져가지 못하게 보호하고 있다.

4월 중순 ~ 6월 초
번데기
국외반출승인대상생물종

사는 곳 넓은잎나무가 많은 산골짜기
나라 안 분포 중부
나라 밖 분포 중국
잘 모이는 곳 동물 똥, 축축한 땅
애벌레가 먹는 식물 팽나무, 풍게나무

수컷 ×1

수컷 옆모습

암컷 ×1

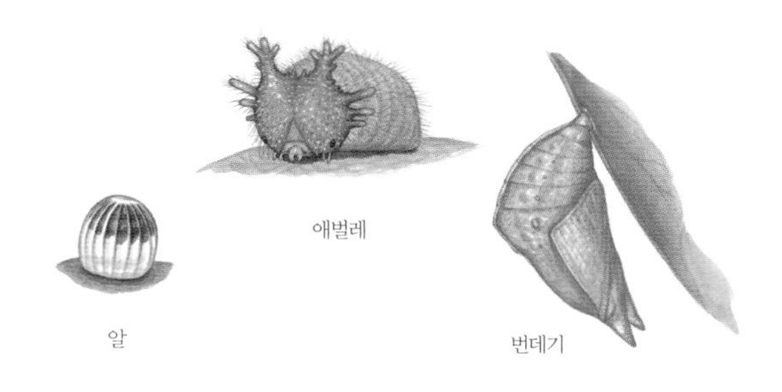

애벌레

알

번데기

날개 편 길이는 52 ~ 62mm이다. 수컷은 날개 윗면이 누렇고, 날개맥 가운데방에 까만 무늬가 있다. 날개 바깥쪽 가장자리와 날개 뿌리 쪽은 짙은 밤색을 띤다. 암컷은 날개 윗면 뒤쪽 가장자리와 뒷날개 날개 뿌리 쪽이 짙은 밤색을 띠어서 수컷보다 더 어둡고, 붉은 밤빛이 더 많이 돈다. 뒷날개 아랫면 가운데에는 빨간 밤색 줄무늬가 길게 나 있고, 작은 붉은 밤색 무늬들이 물결처럼 나 있다.

흑백알락나비

Hestina japonica

날개에 까만색과 하얀색이 잘 어우러져 있어서 '흑백알락나비'라는 이름이 붙었다. 북녘에서는 '흰점알락나비'라고 한다. 어리세줄나비와 닮았지만, 흑백알락나비는 주둥이가 노랗다.

흑백알락나비는 한 해에 두세 번 날개돋이 한다. 봄에 나오는 나비와 여름에 나오는 나비 몸빛이 다르다. 봄에는 5 ~ 6월, 여름에는 7 ~ 8월에 중부와 남부 지방에서 때때로 볼 수 있다. 경기도 몇몇 섬에서도 보이는데, 제주도에서는 볼 수 없다.

흑백알락나비는 들판이나 바닷가 넓은잎나무 숲이나 낮은 산에 산다. 8월 중순 충청남도 보령시 소황리 둘레 바닷가 숲에서 쉽게 볼 수 있다. 나무 위나 둘레를 빙 돌면서 천천히 날아다닌다. 맑은 날에는 축축한 땅에 앉아 물을 빨거나 동물 똥이나 죽은 동물에도 잘 모인다. 짝짓기를 마친 암컷은 잎 위에 알을 하나씩 낳는다. 일주일쯤 지나면 애벌레가 깨어 나온다. 애벌레는 팽나무와 풍게나무 잎을 갉아 먹는다. 여름에 나온 애벌레는 그대로 어른이 되고, 가을에 나온 애벌레는 나무 밑에 쌓인 가랑잎 속에 들어가서 겨울을 난다. 다 자란 애벌레는 통통하면서 넓적하다. 머리에는 굵은 돌기가 두 개 있다. 머리 뒤와 등 가운데, 배 끄트머리에는 세모난 돌기가 한 쌍씩 모두 세 쌍이 나 있다.

흑백알락나비는 일본에서 맨 처음 기록된 나비다. 우리나라에서는 1907년에 *Diagora japonica*로 처음 기록되었다. 러시아, 일본, 중국, 타이완에서도 살고 있다.

5 ~ 6월, 7 ~ 8월
애벌레

북녘 이름 흰점알락나비
사는 곳 들판 넓은잎나무 숲, 낮은 산
나라 안 분포 남부, 중부
나라 밖 분포 러시아, 일본, 중국, 타이완
잘 모이는 곳 축축한 땅, 동물 똥, 죽은 동물
애벌레가 먹는 식물 팽나무, 풍게나무

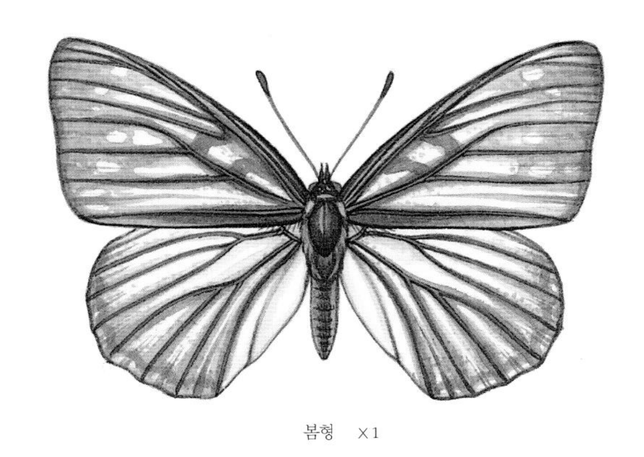

봄형 ×1

봄형 옆모습

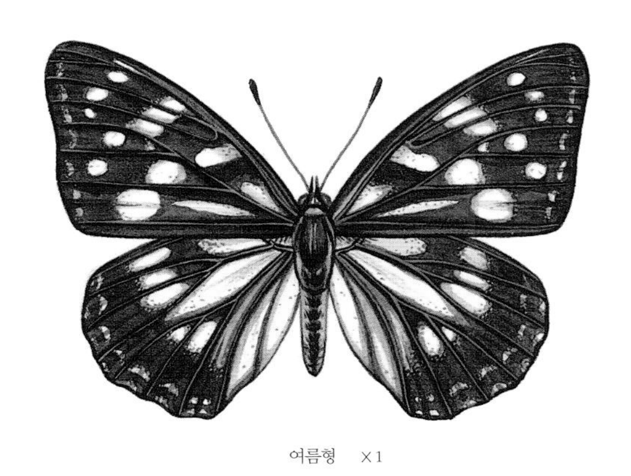

여름형 ×1

여름형 옆모습

흑백알락나비가 바닥에 앉아 물을 빨고 있다.

날개 편 길이는 봄형 58 ~ 64mm, 여름형 65 ~ 72mm이다. 봄형은 몸빛이 젖빛을 띠고, 날개맥은 까만 밤색이어서 마치 줄무늬처럼 보인다. 여름형은 까만 바탕에 하얀 무늬가 여기저기 나 있다. 암컷은 수컷보다 조금 더 크고, 날개폭이 더 넓으며, 날개 윗면 까만색이 더 연하다. 암컷과 수컷 모두 주둥이가 노랗다.

홍점알락나비

Hestina assimilis

날개에 까만색과 하얀색이 어우러져 알락알락하고, 뒷날개 가장자리에 분홍색 점무늬가 있어서 '홍점알락나비'라는 이름이 붙었다. 북녘에서는 '붉은점알락나비'라고 한다. 날개 윗면은 까만 바탕에 젖빛 무늬가 여기저기 나 있고, 뒷날개 바깥쪽 가장자리에는 분홍색 점들이 줄지어 있어서 다른 오색나비와 다르다.

홍점알락나비는 한 해에 두세 번 날개돋이 한다. 5월 말부터 9월까지 산에서도 살지만 섬이나 바닷가에서 더 많이 보인다. 봄에 나오는 나비가 여름에 나오는 나비보다 몸집이 훨씬 크다. 1939년에 '덕적군도 대표 나비는 홍점알락나비'라고 기록될 만큼 서해 중부에 있는 섬에서 많이 산다.

홍점알락나비는 팽나무가 많이 자라는 낮은 산이나 바닷가, 마을 둘레에서 산다. 나무 위나 숲 가장자리를 빙 돌면서 천천히 날아다닌다. 높이 날다가도 뚝 떨어져 내려왔다가 다시 높이 날기를 되풀이한다. 맑은 날에는 참나무 진이나 썩은 과일에 잘 모인다. 애벌레는 통통하고, 등에 돌기가 네 쌍 있는데 세 번째 돌기가 가장 크다. 팽나무와 풍게나무 잎을 갉아 먹고, 4령 애벌레가 되면 나무 밑에 쌓인 가랑잎 속으로 들어가 겨울을 난다. 번데기는 흑백알락나비와 닮았지만, 등 쪽 마디마다 아래쪽이 돌기처럼 튀어나온다.

홍점알락나비는 중국 광둥성 지역에서 맨 처음 기록된 나비다. 우리나라에서는 1883년에 *Hestina assimilis*로 처음 기록되었다. 일본, 중국, 타이완, 중앙아시아에서도 살고 있다. 우리나라에서는 나라 밖으로 함부로 가져가지 못하게 보호하고 있다.

5월 말 ~ 9월
애벌레
국외반출승인대상생물종

북녘 이름 붉은점알락나비
사는 곳 팽나무가 많은 낮은 산, 바닷가, 마을 둘레
나라 안 분포 남부, 중부, 서해 중부 섬
나라 밖 분포 일본, 중국, 타이완, 중앙아시아
잘 모이는 곳 참나무 진, 썩은 과일
애벌레가 먹는 식물 팽나무, 풍게나무

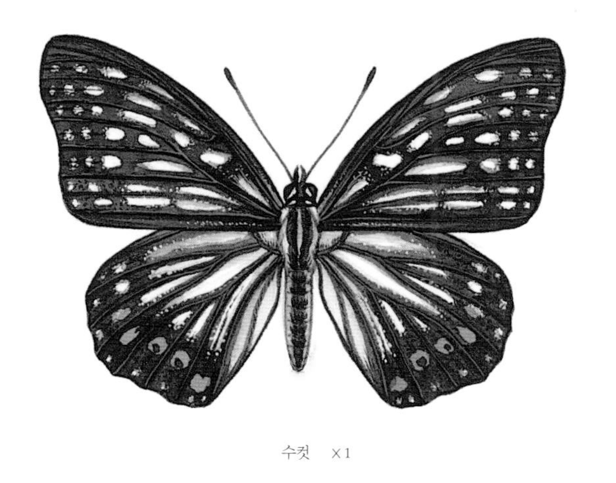
수컷 ×1

수컷 옆모습

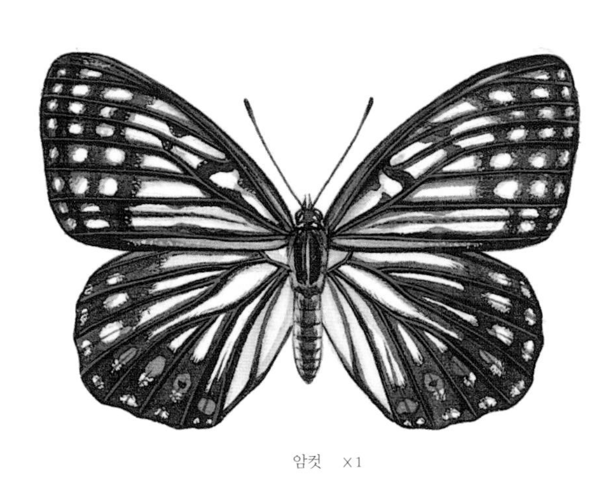
암컷 ×1

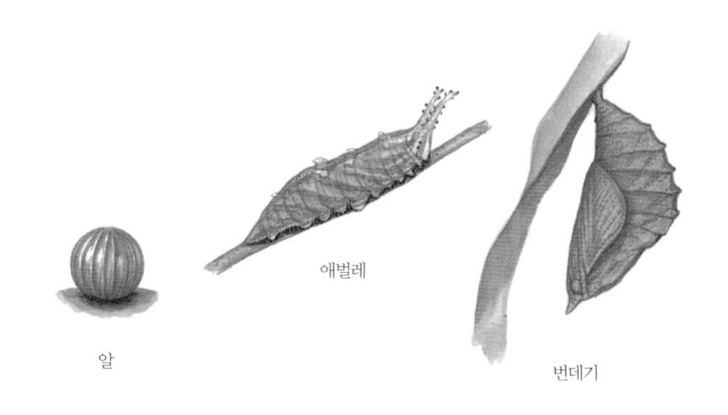

날개 편 길이는 69 ~ 92mm이다. 날개 윗면은 까만 바탕에 젖빛 무늬가 이리저리 나 있고, 아랫면은 윗면보다 빛깔이 옅거나 보랏빛이 돈다. 뒷날개 바깥쪽 가장자리에 분홍색 점들이 줄지어 있다. 암컷과 수컷 모두 주둥이가 노랗다.

대왕나비

Sephisa princeps

종명인 '*princeps*' 가 '생김새가 꼭 대왕 같다'는 뜻을 담고 있어서 '대왕나비'라는 이름이 붙었다. 북녘에서는 '감색얼룩나비'라고 한다. 수컷은 누런빛을 띤 붉은색이고, 암컷은 까만 밤색을 띤다. 암컷 앞날개 윗면 날개맥 가운데방에 불그스름한 짧은 띠무늬가 있어서 다른 오색나비와 다르다.

대왕나비는 한 해에 한 번 날개돋이 한다. 6월 말부터 8월까지 잎 지는 넓은잎나무가 자라는 산에서 쉽게 볼 수 있지만, 제주도에서는 보이지 않는다. 수컷은 오전에 축축한 땅이나 햇볕이 잘 드는 바위 위에 잘 앉고, 때로는 떼 지어 동물 똥이나 죽은 동물에도 꼬인다. 오후에는 산등성이나 산꼭대기에서 텃세를 부리며 날아다닌다. 암컷은 가끔 참나무 진에 모일 뿐 거의 숲 안쪽에서 지내기 때문에 보기 어렵다. 7월에서 8월까지 짝짓기를 마친 암컷은 거미나 나방 애벌레가 동그랗게 말아 놓은 잎 속에 알을 15개에서 45개쯤 무더기로 낳는다. 이렇게 4 ~ 6번 되풀이해서 알을 낳는다. 애벌레는 신갈나무, 굴참나무, 졸참나무, 상수리나무 잎을 갉아 먹고, 애벌레로 겨울을 난다. 처음에는 모여 살다가 겨울을 난 뒤 뿔뿔이 흩어져 혼자 산다.

대왕나비는 1887년에 우리나라 강원도 김화 북점 지역에서 처음 찾아 *Apatura princeps*로 기록되었다. 극동 러시아, 중국에서도 살고 있다. 우리나라에서는 함부로 나라 밖으로 가져가지 못하도록 보호하고 있다.

6월 말 ~ 8월
애벌레
고유종
국외반출승인대상생물종
한국고유생물종

북녘 이름 감색얼룩나비
사는 곳 잎 지는 넓은잎나무가 자라는 산
나라 안 분포 제주도를 뺀 온 나라
나라 밖 분포 극동 러시아, 중국
잘 모이는 곳 죽은 동물, 동물 똥, 참나무 진
애벌레가 먹는 식물 신갈나무, 굴참나무, 졸참나무, 상수리나무

수컷 ×1

수컷 옆모습

암컷 ×1

암컷 옆모습

날개 편 길이는 63 ~ 75mm이다. 수컷은 누르스름한 붉은빛을 띠고 까만 무늬가 여기저기 나 있다. 날개맥도 까만 선처럼 보인다. 날개 테두리도 까맣다. 암컷은 까만 밤색 바탕에 하얀 무늬들이 여기저기 나 있고, 날개맥 가운데방에 빨간 띠무늬가 있다.

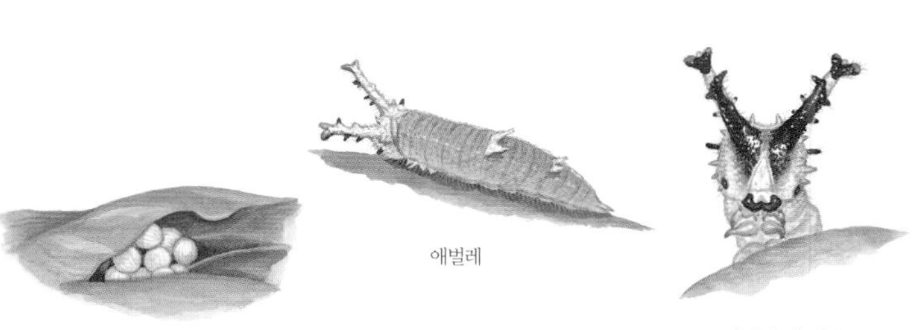

알

애벌레

애벌레 앞 얼굴

작은은점선표범나비

Clossiana perryi

작은은점선표범나비는 뒷날개 아랫면 가운데에 은빛 다각형 무늬가 있고, 은점선표범나비보다 작다고 붙은 이름이다. 북녘에서도 '작은은점선표범나비'라고 한다. 큰은점선표범나비와 닮았지만, 작은은점선표범나비는 뒷날개 아랫면 바깥쪽 가장자리가 더 밝은 누런빛을 띤다.

작은은점선표범나비는 한 해에 서너 번 날개돋이 한다. 3월 말부터 10월까지 몇몇 산속에서 드물게 볼 수 있다. 아직까지 남쪽 바닷가나 섬에서는 안 보인다. 요즘에는 볼 수 있는 곳과 수가 시나브로 줄고 있다. 쌀쌀한 날씨를 좋아하는 나비다. 맑은 날 풀밭에서 천천히 날고 고추나무, 쥐오줌풀, 개망초, 타래난초, 국화 꽃에 잘 모인다. 수컷은 여기저기 활발하게 날아다니지만, 암컷은 한곳에 지긋이 오래 앉아 있다. 짝짓기를 마친 암컷은 애벌레가 먹을 식물이나 그 둘레에 알을 낳는다. 알에서 깬 애벌레는 다른 나비 애벌레보다 훨씬 잘 기어 다닌다. 졸방제비꽃 잎을 갉아 먹다가 바위나 돌 밑, 담벼락 밑에 숨어 번데기가 된다. 번데기로 겨울을 난다.

작은은점선표범나비는 러시아 우수리 지역에서 맨 처음 기록된 나비다. 우리나라에서는 1882년에 *Brenthis perryi*로 처음 기록되었다. 극동 러시아와 중국 동북부에서도 살고 있다. 우리나라에서는 함부로 나라 밖으로 가지고 나갈 수 없도록 보호하고 있다.

3월 말 ~ 10월
번데기
국외반출승인대상생물종

다른 이름 선진은점선표범나비, 성지은점표범나비, 성지은점선표범나비
사는 곳 산속 풀밭, 숲 가장자리
나라 안 분포 중부, 북부 몇몇 산
나라 밖 분포 극동 러시아, 중국 동북부
잘 모이는 꽃 고추나무, 쥐오줌풀, 개망초, 타래난초, 국화
애벌레가 먹는 식물 졸방제비꽃

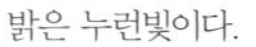
밝은 누런빛이다.

붉은 밤색을 띤다.

작은은점선표범나비와 큰은점선표범나비

수컷 ×1.5

수컷 옆모습

암컷 ×1.5

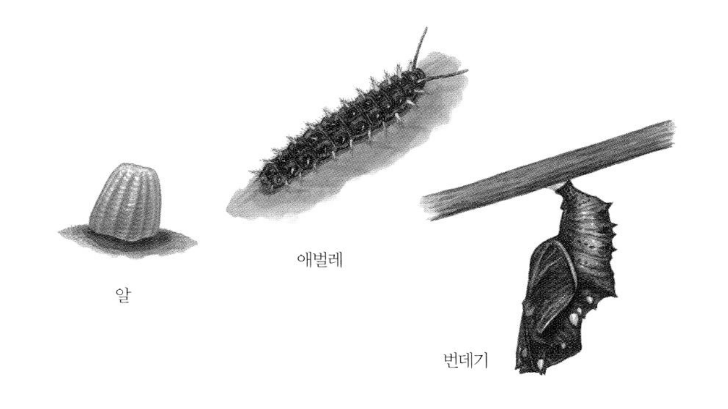

날개 편 길이는 32 ~ 45mm이다. 날개는 누렇고 까만 점무늬가 여기저기 나 있다. 바깥쪽 가장자리에는 까만 점들이 줄지어 있다. 뒷날개 아랫면 가운데에는 허연 다각형 무늬가 나 있고, 날개 뿌리 쪽으로 까만 점무늬가 있다. 가운데 가장자리는 밝은 누런빛을 띤다.

큰은점선표범나비 *Clossiana oscarus*

작은은점선표범나비와 닮았지만, 뒷날개 아랫면 가운데 가장자리가 빨간 밤색을 띠어서 다르다. 날개 편 길이는 41 ~ 45mm이다. 강원도 중부와 북부 지역에 있는 몇몇 높은 산에서 드물게 보인다.

수컷

암컷

수컷 옆모습

큰표범나비

Brenthis daphne

큰표범나비는 작은표범나비와 닮았지만, 몸집이 더 크다고 이런 이름이 붙었다. 뒷날개 아랫면 날개 뿌리 쪽이 옅은 노란빛을 띠고, 바깥쪽 가장자리로는 보랏빛이 돈다. 북녘에서는 '큰표문나비'라고 한다.

큰표범나비는 한 해에 한 번 날개돋이 한다. 6월부터 8월까지 중부와 북부 지방 내륙 몇몇 산에서 볼 수 있다. 남녘에서는 태백산맥 산등성이나 산꼭대기 둘레 풀밭에서 드물게 볼 수 있다. 맑은 날 산등성이 둘레 햇볕이 잘 드는 풀밭에서 천천히 날아다니고 큰까치수염, 엉겅퀴, 개망초, 조뱅이 꽃에 잘 모인다. 애벌레는 오이풀, 가는오이풀, 긴오이풀 잎을 갉아 먹고, 알이나 애벌레로 겨울을 나는 것으로 보인다.

큰표범나비는 독일 하나우 지역에서 맨 처음 기록된 나비다. 우리나라에서는 1882년에 *Argynnis rabdia* 로 처음 기록되었다. 러시아, 일본, 중국, 중앙아시아, 유럽에서도 살고 있다. 수가 적고 귀해서 우리나라에서는 나라 밖으로 가지고 나가지 못하게 보호하고 있다.

6 ~ 8월
알이나 애벌레
국외반출승인대상생물종

북녘 이름 큰표문나비
사는 곳 산속 풀밭, 숲 가장자리
나라 안 분포 중남부, 중동부, 북부
나라 밖 분포 러시아, 일본, 중국, 중앙아시아, 유럽
잘 모이는 꽃 큰까치수염, 엉겅퀴, 개망초, 조뱅이
애벌레가 먹는 식물 오이풀, 가는오이풀, 긴오이풀

보랏빛이 돈다.

누르스름하다.

큰표범나비와 작은표범나비

수컷 ×1

수컷 옆모습

암컷 ×1

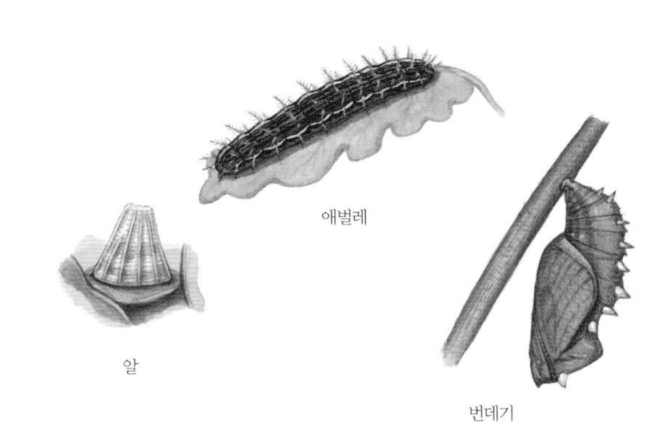

날개 편 길이는 48 ~ 57mm이다. 날개 윗면은 불그스름한 누런빛을 띠고, 까만 무늬들이 가지런히 나 있다. 뒷날개 아랫면 날개 뿌리 쪽은 옅은 노란빛을 띠고, 바깥쪽 가장자리 쪽으로 보랏빛이 도는 누런 밤색을 띤다.

작은표범나비 *Brenthis ino*

작은표범나비는 뒷날개 아랫면 날개 뿌리 쪽이 옅은 풀빛을 띠고, 가운데 가장자리가 옅은 누런빛을 띠어서 큰표범나비와 다르다. 날개 편 길이는 41 ~ 49mm이다. 남녘에서는 강원도 산등성이나 산꼭대기 둘레 풀밭에서 드물게 볼 수 있다.

수컷

암컷

수컷 옆모습

은줄표범나비

Argynnis paphia

뒷날개 아랫면에 은빛 줄무늬가 있는 표범나비라고 '은줄표범나비'다. 북녘에서는 '은줄표문나비'라고 한다. 산은줄표범나비와 닮았지만, 은줄표범나비는 뒷날개 아랫면에 있는 하얀 줄무늬가 똑바르게 나 있다. 산은줄표범나비는 하얀 줄무늬가 거미줄처럼 얽혀 있다.

은줄표범나비는 한 해에 한 번 날개돋이 한다. 5월 중순부터 6월 말까지 날아다니다가 여름잠을 잔 뒤에 8월부터 10월 초에 다시 나온다. 남녘에서는 산속에 핀 여러 꽃뿐만 아니라 축축한 땅바닥에서 수백 마리씩 무리 지어 물을 빠는 모습을 흔히 볼 수 있다. 맑은 날 숲 가장자리에서 날개를 쫙 펴고 앉아 햇볕을 쬐다가 나무와 풀 사이를 재빠르게 날아다닌다. 큰금계국, 큰까치수염, 개쉬땅나무, 미국쑥부쟁이, 백일홍, 설악초 꽃에 잘 모인다. 좋은 자리를 잡으면 멀리 날아가지 않고 다시 되돌아온다. 짝짓기를 마친 암컷은 가을에 참나무나 소나무 줄기에 알을 하나씩 붙여 낳는다. 두세 주 지나면 알에서 애벌레가 깨어 나온다. 애벌레는 바로 나무줄기를 타고 땅으로 내려와 가랑잎 속에서 겨울을 난다. 이듬에 봄에 겨울잠에서 깬 애벌레는 여러 제비꽃 잎을 갉아 먹고 큰다. 애벌레는 몸이 까맣다. 등에는 연한 노란색이나 연한 주황색을 띤 굵은 줄무늬가 머리에서 배 끝까지 두 줄로 나 있다. 또 마디마다 연한 노란색 잔가시가 다닥다닥 돋은 큰 가시 돌기가 세 쌍씩 있어서 다른 표범나비 애벌레와 다르다.

은줄표범나비는 루마니아에서 맨 처음 기록된 나비다. 우리나라에서는 1887년에 *Argynnis paphia*로 처음 기록되었다. 러시아, 일본, 중국, 중앙아시아, 타이완, 알제리, 유럽에서도 살고 있다.

5월 중순 ~ 6월 말, 8 ~ 10월

애벌레

북녘 이름 은줄표문나비
사는 곳 산속 숲 가장자리와 풀밭
나라 안 분포 온 나라
나라 밖 분포 러시아, 일본, 중국, 중앙아시아, 타이완, 알제리, 유럽
잘 모이는 꽃 큰금계국, 큰까치수염, 미국쑥부쟁이 따위
애벌레가 먹는 식물 여러 가지 제비꽃

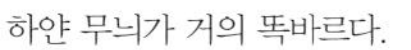
하얀 무늬가 거의 똑바르다.

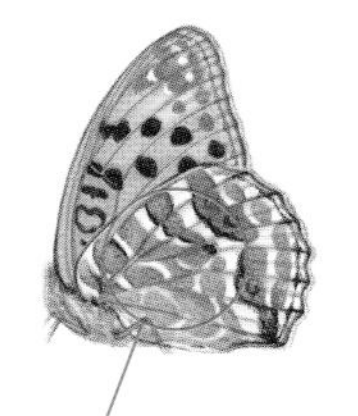
하얀 무늬가 그물처럼 얽힌다.

은줄표범나비와 산은줄표범나비

수컷 ×1

수컷 옆모습

암컷 ×1

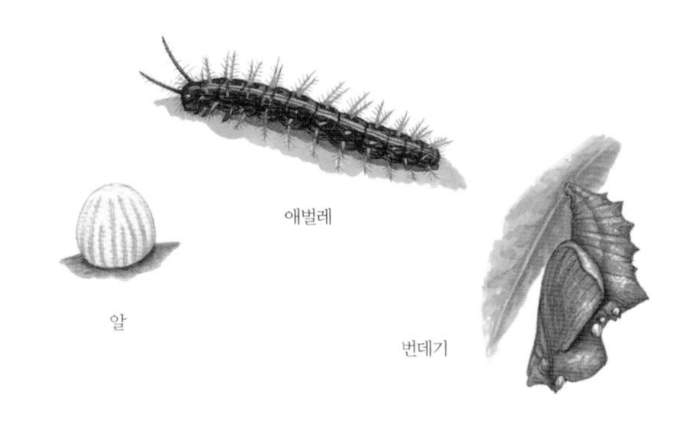

날개 편 길이는 58 ~ 68mm이다. 수컷 날개 윗면은 누렇고, 까만 점무늬가 가운데 가장자리에 줄지어 있다. 뒷날개 아랫면은 옅은 풀빛을 띠고 쇠붙이처럼 빛난다. 또 하얀 줄무늬가 여러 줄 나 있다. 암컷은 날개 윗면이 거무스름하다. 수컷은 앞날개 윗면 날개맥 1b맥부터 4맥까지 굵고 까만 줄무늬가 있다.

산은줄표범나비 *Childrena zenobia*

은줄표범나비와 닮았지만, 산은줄표범나비는 뒷날개 아랫면이 연한 풀빛이고 은색 줄무늬가 거미줄처럼 얽혀 있다. 날개 편 길이는 65 ~ 74mm이다. 남녘에서는 강원도 높은 산에서 산다.

수컷

암컷

수컷 옆모습

암컷 옆모습

구름표범나비

Argynnis anadyomene

뒷날개 아랫면이 마치 구름처럼 허옇다고 '구름표범나비'라는 이름이 붙었다. 북녘에서는 '구름표문나비'라고 한다. 뒷날개 아랫면에 뚜렷한 무늬가 없어서 다른 표범나비와 다르다.

구름표범나비는 한 해에 한 번 날개돋이 한다. 5월 말부터 나타나 6월 말까지 날아다니다가 여름잠을 잔다. 그리고 7월 말부터 다시 나와 9월까지 볼 수 있다. 우리나라 중부와 북부 산에서 폭넓게 살지만 수가 많지 않아서 보기 어렵다. 남녘에서는 남부 지방과 중부 서해 바닷가를 빼고 산속 풀밭이나 숲 가장자리에 핀 꽃에서 가끔씩 보인다. 맑은 날 숲 가장자리에서 천천히 날아다니고 큰금계국, 큰까치수염, 엉겅퀴, 개망초 꽃에 잘 모인다. 애벌레는 여러 가지 제비꽃 잎을 갉아 먹고, 애벌레로 겨울을 난다.

구름표범나비는 중국 중부 지역에서 맨 처음 기록된 나비다. 우리나라에서는 1887년에 *Argynnis anadiomene*로 처음 기록되었다. 극동 러시아, 중국, 일본에서도 살고 있다.

5월 말 ~ 6월 말, 7월 말 ~ 9월

애벌레

북녘 이름 구름표문나비

사는 곳 산속 숲 가장자리나 풀밭

나라 안 분포 중부, 북부

나라 밖 분포 극동 러시아, 중국, 일본

잘 모이는 꽃 큰금계국, 큰까치수염, 엉겅퀴, 개망초

애벌레가 먹는 식물 여러 가지 제비꽃

수컷 ×1

수컷 옆모습

암컷 ×1

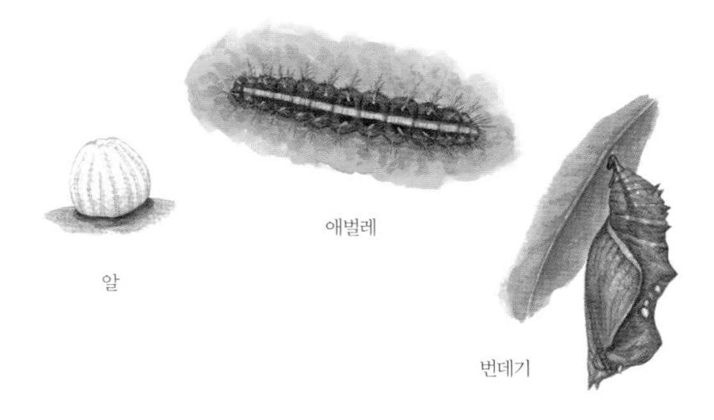

알

애벌레

번데기

날개 편 길이는 62 ~ 70mm이다. 날개 윗면은 누렇고, 동글동글하고 제법 큰 까만 점무늬가 여기저기에 나 있다. 앞날개 아랫면 가운데에도 까만 무늬들이 여럿 나 있다. 뒷날개 아랫면에는 뚜렷한 무늬가 없다. 수컷은 앞날개 윗면 날개맥 2맥에 까만 선이 나 있고, 암컷은 앞날개 앞쪽 끄트머리에 작고 하얀 점무늬가 있다.

산꼬마표범나비 *Clossiana thore*

큰은점선표범나비와 닮았지만, 뒷날개 아랫면 가운데 가장자리에 하얀 띠무늬가 있어서 다르다. 우리나라 중부와 북부 지방 몇몇 산에서 볼 수 있다. 날개 편 길이는 38 ~ 43mm이다.

수컷

암컷

수컷 옆모습

은점표범나비

Argynnis niobe

뒷날개 아랫면에 은색 점무늬가 잔뜩 나 있는 표범나비라고 '은점표범나비'다. 북녘에서는 '은점표문나비'라고 한다. 긴은점표범나비와 닮았지만, 은점표범나비는 뒷날개 아랫면 날개맥 가운데방 끝에 있는 은빛 점무늬가 둥글다.

은점표범나비는 한 해에 한 번 날개돋이 한다. 5월부터 나타나기 시작해서 6 ~ 7월에 많이 날아다닌다. 그러다가 여름잠을 자고 나서 9월에 다시 나온다. 우리나라 산 어디에나 살지만, 수가 많지 않아서 보기 어렵다. 산속 풀밭이나 숲 가장자리에 핀 꽃에서 가끔 보인다. 맑은 날 숲 가장자리에서 날개를 쫙 펴고 앉아 햇볕을 쬐고 큰금계국, 개쉬땅나무, 개망초, 마타리, 갈퀴덩굴, 곰취, 엉겅퀴 꽃에 잘 모인다. 가을에 알에서 깬 애벌레로 겨울을 난다. 이듬해 봄에 겨울잠에서 깨어난 애벌레는 갖가지 제비꽃 잎을 갉아 먹고 큰다.

은점표범나비는 스웨덴에서 맨 처음 기록된 나비다. 우리나라에서는 1887년에 *Argynnis adippe* ab. *xanthodippe*로 처음 기록되었다. 하지만 그동안 학명이 여러 번 바뀌었고, 요즘도 학자마다 다른 학명을 붙이고 있다. 유라시아 여러 나라와 북아프리카에서도 살고 있다. 우리나라에서는 나라 밖으로 함부로 가지고 나갈 수 없도록 보호하고 있다.

5 ~ 7월, 9월
애벌레
국외반출승인대상생물종

북녘 이름 은점표문나비
사는 곳 산속 풀밭, 숲 가장자리
나라 안 분포 온 나라
나라 밖 분포 유라시아, 북아프리카
잘 모이는 꽃 큰금계국, 개쉬땅나무, 개망초, 마타리 따위
애벌레가 먹는 식물 여러 가지 제비꽃

하얀 점이 나란하다.

하얀 점이 세모꼴로 나 있다.

은점표범나비와 풀표범나비

수컷 ×1

수컷 옆모습

수컷 변이

암컷 ×1

날개 편 길이는 55 ~ 70mm이다. 날개 윗면은 누렇고, 날개 가운데 가장자리에 동글동글한 크고 작은 까만 점무늬가 줄지어 있다. 날개 바깥쪽 테두리는 까맣다. 뒷날개 아랫면에는 은색 점무늬들이 여기저기 나 있고, 날개 뿌리 쪽에 은색 점 세 개가 나란히 나 있다. 또 날개맥 가운데방 끝에 있는 은빛 점무늬가 동그랗다. 수컷은 앞날개 윗면 날개맥 1b맥, 2맥, 3맥에 까만 줄무늬가 있다. 암컷은 수컷보다 크고 날개가 더 둥글다.

풀표범나비 *Speyeria aglaja*

은점표범나비와 닮았지만, 풀표범나비는 날개 아랫면이 풀빛을 띠고, 뒷날개 아랫면 날개 뿌리에 있는 은색 점 세 개가 세모꼴로 나 있다. 날개 편 길이는 54 ~ 65mm이다. 남녘에서는 강원도 높은 산 꼭대기나 산등성이에 있는 풀밭에서 날아다니는데, 요즘에는 수가 아주 적어서 보기 어렵다.

수컷

암컷

수컷 옆모습

긴은점표범나비

Argynnis vorax

은점표범나비와 닮았지만, 뒷날개 아랫면 날개맥 가운데방 끝에 있는 은빛 점무늬가 동그랗지 않고 길쭉해서 '긴은점표범나비'라는 이름이 붙었다. 북녘에서는 '긴은점표문나비'라고 한다.

긴은점표범나비는 한 해에 한 번 날개돋이 한다. 6월 중순부터 나타나 잠시 날아다니다가 여름잠을 자고, 9월에 다시 나온다. 우리나라 산 어디에서나 산다. 남녘에서는 산속 풀밭이나 숲 가장자리에 핀 꽃에서 흔히 보인다. 맑은 날 숲 가장자리에서 날개를 쫙 펴고 앉아 햇볕을 쬐고 큰금계국, 개쉬땅나무, 개망초, 조뱅이, 백리향, 엉겅퀴 꽃에 잘 모인다. 애벌레는 다른 표범나비 애벌레처럼 몸에 큰 가시 돌기가 빽빽이 나 있고, 몸통은 까만 밤색을 띤다. 애벌레는 털제비꽃, 제비꽃 잎을 갉아 먹다가, 애벌레로 겨울을 난다. 번데기는 빨간 밤색을 띠고 통통하며, 배에 난 돌기들이 작다.

긴은점표범나비는 중국 상하이 지역에서 맨 처음 기록된 나비다. 우리나라에서는 1883년에 *Argynnis vorax*로 처음 기록되었다. 러시아, 일본, 중국, 중앙아시아, 유럽에서도 살고 있다.

6월 중순, 9월

애벌레

북녘 이름 긴은점표문나비

사는 곳 산속 숲 가장자리나 풀밭

나라 안 분포 온 나라

나라 밖 분포 러시아, 일본, 중국, 중앙아시아, 유럽

잘 모이는 꽃 큰금계국, 개쉬땅나무, 개망초 따위

애벌레가 먹는 식물 털제비꽃, 제비꽃

수컷 ×1

수컷 옆모습

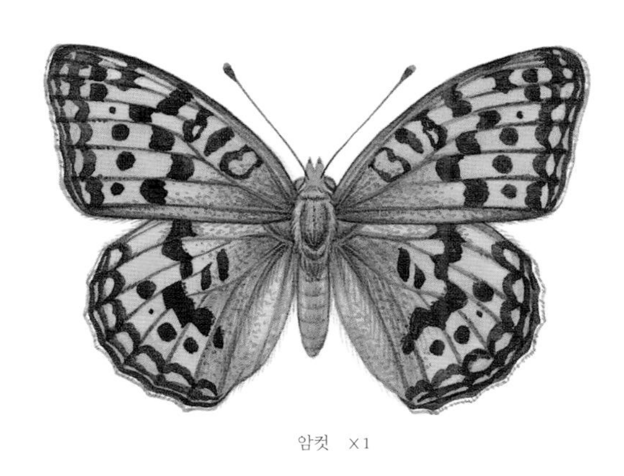

암컷 ×1

암컷 옆모습

날개 편 길이는 57 ~ 72mm이다. 날개 윗면은 누렇고, 날개 가운데 가장자리로 둥글둥글한 크고 작은 까만 점무늬가 줄지어 있다. 날개 바깥쪽 테두리는 까맣다. 뒷날개 아랫면에는 은빛 점무늬들이 여기저기 나 있고, 날개맥 가운데방 끝에 있는 은빛 점무늬가 길쭉하다. 수컷은 앞날개 윗면 날개맥 1b맥, 2맥, 3맥에 까만 줄무늬가 나 있다. 암컷은 수컷보다 크고 날개가 더 둥글다.

하얀 무늬가 길쭉하다.

하얀 무늬가 둥그렇다

긴은점표범나비와 은점표범나비

왕은점표범나비

Argynnis nerippe

은점표범나비보다 크다고 '왕은점표범나비'다. 북녘에서는 '왕은점표문나비'라고 한다. 은점표범나비와 닮았지만, 왕은점표범나비는 뒷날개 윗면 바깥쪽 가장자리를 따라 'M'자처럼 생긴 까만 무늬들이 줄지어 있어서 쉽게 알아볼 수 있다.

왕은점표범나비는 한 해에 한 번 날개돋이 한다. 5월부터 나타나기 시작해서 6 ~ 7월에 가장 많이 날아다닌다. 그러다 여름잠을 자고 난 뒤 9월에 다시 볼 수 있다. 우리나라에서는 몇몇 곳에만 산다. 남녘에서는 멸종위기야생동물 II급으로 정해서 보호하고 있다. 서해 바닷가나 섬, 경상북도 예천군 무지리 같은 몇몇 곳에서 보이는데, 지금은 굴업도에서 가장 많이 산다.

왕은점표범나비는 맑은 날 들판이나 언덕에 핀 둥근이질풀, 금불초, 금방망이, 큰엉겅퀴, 큰까치수염, 백일홍, 꿀풀 꽃에 가끔 모인다. 짝짓기를 마친 암컷은 애벌레가 먹는 제비꽃 잎이나 그 둘레에 알을 하나씩 낳는다. 한 달쯤 지나 알에서 깬 애벌레는 바로 마른 가랑잎 속으로 들어가 겨울을 난다. 이듬해 봄에 겨울잠에서 깬 애벌레는 여러 가지 제비꽃 잎을 갉아 먹고 큰다. 다섯 번 허물을 벗고 6령 애벌레가 된 뒤에 번데기가 된다.

왕은점표범나비는 일본에서 맨 처음 기록된 나비다. 우리나라에서는 1882년에 *Argynnis coreana*로 처음 기록되었다. 일본, 극동 러시아, 중국, 티베트에서도 살고 있다.

5 ~ 7월, 9월
애벌레
멸종위기야생동물 II급

북녘 이름 왕은점표문나비
사는 곳 언덕이나 들판 풀밭
나라 안 분포 남부, 중부, 북동부 몇몇 곳
나라 밖 분포 일본, 극동 러시아, 중국, 티베트
잘 모이는 꽃 둥근이질풀, 금불초, 금방망이, 큰엉겅퀴 따위
애벌레가 먹는 식물 여러 가지 제비꽃

수컷 ×1

수컷 옆모습

암컷 ×1

날개 편 길이는 58 ~ 80mm이다. 날개 윗면은 누렇고, 둥글둥글한 크고 작은 까만 점무늬가 줄지어 있다. 앞날개 아랫면은 윗면과 비슷한데, 뒷날개 아랫면에는 은빛 점무늬가 여기저기 나 있다. 수컷은 앞날개 윗면 날개맥 2맥과 3맥에 까만 줄무늬가 있고, 암컷은 날개 윗면 끄트머리에 하얀 점이 있다.

암끝검은표범나비

Argyreus hyperbius

암컷 날개 끄트머리가 까매서 '암끝검은표범나비'라는 이름이 붙었다. 뒷날개 아랫면에는 흰색, 누런 밤색, 까만색 무늬가 어우러져 있다. 암컷은 앞날개 가운데부터 끄트머리까지 파르스름하게 까맣고, 그 가운데에 하얀 띠무늬가 있어서 다른 표범나비와 다르다.

암끝검은표범나비는 한 해에 서너 번 날개돋이 한다. 봄에 나온 나비와 여름에 나온 나비 생김새가 사뭇 다르다. 봄에 나온 나비는 3 ~ 5월에, 여름에 나온 나비는 6 ~ 11월에 볼 수 있다. 제주도와 남해 바닷가에서 많이 산다. 멀리까지 날 수 있어서 가을에는 서해 섬과 중부 지방까지 올라온다. 맑은 날 숲 가장자리나 풀밭에서 날개를 쫙 펴고 앉아 햇볕을 쬐고 쥐오줌풀, 부추, 미역취, 쥐꼬리망초, 쑥부쟁이, 엉겅퀴 꽃에 잘 모인다. 애벌레는 여러 가지 제비꽃 잎을 갉아 먹고, 애벌레로 겨울을 나는 것 같다. 다 자란 애벌레는 온몸이 까만데, 등 가운데에 굵고 빨간 줄이 뚜렷하다. 또 배 쪽에 돋은 가시 돌기는 끝이 까맣고, 뒤쪽은 주황색을 띠어서 쉽게 알아볼 수 있다.

암끝검은표범나비는 중국 광둥성 지역에서 맨 처음 기록된 나비다. 우리나라에서는 1906년에 제주도에서 처음 찾아 *Argynnis niphe*로 기록되었다. 일본, 유라시아, 아프리카, 오스트레일리아에서도 살고 있다. 요즘에 날씨가 따뜻해지면서 중부 지방까지 보이는 곳이 넓어지고 있다. 그래서 날씨가 어떻게 바뀌는지 알아보려고 꾸준히 지켜보고 있는 나비다. 생김새가 예뻐서 사람들이 기르기도 한다.

3 ~ 5월, 6 ~ 11월
애벌레
국가기후변화생물지표종

북녘 이름 암끝검정표문나비
다른 이름 끝검은표범나비
사는 곳 풀밭 및 숲 가장자리
나라 안 분포 남부 지방
나라 밖 분포 일본, 유라시아, 아프리카, 오스트레일리아
잘 모이는 꽃 쥐오줌풀, 부추, 미역취, 쥐꼬리망초 따위
애벌레가 먹는 식물 여러 가지 제비꽃

수컷 ×1

수컷 옆모습

암컷 ×1

암컷 옆모습

날개 편 길이는 64 ~ 80mm이다. 날개 윗면은 누렇고, 둥글둥글한 크고 작은 까만 점무늬가 여기저기 나 있다. 앞날개 아랫면 가운데부터 날개 뿌리까지 주홍빛을 띤다. 뒷날개 아랫면에는 흰색, 누런 밤색, 까만색이 어우러진다. 암컷은 수컷과 달리 앞날개 가운데부터 끄트머리까지 파르스름한 검정빛을 띠고, 그 가운데에 하얀 띠무늬가 있다.

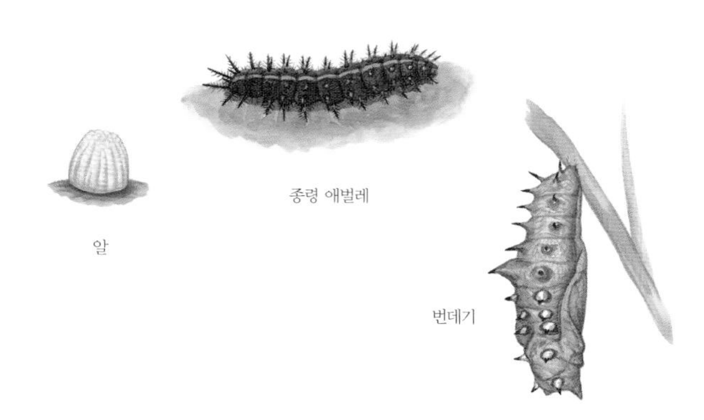

알

종령 애벌레

번데기

암검은표범나비

Damora sagana

표범나비 무리 가운데 암컷 날개 윗면이 까맣다고 '암검은표범나비'라는 이름이 붙었다. 북녘에서는 '암검은표문나비'라고 한다. 수컷과 암컷 몸빛이 사뭇 다르다. 수컷은 누렇고, 앞날개 윗면 날개맥 가운데방에 짧고 까만 줄무늬가 있다. 암컷은 수컷과 달리 날개가 푸른빛이 도는 거무스름한 밤색이고, 하얀 무늬들이 여기저기 나 있다.

암검은표범나비는 한 해에 한 번 날개돋이 한다. 6월부터 9월까지 낮은 산부터 바닷가까지 폭넓게 산다. 바닷가나 섬에 더 많이 사는데, 여기에 사는 나비는 몸집이 더 크다. 맑은 날 산속 풀밭이나 숲 가장자리에서 기운차게 날아다니고 큰까치수염, 쑥부쟁이, 부추, 기름나물, 고마리, 엉겅퀴, 개망초, 산초나무 꽃에 잘 모인다. 애벌레는 여러 가지 제비꽃 잎을 갉아 먹고, 애벌레로 겨울을 난다.

암검은표범나비는 중국 동북부 지역에서 맨 처음 기록된 나비다. 우리나라에서는 1887년에 *Argynnis sagana* 로 처음 기록되었다. 러시아, 일본, 중국, 몽골에서도 살고 있다.

6 ~ 9월
애벌레

북녘 이름 암검은표문나비
사는 곳 낮은 산, 바닷가 풀밭
나라 안 분포 온 나라
나라 밖 분포 러시아, 일본, 중국, 몽골
잘 모이는 꽃 큰까치수염, 쑥부쟁이, 부추, 기름나물 따위
애벌레가 먹는 식물 여러 가지 제비꽃

수컷 ×1

수컷 옆모습

암컷 ×1

암컷 옆모습

날개 편 길이는 64 ~ 79mm이다. 수컷은 날개 윗면이 주황빛을 띠고, 바깥쪽 가장자리에 까만 점무늬가 줄지어 나 있다. 또 날개맥 가운데방에 가로로 짧고 까만 줄무늬가 나 있다. 수컷은 앞날개 윗면 날개맥 1b맥부터 4맥까지 굵고 까만 줄무늬가 있다. 뒷날개 아랫면 가운데부터 가장자리까지는 자줏빛이 돈다. 암컷은 날개 윗면이 거무스름하고, 아랫면은 풀빛이 돈다.

흰줄표범나비

Argyronome laodice

뒷날개 아랫면에 하얀 줄무늬가 있다고 '흰줄표범나비'라는 이름이 붙었다. 북녘에서는 '흰줄표문나비'라고 한다. 큰흰줄표범나비와 닮았지만, 흰줄표범나비는 앞날개 앞쪽 모서리 끝이 튀어나오지 않고, 뒷날개 아랫면 가운데쯤부터 바깥쪽 가장자리까지 있는 자줏빛이 더 옅다.

흰줄표범나비는 한 해에 한 번 날개돋이 한다. 6월부터 10월까지 낮은 산과 숲 가장자리, 논밭 둘레, 물가에 있는 풀밭이나 꽃에서 흔히 볼 수 있다. 엉겅퀴와 큰금계국, 참싸리꽃, 개망초, 큰까치수염, 붉은토끼풀, 노랑코스모스, 고마리, 백합, 등골나물, 쑥부쟁이 꽃에 잘 모인다. 수컷은 오전에 축축한 땅에 내려앉아 물을 빨아 먹기도 한다. 짝짓기를 마친 암컷은 애벌레가 먹을 잎에 알을 하나씩 낳아 붙인다. 늦가을에 알에서 깬 애벌레는 이끼나 말라 죽은 나무 밑으로 파고 들어가 겨울을 난다. 알로 겨울을 나기도 한다. 이듬해 나온 애벌레는 여러 가지 제비꽃 잎을 갉아 먹으며 큰다. 한 잎을 다 먹으면 옆으로 기어가 다른 제비꽃 잎을 갉아 먹는다. 손으로 살짝 건드리면 몸을 동그랗게 만다.

흰줄표범나비는 러시아 남부 지역에 맨 처음 기록된 나비다. 우리나라에서는 1882년에 *Argynnis japonica* 로 처음 기록되었다. 러시아, 일본, 중국, 미얀마, 중앙아시아, 유럽에서도 살고 있다.

6 ~ 10월

애벌레나 알

북녘 이름 흰줄표문나비

사는 곳 낮은 산, 숲 가장자리, 논밭 둘레, 물가

나라 안 분포 온 나라

나라 밖 분포 러시아, 일본, 중국, 미얀마, 중앙아시아, 유럽

잘 모이는 꽃 엉겅퀴, 큰금계국, 참싸리꽃, 개망초 따위

애벌레가 먹는 식물 여러 가지 제비꽃

수컷 ×1

수컷 옆모습

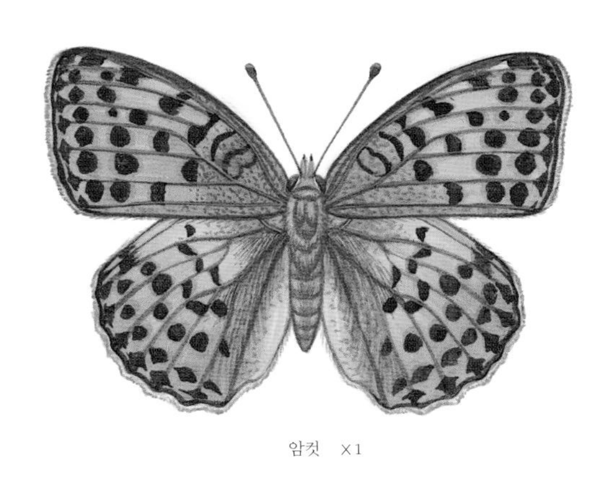

암컷 ×1

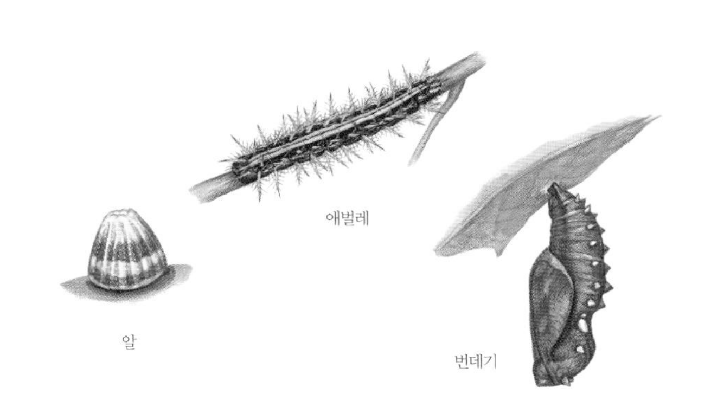

날개 편 길이는 52 ~ 63mm이다. 날개 윗면은 누렇고, 까만 점무늬가 여기저기 나 있다. 뒷날개 아랫면 가장자리에 하얀 띠무늬가 삐뚤빼뚤 나 있고, 바깥쪽 가장자리까지는 은빛이 도는 자줏빛을 띤다. 수컷은 앞날개 윗면 날개맥 2맥과 3맥에 굵고 까만 줄무늬가 있다. 암컷은 앞날개 윗면 앞쪽 끄트머리에 작고 하얀 무늬가 있다.

날개 끝이 튀어나오지 않는다. 날개 끝이 튀어나온다.

흰줄표범나비과 큰흰줄표범나비

큰흰줄표범나비

Argyronome ruslana

흰줄표범나비보다 더 크다고 '큰흰줄표범나비'다. 북녘에서는 '큰흰줄표문나비'라고 한다. 흰줄표범나비와 닮았지만, 큰흰줄표범나비는 앞날개 앞쪽 모서리 끄트머리가 더 튀어나왔다. 또 뒷날개 아랫면 가운데부터 바깥쪽 가장자리까지 자줏빛이 더 짙다.

큰흰줄표범나비는 한 해에 한 번 날개돋이 한다. 6월부터 나타나 잠깐 날아다니다가 여름잠을 자러 들어간다. 그리고 8월부터 다시 나와 날아다닌다. 우리나라에서는 제법 높은 산에서 볼 수 있는데, 남녘에서는 7월 말쯤 강원도에 있는 산에 가면 흔히 본다. 요즘에는 낮은 산이나 들판에서도 가끔 볼 수 있다. 산속 풀밭이나 숲 가장자리에 핀 개망초, 큰까치수염, 엉겅퀴 꽃에 잘 모인다. 애벌레는 여러 가지 제비꽃 잎을 갉아 먹는다. 알이나 애벌레로 겨울을 난다.

큰흰줄표범나비는 러시아 아무르 지방에서 맨 처음 기록된 나비다. 우리나라에서는 1906년 제주도에서 처음 찾아 *Argynnis ruslana* 로 기록되었다. 극동 러시아, 일본, 중국에서도 산다.

6 ~ 7월, 8월

알이나 애벌레

북녘 이름 큰흰줄표문나비

사는 곳 산속 풀밭이나 숲 가장자리

나라 안 분포 온 나라

나라 밖 분포 극동 러시아, 일본, 중국

잘 모이는 꽃 개망초, 큰까치수염, 엉겅퀴

애벌레가 먹는 식물 여러 가지 제비꽃

수컷 ×1

수컷 옆모습

암컷 ×1

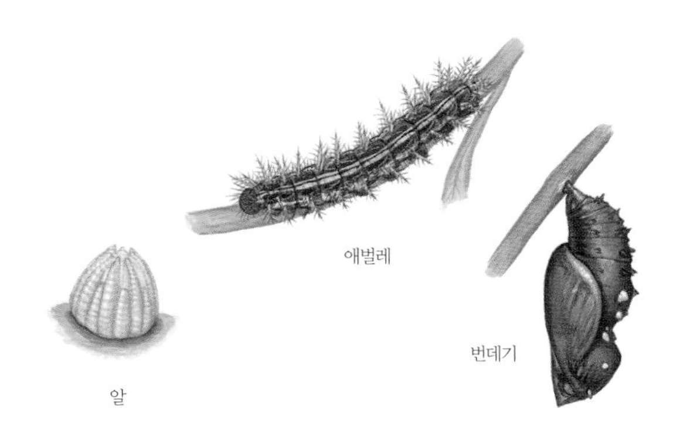

애벌레

번데기

알

날개 편 길이는 58 ~ 69mm이다. 날개 윗면은 누렇고, 까만 점무늬가 여기저기에 나 있다. 뒷날개 아랫면 가운데에 있는 하얀 띠무늬가 삐뚤빼뚤 나 있고, 가장자리까지는 보랏빛이 도는 빨간 밤빛을 띤다. 수컷은 앞날개 윗면 날개맥 1b맥, 2맥, 3맥 위에 굵고 까만 줄무늬가 있다. 암컷은 앞날개 앞쪽 모서리에 작고 하얀 점무늬가 있다.

줄나비

Limenitis camilla

날개에 하얀 줄무늬가 뚜렷하게 나 있어서 '줄나비'다. 북녘에서는 '한줄나비'라고 한다. 앞날개 윗면 날개맥 가운데방에 하얀 무늬가 없어서 다른 줄나비와 다르다.

줄나비는 한 해에 두세 번 날개돋이 한다. 5월 말부터 10월 초까지 볼 수 있다. 우리나라 어느 산골짜기에나 다 살지만 수가 많지 않아서 드물게 보인다. 맑은 날 숲 가장자리 나뭇잎에 앉아 날개를 쫙 펴고 햇볕을 쬔다. 개망초, 큰까치수염, 산초나무, 분꽃나무 꽃에 잘 모이고 짐승 똥에도 꼬인다. 축축한 땅에 내려앉아 물을 빨아 먹기도 한다. 짝짓기를 마친 암컷은 잎끝에 알을 하나씩 낳아 붙인다. 일주일이나 열흘쯤 지나면 알에서 애벌레가 깬다. 애벌레는 인동과에 속하는 인동덩굴, 홍괴불나무, 올괴불나무, 각시괴불나무 잎을 갉아 먹는다. 3령 애벌레로 겨울을 나는데, 잎을 붙이고 그 속에서 지낸다. 이듬해 다 자란 애벌레는 짙은 풀빛을 띤다. 등에 불그스름한 돌기가 가시처럼 돋았고, 돌기에는 까만 밤색 잔가시가 잔뜩 나 있다. 잎 아래에 거꾸로 매달려 번데기가 된다. 번데기는 머리 돌기와 배 앞쪽이 까만 밤색을 띠고, 배 뒤쪽은 풀색을 띤다. 다른 줄나비 무리처럼 배 뒤쪽이 납작한 돌기처럼 툭 튀어나왔다.

줄나비는 독일에서 맨 처음 기록된 나비다. 우리나라에서는 1887년에 *Limenitis sibylla*로 처음 기록되었다. 일본, 중국, 러시아, 중앙아시아, 유럽에서도 살고 있다.

5월 말 ~ 10월 초
애벌레

북녘 이름 한줄나비
사는 곳 산속 수풀, 산골짜기
나라 안 분포 북서부를 뺀 온 나라
나라 밖 분포 일본, 중국, 러시아, 중앙아시아, 유럽
잘 모이는 꽃 개망초, 큰까치수염, 산초나무, 분꽃나무
애벌레가 먹는 식물 인동덩굴, 홍괴불나무, 올괴불나무, 각시괴불나무

수컷 ×1

수컷 옆모습

암컷 ×1

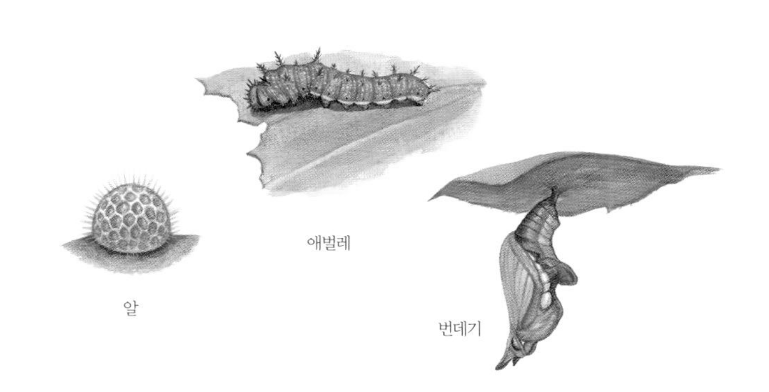

날개 편 길이는 45 ~ 55mm이다. 날개 윗면은 까맣고 날개 가운데에 하얀 무늬가 뚜렷하게 나 있다. 앞날개 날개맥 가운데방에 하얀 무늬가 없고, 바깥쪽 가장자리에도 하얀 무늬가 없다. 날개 아랫면은 불그스름한 밤색을 띤다. 날개 뿌리 쪽은 은백색을 띠며, 바깥쪽 가장자리 쪽으로 까만 점무늬들이 두 줄로 늘어서 있다.

왕줄나비 *Limenitis populi*

뒷날개 윗면 바깥쪽 가장자리에 주황색 무늬들이 줄지어 나 있어서 다른 줄나비와 다르다. 날개 편 길이는 67 ~ 72mm이다. 남녘에서는 강원도 북동부에 있는 몇몇 높은 산에서 드물게 볼 수 있다.

수컷

암컷

수컷 옆모습

굵은줄나비

Limenitis sydyi

굵은줄나비는 줄나비보다 날개 윗면에 있는 하얀 줄무늬가 더 굵다. 또 앞날개 날개맥 가운데방에 하얀 줄무늬가 있고, 뒷날개 아랫면 바깥쪽 테두리가 온통 하얗다. 북녘에서는 '넓은한줄나비'라고 한다.

굵은줄나비는 한 해에 한 번 날개돋이 한다. 6월부터 8월까지 산이나 시골 마을 둘레에서 드물게 볼 수 있다. 수컷은 오전에 꽃에서 꿀을 빨고, 오후에는 산꼭대기나 산등성이 빈터에서 날아다닌다. 또 맑은 날 숲 가장자리 나뭇잎에 앉아 날개를 쫙 펴고 햇볕을 쬔다. 큰금계국, 조팝나무, 개망초, 싸리 꽃뿐만 아니라 썩은 과일에도 잘 모인다. 다 자란 애벌레는 완두콩 빛깔을 띤다. 마디마다 등에 난 돌기가 아주 길고 빨갛다. 애벌레는 장미과에 속하는 조팝나무, 일본조팝나무, 꼬리조팝나무 잎을 갉아 먹고, 애벌레로 겨울을 난다. 번데기는 번쩍번쩍 빛이 나는 연한 노란색이고 까만 점무늬가 나 있다. 암컷이 번데기에서 나와 날개돋이 할 때쯤 먼저 나온 수컷들이 둘레에 모여들어 짝짓기를 먼저 하려고 벼르고 있다.

굵은줄나비는 카자흐스탄 동부 지역에서 맨 처음 기록된 나비다. 우리나라에서는 1887년에 *Limenitis sydyi* var. *latefasciata* 로 처음 기록되었다. 중국 북동부, 극동 러시아에서도 산다.

6 ~ 8월
애벌레

북녘 이름 넓은한줄나비
다른 이름 조선줄나비사촌
사는 곳 산속 수풀, 마을 둘레
나라 안 분포 중남부, 중부, 북부
나라 밖 분포 중국 북동부, 극동 러시아
잘 모이는 꽃 금계국, 조팝나무, 개망초, 싸리
애벌레가 먹는 식물 조팝나무, 일본조팝나무, 꼬리조팝나무

수컷 ×1

수컷 옆모습

암컷 ×1

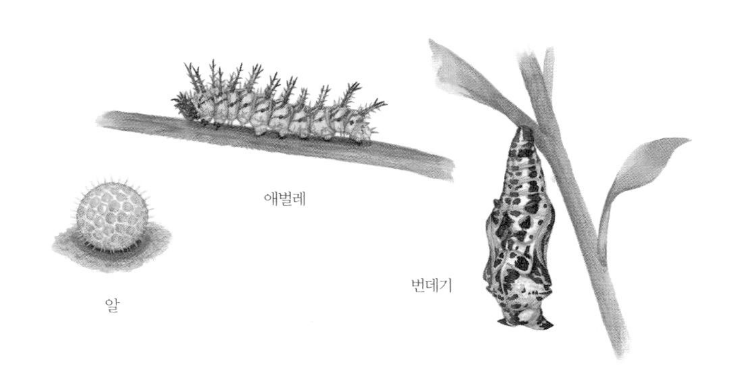

날개 편 길이는 50 ~ 63mm이다. 날개 윗면은 까맣고, 가운데에 하얀 띠무늬가 뚜렷하다. 앞날개 윗면 날개맥 가운데방에는 하얗고 가는 줄무늬가 있다. 수컷은 줄무늬가 희미하거나 없기도 하지만 암컷은 뚜렷하게 나 있다. 날개 아랫면은 불그스름한 밤색이고, 날개 뿌리 쪽에 무늬가 어지럽게 나 있다. 뒷날개 아랫면 가운데 가장자리에 까만 점무늬가 두 줄로 쭉 나 있다.

홍줄나비 *Seokia pratti*

날개 가장자리를 따라 주홍색 점무늬가 줄지어 띠를 이루고 있어서 다른 줄나비와 다르다. 날개 편 길이는 57 ~ 59mm이다. 우리나라 중부와 북부 몇몇 산에서 드물게 볼 수 있다.

수컷

암컷

수컷 옆모습

암컷 옆모습

참줄나비

Limenitis moltrechti

줄나비 무리 가운데 가장 줄나비답게 생겼다고 '참줄나비'라는 이름이 붙었다. 북녘에서는 '산한줄나비'라고 한다. 참줄나비사촌과 닮았지만, 참줄나비는 앞날개 윗면 날개맥 가운데방에 날개 뿌리 쪽으로 난 가늘고 하얀 줄무늬가 없다.

참줄나비는 한 해에 한 번 날개돋이 한다. 6월부터 8월 초까지 중부와 북부 지방 몇몇 산에서 드물게 볼 수 있다. 남녘에서는 강원도 높은 산에서 산다. 수컷은 7월에 축축한 곳에서 물을 빠는 모습을 자주 볼 수 있다. 맑은 날 땅바닥에 앉아 날개를 쫙 펴고 햇볕을 쬔다. 개망초나 금계국 꽃뿐만 아니라 짐승 똥에도 잘 모인다. 맑은 날에는 산꼭대기에 몰려드는데 자기 자리를 잡고 다른 나비가 못 들어오게 텃세를 부린다. 짝짓기를 마친 암컷은 애벌레가 먹는 식물 잎 뒤에 알을 낳는다. 알에서 나온 애벌레는 인동과에 속하는 올괴불나무 잎을 갉아 먹다가, 애벌레로 겨울을 난다.

참줄나비는 러시아 우수리 지역에서 맨 처음 기록된 나비다. 우리나라에서는 1919년에 함경북도 무산령에서 처음 찾아 *Limenitis amphyssa* 로 기록되었다. 극동 러시아, 중국 북동부에서도 살고 있다.

6 ~ 8월 초
애벌레

북녘 이름 산한줄나비
다른 이름 조선줄나비
사는 곳 높은 산
나라 안 분포 중동부, 북동부
나라 밖 분포 극동 러시아, 중국 북동부
잘 모이는 꽃 개망초, 금계국
애벌레가 먹는 식물 올괴불나무

하얀 줄무늬가 없다.

하얀 줄무늬가 있다.

참줄나비와 참줄나비사촌

수컷 ×1

수컷 옆모습

암컷 ×1

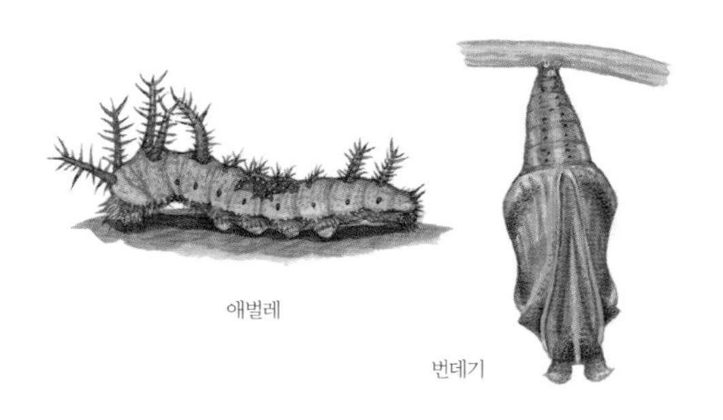
애벌레

번데기

날개 편 길이는 51 ~ 65mm이다. 날개 윗면은 까맣고, 하얀 무늬들이 뚜렷하게 나 있다. 앞날개 윗면 날개맥 가운데방에 하얀 줄무늬가 가로로 길며 네모나다. 날개 아랫면은 불그스름한 밤색을 띠고, 앞날개 아랫면 뒤쪽 가장자리는 까만 밤색을 띤다. 날개 윗면과 아랫면 무늬는 닮았다.

참줄나비사촌 *Limenitis amphyssa*

참줄나비와 닮았지만, 참줄나비사촌은 앞날개 윗면 날개맥 가운데방에 날개 뿌리 쪽으로 가늘고 하얀 줄무늬가 있다. 날개 편 길이는 52 ~ 57mm이다. 남녘에서는 강원도 중부와 북부에 있는 높은 산에서 사는데 참줄나비보다 더 드물다.

수컷

암컷

수컷 옆모습

제일줄나비

Limenitis helmanni

서로 닮은 세 가지 줄나비에게 '일, 이, 삼'이라는 번호를 붙이면서 '제일줄나비'라는 이름이 먼저 붙었다. 북녘에서는 '참한줄나비'라고 한다. 제삼줄나비와 닮았지만, 제일줄나비는 뒷날개 아랫면 날개 뿌리 쪽에 있는 은백색 무늬가 더 넓다.

제일줄나비는 한 해에 두 번 날개돋이 한다. 5월 중순부터 9월까지 온 나라 어디에서나 날아다닌다. 높은 산보다는 마을 둘레나 숲 가장자리에서 쉽게 볼 수 있다. 맑은 날 땅바닥이나 숲 가장자리에 자란 나무에 앉아 날개를 쫙 펴고 자주 햇볕을 쬔다. 고마리나 산초나무, 엉겅퀴, 개망초 꽃뿐만 아니라 사람 땀 냄새를 맡고 가까이 날아오기도 하고, 땅에 내려앉아 물을 빨기도 한다. 짐승 똥에도 잘 꼬인다. 짝짓기를 마친 암컷은 애벌레가 먹는 식물 잎 뒤에 노란 알을 하나씩 붙여 낳는다. 알에서 깬 애벌레는 두툼한 잎을 가운데 맥만 남기고 모조리 먹는다. 애벌레는 인동과에 속하는 인동덩굴, 올괴불나무, 각시괴불나무, 구슬댕댕이와 마편초과에 속하는 작살나무 잎을 갉아 먹는다. 애벌레로 겨울을 난다.

제일줄나비는 카자흐스탄 동부 지역에서 맨 처음 기록된 나비다. 우리나라에서는 1887년에 *Limenitis helmanni*로 처음 기록되었다. 러시아, 중국, 중앙아시아에서도 살고 있다.

5월 중순 ~ 9월

애벌레

북녘 이름 참한줄나비

사는 곳 낮은 산, 마을 둘레, 숲 가장자리

나라 안 분포 온 나라

나라 밖 분포 러시아, 중국, 중앙아시아

잘 모이는 꽃 고마리, 산초나무, 엉겅퀴, 개망초

애벌레가 먹는 식물 인동덩굴, 올괴불나무, 각시괴불나무 따위

수컷 ×1

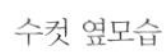

수컷 옆모습

암컷 ×1

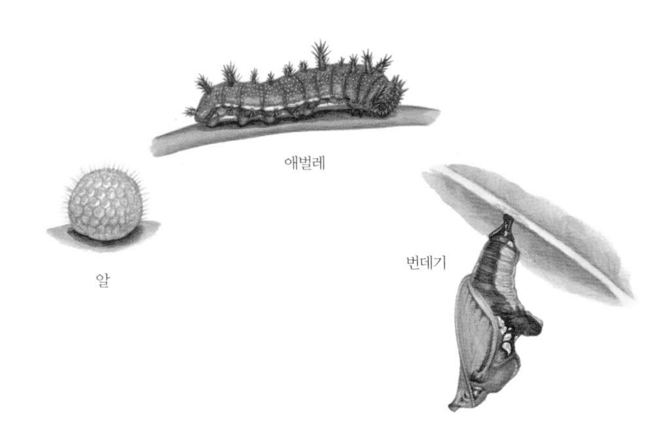

날개 편 길이는 45 ~ 60mm이다. 날개 윗면은 까맣고, 하얀 무늬가 뚜렷하게 나 있다. 날개 아랫면 무늬도 윗면과 비슷하다. 사는 곳에 따라 하얀 무늬 크기가 사뭇 다르다. 앞날개 윗면 날개 뿌리에서 날개맥 가운데방 쪽으로 하얀 무늬가 곤봉처럼 곧고 길게 뻗는다. 뒷날개 아랫면은 누런 밤색이고, 뒷날개 날개 뿌리에는 은백색 무늬가 폭넓게 나 있다.

제삼줄나비 *Limenitis homeyeri*

제일줄나비와 닮았지만, 제삼줄나비는 날개 아랫면이 더 어두운 붉은 밤색을 띠고, 뒷날개 아랫면 날개 뿌리 쪽에 있는 은백색 무늬 폭이 좁다. 날개 편 길이는 49 ~ 58mm이다. 남녘에서는 강원도 몇몇 높은 산에서 드물게 보인다.

수컷

암컷

수컷 옆모습

제이줄나비

Limenitis doerriesi

서로 닮은 세 가지 줄나비에 '일, 이, 삼'이라는 번호를 붙이면서 '제이줄나비'라는 이름이 붙었다. 북녘에서는 '제이한줄나비'라고 한다. 제일줄나비와 닮았지만, 제이줄나비는 앞날개 윗면 날개 뿌리에서 날개맥 가운데방 쪽으로 곤봉처럼 뻗은 하얀 줄무늬 길이가 짧고, 조금 휜다.

제이줄나비는 한 해에 두세 번 날개돋이 한다. 5월 중순부터 9월까지 날아다니는데 온 나라에 살지만, 북녘에는 드물다. 남녘에서는 높은 산보다는 마을 둘레나 숲 가장자리에서 쉽게 볼 수 있다. 맑은 날 땅바닥이나 숲 가장자리에 자란 나무에 앉아 날개를 쫙 펴고 햇볕을 쬔다. 털여뀌나 산초나무, 조팝나무, 여러 쑥부쟁이 꽃뿐만 아니라 짐승 똥에도 잘 모인다. 애벌레는 인동과에 속하는 인동덩굴, 괴불나무, 올괴불나무, 병꽃나무와 마편초과에 속하는 작살나무 잎을 갉아 먹는다. 애벌레로 겨울을 난다.

제이줄나비는 러시아 파르티잔스크 지역에서 맨 처음 기록된 나비다. 우리나라에서는 1895년에 *Limenitis helmanni duplicata*로 처음 기록되었다. 극동 러시아와 중국 북동부에서도 살고 있다.

5월 중순 ~ 9월

애벌레

북녘 이름 제이한줄나비

사는 곳 낮은 산, 마을 둘레, 숲 가장자리

나라 안 분포 남서부 지방을 뺀 온 나라

나라 밖 분포 극동 러시아, 중국 북동부

잘 모이는 꽃 털여뀌, 산초나무, 조팝나무, 쑥부쟁이

애벌레가 먹는 식물 괴불나무, 올괴불나무, 병꽃나무, 작살나무

수컷 ×1

수컷 옆모습

암컷 ×1

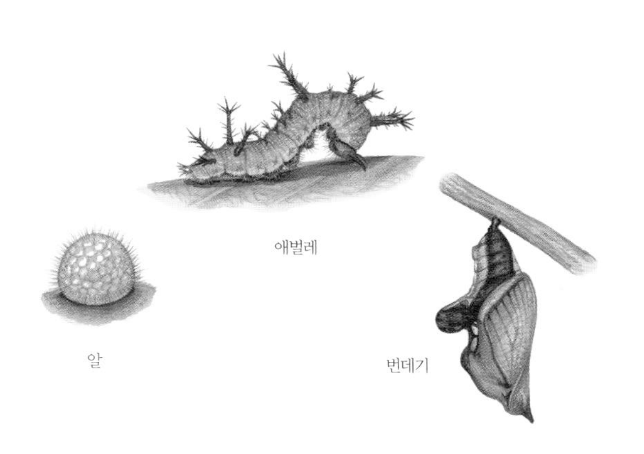

날개 편 길이는 40 ~ 60mm이다. 날개 윗면은 까맣고, 하얀 무늬가 뚜렷하게 나 있다. 날개 윗면과 아랫면 무늬는 닮았다. 앞날개 윗면 앞쪽 끄트머리에 하얀 무늬가 세 개 있는데, 가운데 하얀 무늬가 가장 길다. 날개 아랫면은 불그스름한 밤색이다. 뒷날개 날개 뿌리에는 은백색 무늬가 넓게 나 있다. 뒷날개 아랫면 가운데 가장자리에 작고 까만 점무늬가 줄지어 있다.

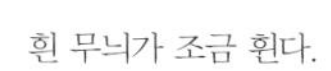

흰 무늬가 조금 휜다. 흰 무늬가 곧다.

제이줄나비와 제일줄나비

애기세줄나비

Neptis sappho

애기세줄나비는 일본 이름인 '작은세줄나비'에서 따온 이름이다. 북녘에서는 '작은세줄나비'라고 한다. 두줄나비와 닮았지만, 애기세줄나비는 앞날개 윗면 날개맥 가운데방에 곤봉처럼 나 있는 하얀 무늬가 둘로 떨어진다.

애기세줄나비는 한 해에 두세 번 날개돋이 한다. 5월부터 9월까지 온 나라 어디에서나 많이 날아다닌다. 남녘에서는 높은 산보다는 마을 둘레나 숲 가장자리에서 쉽게 볼 수 있다. 맑은 날 땅바닥이나 숲 가장자리에 자란 나무에 앉아 날개를 쫙 펴고 햇볕을 쬔다. 산초나무나 국수나무, 밤나무, 싸리 꽃에 잘 모인다. 짝짓기를 마친 암컷은 잎끝에 알을 하나씩 붙여 낳는다. 알은 공처럼 동그란데 겉은 벌집처럼 옴폭옴폭 파였고 잔털이 나 있다. 일주일쯤이면 알에서 애벌레가 깬다. 알에서 나온 애벌레는 싸리, 자귀나무, 칡, 새콩, 나비나물, 등, 아까시나무, 느릅나무, 벽오동 같은 여러 풀과 나뭇잎을 갉아 먹는다. 다 자란 애벌레는 땅으로 내려와 가랑잎 속에서 애벌레로 겨울을 난다. 이듬해 겨울잠에서 깬 애벌레는 가지나 잎에 거꾸로 매달려 번데기가 된다.

애기세줄나비는 러시아 사마라 지역에서 맨 처음 기록된 나비다. 우리나라에서는 1887년에 *Neptis aceris*로 처음 기록되었다. 일본, 러시아, 중국, 타이완, 중앙아시아, 동유럽에서도 살고 있다.

5 ~ 9월
애벌레

북녘 이름 작은세줄나비
사는 곳 낮은 산, 마을 둘레, 숲 가장자리
나라 안 분포 온 나라
나라 밖 분포 일본, 러시아, 중국, 타이완, 중앙아시아, 동유럽
잘 모이는 꽃 산초나무, 국수나무, 밤나무, 싸리
애벌레가 먹는 식물 싸리, 자귀나무, 칡 따위

수컷 ×1

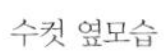

수컷 옆모습

암컷 ×1

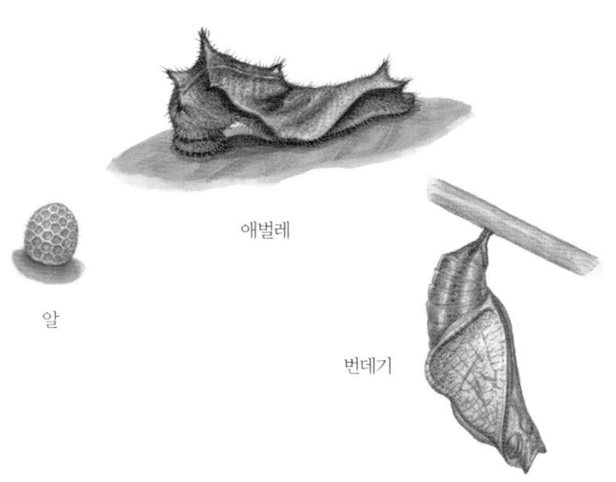

애벌레

알

번데기

날개 편 길이는 42 ~ 55mm이다. 날개 윗면은 까맣고, 하얀 무늬가 뚜렷하게 나 있다. 아랫면은 붉은 밤색을 띤다. 뒷날개 윗면에는 넓고 하얀 띠무늬가 두 줄 나 있다. 수컷은 뒷날개 윗면 앞쪽 가장자리에 번쩍거리는 잿빛 무늬가 있다. 암컷은 수컷보다 날개폭이 훨씬 넓고, 날개 가장자리가 더 둥글다.

세줄나비

Neptis philyra

날개 윗면에 하얀 무늬가 석 줄 나 있다고 '세줄나비'라는 이름이 붙었다. 북녘에서도 '세줄나비'라고 한다. 참세줄나비와 닮았지만, 세줄나비는 앞날개 윗면 앞쪽 가장자리 가운데에 작고 하얀 점무늬 두 개가 없다.

세줄나비는 한 해에 한 번 날개돋이 한다. 5월 말부터 7월까지 몇몇 산에서 드물게 볼 수 있다. 맑은 날 나무 위나 숲 가장자리에서 천천히 날아다니고 짐승 똥이나 썩은 과일, 산초나무, 밤나무 꽃에 가끔 찾아온다. 골짜기 둘레에 있는 축축한 땅에 무리 지어 내려앉아 물을 빨기도 한다. 애벌레는 콩과에 속하는 칡과 단풍나무과에 속하는 고로쇠나무, 단풍나무 잎을 갉아 먹는다. 애벌레로 겨울을 난다.

세줄나비는 러시아 아무르 지방에서 맨 처음 기록된 나비다. 우리나라에서는 1926년에 강원도 금강산에서 처음 찾아 *Neptis philyra excellens*로 기록되었다. 극동 러시아와 일본, 중국, 타이완에서도 살고 있다.

5월 말 ~ 7월
애벌레

사는 곳 낮은 산, 마을 둘레, 숲 가장자리, 골짜기
나라 안 분포 중남부, 중부, 북부
나라 밖 분포 극동 러시아, 일본, 중국, 타이완
잘 모이는 곳 짐승 똥, 썩은 과일, 산초나무, 밤나무
애벌레가 먹는 식물 칡, 고로쇠나무, 단풍나무

수컷 ×1

수컷 옆모습

암컷 ×1

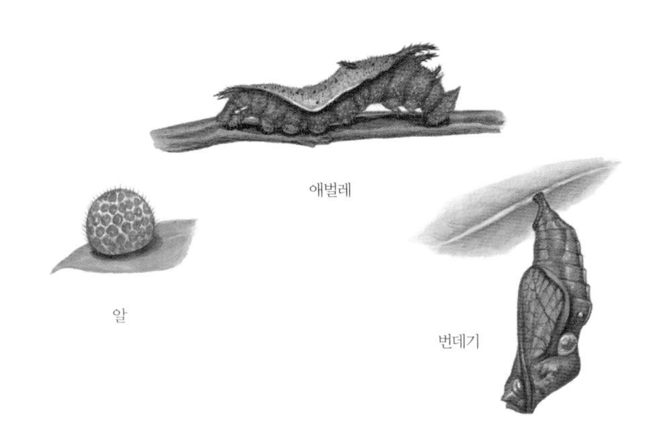

애벌레

알

번데기

날개 편 길이는 54 ~ 65mm이다. 날개 윗면은 까맣고, 하얀 무늬가 뚜렷하게 나 있다. 아랫면은 붉은 밤색을 띤다. 앞날개 윗면 날개맥 가운데방에 있는 하얀 줄무늬는 길고 중간에 안 끊긴다. 뒷날개 윗면 가운데와 가장자리에는 넓고 하얀 띠무늬가 두 줄 나 있다. 암컷은 수컷보다 날개폭이 훨씬 더 넓고, 날개 가장자리가 더 둥글다.

참세줄나비

Neptis philyroides

세줄나비 무리 가운데 가장 세줄나비답게 생겼다고 '참세줄나비'라는 이름이 붙었다. 북녘에서는 '산세줄나비'라고 한다. 세줄나비와 닮았지만, 참세줄나비는 앞날개 윗면 앞쪽 가장자리 가운데에 작고 하얀 점무늬가 두 개 있다.

참세줄나비는 한 해에 한 번 날개돋이 한다. 5월 말부터 8월까지 산에서 드물게 볼 수 있다. 또 남해 섬에는 없지만, 서해 중부에 있는 강화도, 장봉도, 신도, 교동도 같은 섬에서는 볼 수 있다. 맑은 날 나무 위나 숲 가장자리에서 천천히 날아다닌다. 밤나무 꽃에 가끔 찾아오는데, 다른 나비와 달리 꽃에 잘 날아들지 않는다. 짐승 똥이나 썩은 과일에는 잘 모인다. 수컷은 골짜기 둘레에 있는 축축한 땅에 잘 앉는다. 애벌레는 자작나무과에 속하는 까치박달, 서어나무, 개암나무, 참개암나무, 물개암나무와 단풍나무과에 속하는 고로쇠나무, 단풍나무 잎을 갉아 먹는다. 4령 애벌레로 겨울을 난다.

참세줄나비는 러시아 아무르 지방에서 맨 처음 기록된 나비다. 우리나라에서는 1887년에 *Neptis philyroides*로 처음 기록되었다. 극동 러시아와 중국 동부, 타이완에서도 살고 있다.

5월 말 ~ 8월
애벌레

북녘 이름 산세줄나비
다른 이름 조선세줄나비
사는 곳 낮은 산, 마을 둘레 수풀, 섬
나라 안 분포 온 나라
나라 밖 분포 극동 러시아, 중국 동부, 타이완
잘 모이는 곳 밤나무, 동물 똥, 썩은 과일, 축축한 땅
애벌레가 먹는 식물 까치박달, 서어나무, 개암나무 따위

수컷 ×1

수컷 옆모습

암컷 ×1

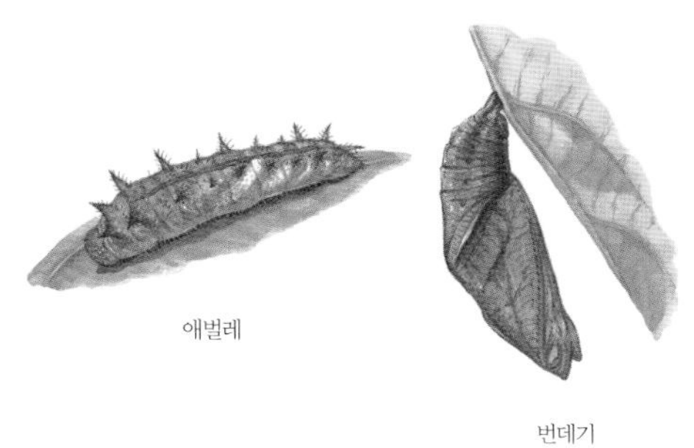
애벌레

번데기

날개 편 길이는 57 ~ 63mm이다. 날개 윗면은 까맣고, 하얀 무늬가 뚜렷하다. 아랫면은 붉은 밤색을 띤다. 앞날개 윗면 날개맥 가운데방에 있는 길고 하얀 줄무늬가 안 끊기고 매끄럽게 뻗는다. 뒷날개 윗면에는 하얗고 넓은 띠무늬가 두 줄 나 있다. 암컷은 수컷보다 날개폭이 훨씬 더 넓고, 날개 가장자리도 더 둥글다.

하얀 무늬가 두 개 있다.

하얀 무늬가 없다.

참세줄나비와 세줄나비

두줄나비

Neptis rivularis

날개 윗면에 하얀 무늬가 두 줄로 늘어서 있다고 '두줄나비'라는 이름이 붙었다. 북녘에서도 '두줄나비'라고 한다. 별박이세줄나비와 닮았지만, 두줄나비는 뒷날개 윗면 가운데만 하얀 띠무늬가 넓게 있고, 아랫면 날개 뿌리 쪽에 까만 점무늬가 없다.

두줄나비는 한 해에 한 번 날개돋이 한다. 6월부터 8월까지 날아다니는데, 7월 초에 날개돋이 하는 곳에 가면 제법 많이 볼 수 있다. 남녘에서는 마을 둘레부터 산까지 폭넓게 볼 수 있지만, 섬과 남부 지방에서는 거의 보기 어렵다. 맑은 날 수컷끼리 무리 지어 골짜기 둘레에 있는 축축한 땅에서 물을 빠는 모습을 때때로 볼 수 있다. 국수나무와 조팝나무, 싸리 꽃에 잘 모인다. 애벌레는 장미과에 속하는 꼬리조팝나무, 둥근잎조팝나무, 가는잎조팝나무, 조팝나무 잎을 갉아 먹는다. 애벌레로 겨울을 난다.

두줄나비는 오스트리아 그랏츠 지역에서 맨 처음 기록된 나비다. 우리나라에서는 1887년에 *Neptis lucilla* 로 처음 기록되었다. 일본, 러시아, 중국, 타이완, 중앙아시아, 유럽에서도 산다.

6 ~ 8월
애벌레

사는 곳 낮은 산, 마을 둘레
나라 안 분포 중남부, 중부, 북부
나라 밖 분포 일본, 러시아, 중국, 타이완, 중앙아시아, 유럽
잘 모이는 꽃 국수나무, 조팝나무, 싸리
애벌레가 먹는 식물 꼬리조팝나무, 조팝나무 따위

수컷 ×1

수컷 옆모습

암컷 ×1

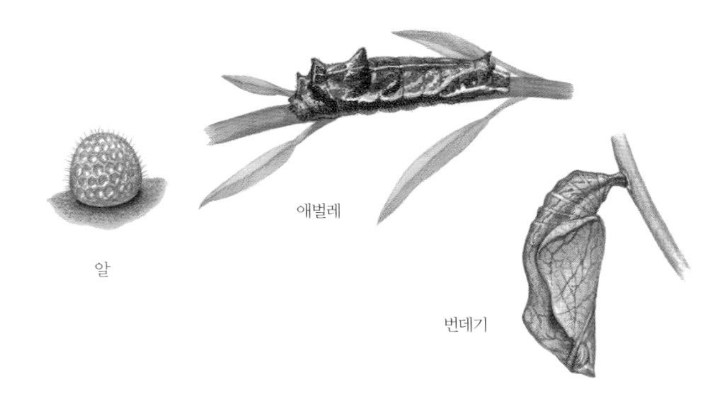

날개 편 길이는 43 ~ 56mm이다. 날개 윗면은 까맣고, 하얀 무늬가 뚜렷하다. 아랫면은 붉은 밤색을 띤다. 앞날개 윗면 날개맥 가운데방에 있는 하얀 무늬가 여러 개로 나뉘는데, 맨 끝에 있는 무늬가 가장 크고 동그랗다. 암컷은 수컷보다 날개폭이 훨씬 넓고, 날개 가장자리가 더 둥글다. 요즘에는 사는 곳에 따라 무늬가 없거나 몸빛이 까맣게 바뀐 나비들도 자주 보인다.

별박이세줄나비

Neptis pryeri

뒷날개 아랫면 날개 뿌리 쪽에 작고 까만 점이 별처럼 박혀 있다고 '별박이세줄나비'라는 이름이 붙었다. 북녘에서는 '별세줄나비'라고 한다.

별박이세줄나비는 한 해에 두세 번 날개돋이 한다. 5월 중순부터 10월까지 온 나라에서 날아다니는데 제주도와 울릉도에서는 볼 수 없다. 남녘에서는 마을 둘레부터 산까지 어디에서나 흔하다. 맑은 날 숲 가장자리나 풀밭에서 천천히 날아다니고, 날개를 쫙 펴고 햇볕을 쬐는 모습도 자주 보인다. 털여뀌나 국수나무, 산초나무, 조팝나무, 여러 쑥부쟁이 꽃에 잘 모인다. 죽은 동물이나 똥에도 날아온다. 짝짓기를 마친 암컷은 애벌레가 먹는 잎끝에 알을 하나씩 붙여 낳는다. 알에서 깬 애벌레는 장미과에 속하는 조팝나무, 일본조팝나무, 가는잎조팝나무, 터리풀 잎을 갉아 먹는다. 애벌레로 겨울을 난다.

별박이세줄나비는 중국 상하이 지역에서 맨 처음 기록된 나비다. 우리나라에서는 1887년에 *Neptis pryeri*로 처음 기록되었다. 극동 러시아와 일본, 중국, 타이완에서도 살고 있다.

5월 중순 ~ 10월
애벌레

북녘 이름 별세줄나비
다른 이름 별백이세줄나비
사는 곳 낮은 산, 마을 둘레
나라 안 분포 제주도와 울릉도를 뺀 온 나라
나라 밖 분포 극동 러시아와 일본, 중국, 타이완
잘 모이는 꽃 털여뀌, 국수나무, 산초나무, 쑥부쟁이 따위
애벌레가 먹는 식물 조팝나무, 일본조팝나무, 터리풀 따위

수컷 ×1

수컷 옆모습

암컷 ×1

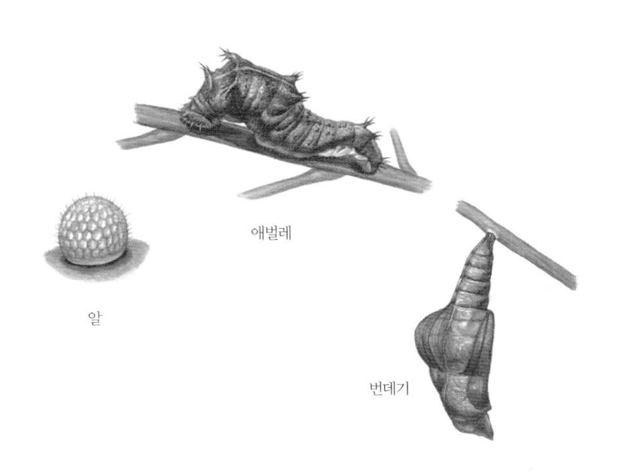

날개 편 길이는 50 ~ 62mm이다. 날개 윗면은 거무스름하고, 앞날개 윗면 날개맥 가운데방에 있는 길고 하얀 줄무늬가 여러 개로 나뉘어 삐뚤빼뚤하다. 앞날개 아랫면은 붉은 밤색이고, 아랫면 무늬들은 윗면과 비슷하다. 뒷날개 윗면 가운데와 가장자리에는 하얀 띠무늬가 넓게 두 줄 나 있다. 뒷날개 아랫면 날개 뿌리 쪽에 작고 까만 점들이 열 개 남짓 나 있다.

높은산세줄나비

Neptis speyeri

높은 산에서 많이 산다고 '높은산세줄나비'라는 이름이 붙었다. 북녘에서도 '높은산세줄나비'라고 한다. 애기세줄나비와 닮았지만, 높은산세줄나비는 앞날개 윗면 날개맥 가운데방에 있는 하얀 줄무늬가 안 끊어지고 길게 뻗는데, 이 줄무늬 끄트머리에 홈이 옴폭 파여 있다.

높은산세줄나비는 한 해에 한 번 날개돋이 한다. 6월부터 8월 초까지 백두 대간 몇몇 산에서 드물게 볼 수 있다. 남녘에서는 강원도 산속 숲 가장자리나 골짜기에서 날아다닌다. 수컷은 6월 중순 골짜기 둘레에 있는 축축한 땅에 내려앉아 무리 지어 물을 빨기도 한다. 맑은 날 숲 가장자리에서 천천히 날아다니며 국수나무 꽃에 가끔 찾아온다. 애벌레는 자작나무과에 속하는 까치박달, 서어나무, 개암나무 잎을 갉아 먹는다. 애벌레로 겨울을 난다.

높은산세줄나비는 러시아 우수리 지역에서 맨 처음 기록된 나비다. 우리나라에서는 1932년에 함경북도 무산령에서 처음 찾아 *Neptis speyeri*로 기록되었다. 극동 러시아와 중국 북동부에서도 살고 있다.

6 ~ 8월 초
애벌레

다른 이름 산세줄나비
사는 곳 백두 대간 몇몇 산속 골짜기나 숲 가장자리
나라 안 분포 중남부, 중동부, 북동부
나라 밖 분포 극동 러시아, 중국 북동부
잘 모이는 꽃 국수나무
애벌레가 먹는 식물 까치박달, 서어나무, 개암나무

수컷 ×1

수컷 옆모습

암컷 ×1

애벌레

날개 편 길이는 42 ~ 56mm이다. 날개 윗면은 까맣고, 하얀 무늬들이 나 있다. 앞날개 아랫면은 밝은 붉은 밤색을 띠고, 뒤쪽 가장자리는 거무스름하다. 날개 윗면과 아랫면에 있는 하얀 무늬들은 비슷하다. 뒷날개 윗면에 하얀 띠무늬가 두 줄 나 있다. 뒷날개 아랫면 날개 뿌리에 까만 점들이 없다. 수컷은 뒷날개 윗면 앞쪽 가장자리에 번쩍거리는 잿빛 무늬가 있다. 암컷은 수컷보다 날개폭이 훨씬 넓고, 날개 가장자리가 더 둥글다.

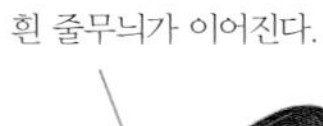

높은산세줄나비와 애기세줄나비

왕세줄나비

Neptis alwina

세줄나비 무리 가운데 몸집이 가장 크다고 '왕세줄나비'다. 북녘에서는 '큰세줄나비'라고 한다. 높은산세줄나비와 닮았지만, 왕세줄나비는 앞날개 윗면 날개맥 가운데방에 길게 뻗은 하얀 줄무늬가 톱니처럼 생겼다.

왕세줄나비는 한 해에 한 번 날개돋이 한다. 6월 중순부터 9월 초까지 제주도를 뺀 온 나라에서 드물게 볼 수 있다. 남녘에서는 마을 둘레나 낮은 산 숲 가장자리에서 날아다닌다. 자주 나뭇잎 위에 앉아 날개를 활짝 펴고 햇볕을 쬔다. 맑은 날 땅바닥에 앉거나 숲 가장자리에서 미끄러지듯이 기운차게 날아다니고 산초나무, 쥐똥나무 꽃에 가끔 찾아온다. 수컷은 암컷과 먼저 짝짓기 하려고 막 날개돋이 하려는 암컷 번데기 둘레를 맴돌면서 서로 텃세를 부리며 싸운다. 짝짓기를 마친 암컷은 애벌레가 먹는 나뭇잎 위에 알을 하나씩 붙여 낳는다. 알에서 깬 애벌레는 먼저 알껍데기를 먹어 치운 뒤 잎끝으로 가서 잎 가장자리를 갉아 먹는다. 애벌레는 장미과에 속하는 매실나무, 살구나무, 자두나무, 앵도나무, 복사나무, 산벚나무, 옥매 잎을 갉아 먹는다. 3령 애벌레까지 크다가 나뭇가지가 갈라지는 곳에 자리를 잡고 입에서 실을 뽑아 몸을 붙인 뒤 겨울을 난다. 겨울을 난 애벌레는 줄곧 크다가 잎 뒤에서 번데기가 된다. 보름쯤 지나면 번데기에서 어른벌레가 날개돋이 한다.

왕세줄나비는 중국 베이징 지역에서 맨 처음 기록된 나비다. 우리나라에서는 1887년에 *Neptis alwina*로 처음 기록되었다. 극동 러시아와 중국, 일본에서도 살고 있다.

6월 중순 ~ 9월 초

애벌레

북녘 이름 큰세줄나비

사는 곳 마을 둘레, 낮은 산

나라 안 분포 제주도를 뺀 온 나라

나라 밖 분포 극동 러시아, 중국, 일본

잘 모이는 꽃 산초나무, 쥐똥나무

애벌레가 먹는 식물 매실나무, 살구나무, 자두나무, 앵두나무 따위

수컷 ×1

수컷 옆모습

암컷 ×1

알

애벌레

번데기

날개 편 길이는 65 ~ 79mm이다. 날개 윗면은 까맣고, 하얀 무늬가 나 있다. 앞날개 아랫면은 밝은 빨간 밤빛이고, 뒤쪽 가장자리부터 날개 가운데까지 거무스름하다. 날개 윗면과 아랫면 무늬는 비슷하다. 뒷날개 윗면에 하얀 띠무늬가 두 줄 있고, 아랫면 날개 뿌리에 까만 점들이 없다. 수컷은 앞날개 윗면 앞쪽 모서리에 하얀 무늬가 있지만 암컷은 없다.

어리세줄나비

Aldania raddei

세줄나비 무리에 들지만 생김새가 퍽 달라서 '어리세줄나비'라는 이름이 붙었다. 북녘에서는 '검은세줄나비'라고 한다. 날개는 잿빛을 띠고 날개맥과 그 둘레가 까만 밤색을 띠는 것이 꼭 줄무늬처럼 보여서 다른 세줄나비와 다르다.

어리세줄나비는 한 해에 한 번 날개돋이 한다. 5월부터 6월에 내륙 몇몇 산에서 드물게 볼 수 있다. 수컷은 맑은 날 산속 빈터 축축한 땅바닥에 잘 내려앉아 물을 빨아 먹고 짐승 똥에도 잘 꼬인다. 골짜기 둘레 넓은잎나무 숲 가장자리에서 천천히 날아다니고, 땅바닥에 앉아 날개를 쫙 펴고 햇볕을 쬐기도 한다. 암컷은 우거진 숲속 나무 사이를 날거나 나무 위쪽에 있어서 수컷보다 보기 어렵다. 꽃에는 거의 안 날아온다. 애벌레는 느릅나무 잎을 갉아 먹고, 애벌레로 겨울을 난다. 한살이는 더 밝혀져야 한다.

어리세줄나비는 러시아 아무르 지방에서 맨 처음 기록된 나비다. 우리나라에서는 1923년에 강원도 오대산 월정사 지역에서 처음 찾아 *Neptis raddei* 로 기록되었다. 극동 러시아와 중국 동북부에서도 살고 있다. 남녘에서는 사는 곳과 수가 줄곧 줄어들고 있어서 함부로 못 잡게 보호하고 있다.

5 ~ 6월
애벌레
국외반출승인대상생물종

북녘 이름 검은세줄나비
다른 이름 까만줄나비
사는 곳 산속 수풀, 골짜기
나라 안 분포 중남부, 중부, 북부
나라 밖 분포 극동 러시아, 중국 동북부
잘 모이는 곳 축축한 땅, 짐승 똥
애벌레가 먹는 식물 느릅나무

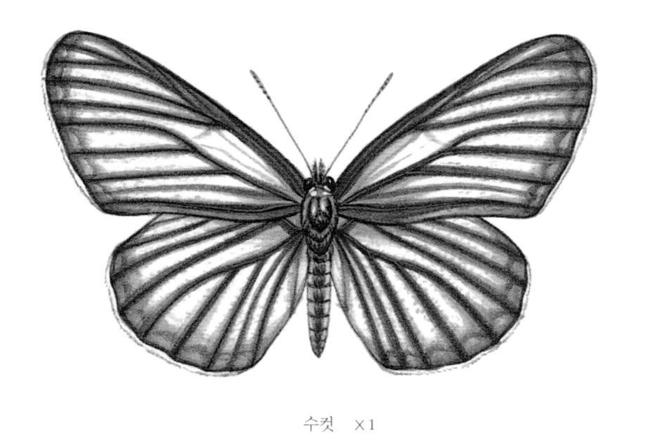

수컷 ×1

수컷 옆모습

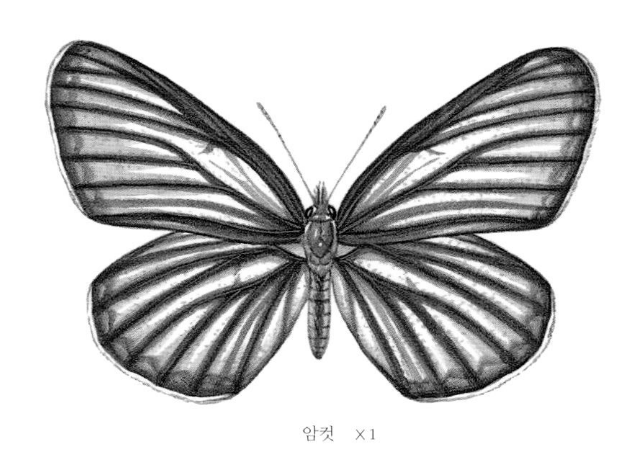

암컷 ×1

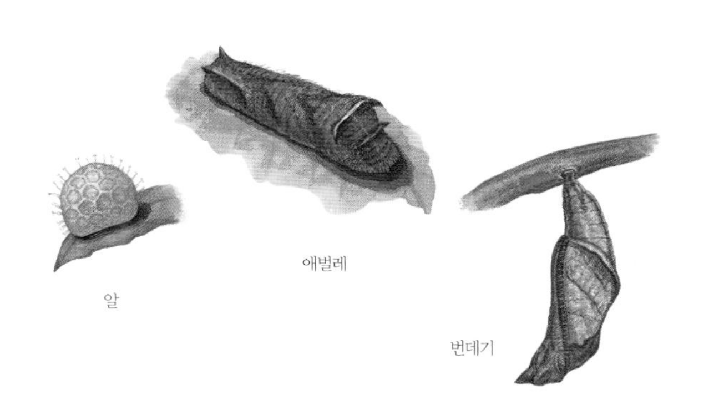

날개 편 길이는 62 ~ 71mm이다. 날개는 잿빛이고 날개맥과 그 둘레가 까만 밤색을 띠어 줄무늬처럼 보인다. 날개 테두리는 까만 밤색을 띤다. 날개 윗면과 아랫면이 비슷하다. 암컷은 수컷보다 날개폭이 훨씬 넓고, 날개 가장자리가 더 둥글다.

황세줄나비

Aldania thisbe

날개에 누런 무늬가 있는 세줄나비라고 '황세줄나비'라는 이름이 붙었다. 북녘에서는 '노랑세줄나비'라고 한다. 산황세줄나비와 닮았지만, 황세줄나비가 더 크고, 앞날개 윗면 날개맥 2실에 있는 하얀 무늬가 더 크다.

황세줄나비는 한 해에 한 번 날개돋이 한다. 6월부터 8월까지 백두 대간 몇몇 산에서 볼 수 있다. 남녘에서는 산속 넓은잎나무 숲에서 산다. 날개돋이 하는 곳에서는 6월 중순쯤 산길이나 골짜기 둘레 축축한 땅에 무리 지어 앉아 있는 모습을 쉽게 볼 수 있다. 수컷은 땅바닥에 앉아 날개를 쫙 펴서 햇볕을 쬐고, 산길이나 숲 가장자리에서 낮게 천천히 날아다닌다. 암컷은 골짜기 둘레 넓은잎나무 숲에서 나무 사이를 천천히 날거나 나무 위쪽에 있을 때가 많아서 수컷보다 보기 어렵다. 새똥이나 짐승 똥에는 모이지만 꽃에는 날아오지 않는다. 애벌레는 신갈나무나 졸참나무 잎을 갉아 먹는다. 애벌레로 겨울을 난다.

황세줄나비는 러시아 아무르 지방에서 맨 처음 기록된 나비다. 우리나라에서는 1901년에 *Neptis thisbe*로 처음 기록되었다. 극동 러시아와 중국에서도 살고 있다.

6 ~ 8월
애벌레

북녘 이름 노랑세줄나비
사는 곳 산속 넓은잎나무 숲
나라 안 분포 백두 대간 몇몇 산
나라 밖 분포 극동 러시아, 중국
잘 모이는 곳 축축한 땅, 동물 똥
애벌레가 먹는 식물 신갈나무, 졸참나무

황세줄나비와 산황세줄나비

수컷 ×1

수컷 옆모습

애벌레

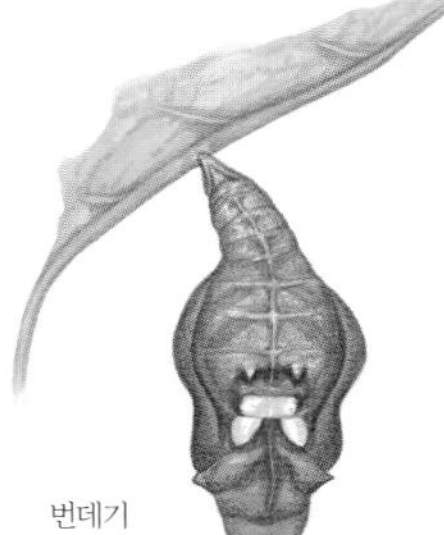

번데기

암컷 ×1

날개 편 길이는 58 ~ 68mm이다. 날개 윗면은 까만 밤색이고, 밝은 누런색이나 젖빛 무늬가 뚜렷하게 나 있다. 날개 아랫면은 붉은 밤색을 띤다. 날개 윗면과 아랫면 무늬가 비슷하다. 앞날개 윗면 날개맥 2실에 있는 하얀 무늬가 크다. 뒷날개 윗면 가운데에 있는 하얀 띠무늬에서 날개맥 3실 무늬가 바깥쪽으로 안 튀어나온다. 암컷은 수컷보다 크고 무늬가 더 젖빛을 띤다.

산황세줄나비 *Aldania themis*

황세줄나비와 닮았지만, 산황세줄나비는 크기가 더 작고, 앞날개 윗면 날개맥 2실에 있는 하얀 무늬가 더 작다. 날개 편 길이는 52 ~ 63mm이다. 백두 대간 몇몇 산에서 날아다닌다.

수컷

암컷

수컷 옆모습

중국황세줄나비 *Aldania deliquata*

황세줄나비와 닮았다. 하지만 날개 무늬가 짙은 누런색이고, 뒷날개 윗면 가운데에 있는 하얀 띠무늬에서 날개맥 3실 무늬가 바깥쪽으로 튀어나와서 다르다. 강원도 몇몇 높은 산에서 드물게 볼 수 있다. 날개 편 길이는 60 ~ 67mm이다.

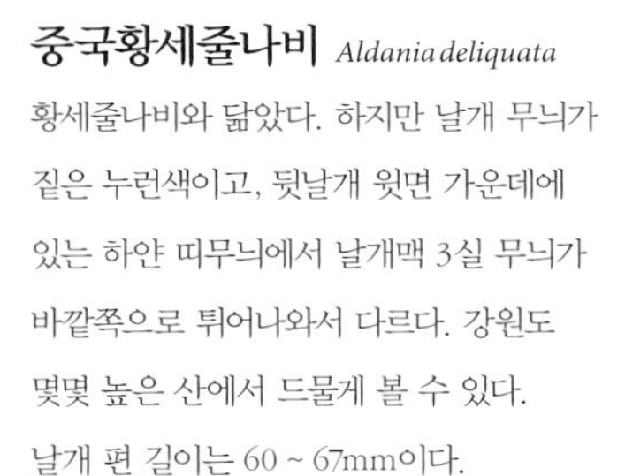

수컷

암컷

수컷 옆모습

더 알아보기

우리 이름 찾아보기

가

나

다

라

마

바

사

아

자

차

카

파

하

학명 찾아보기

참고 자료

단행본

김성수, 김용식, 1993. 부전나비과 한국미기록 2종과 1기지종. 한국나비학회지, 6: 1 - 3.

김성수, 김용식, 1994. 남한미기록 북방점박이푸른부전나비(신칭)의 기록. 한국나비학회지, 7: 1 - 3.

김성수, 서영호, 2012. 한국나비생태도감. 사계절

김용식, 2007. 미접 남색물결부전나비(신칭), Jamides bochus (Stoll, 1782)의 첫 기록. 한국나비학회지, 17: 39 - 40.

김용식, 2010. 원색 한국나비도감. 교학사

김헌규, 미승우, 1956. 한국산 나비목록의 보정(한국산 나비 총목록). 이화여자대학교 창립70주년 기념논문집

박경태, 1996. 한국미기록 한라푸른부전나비(신칭)에 관하여. 한국나비학회지, 9: 42 - 43.

박동하, 2006. 미접 멤논제비나비(신칭)의 채집. 한국나비학회지, 16: 43 - 44.

박용길, 1992. 한국미기록 중국은줄표범나비(신칭)에 대하여. 한국인시류동호인회지, 5: 36 - 37.

백문기, 신유항, 2010. 한반도의 나비. 자연과 생태

백문기, 신유항, 2014. 한반도의 나비 도감. 자연과 생태

석주명, 1947. 조선산접류총목록. 국립과학박물관동물학부연구보고, 제2권 제1호, pp. 1 - 16.

석주명, 1947. 조선 나비 이름의 유래기. 백양당

석주명, 1972(보정판). 한국산 접류의 연구사. 보현재

신유항, 1991. 한국나비도감. 아카데미서적

오성환, 1996. 한국미기록 큰먹나비(신칭)에 관하여. 한국나비학회지, 9: 44.

원병휘, 1959. 한국산 미기록종 남방푸른공작나비(신칭)에 대하여. 동물학회지, 2(1): 34.

윤인호, 김성수, 1992. 한국미기록 흰나비과 1종과 나방 2종에 대하여. 한국인시류동호인회지, 5: 34 - 35.

이승모, 1971. 설악산의 접류. 청호림연구소자료집(1)

이승모, 1973. 설악산의 접류목록. 청호림연구소자료집(4)

이승모, 1982. 한국접지. Insect Koreana 편집위원회

이영준, 2005. 한국산 나비 목록. Lucanus, 5: 18 - 28.

이창언·권용정, 1981. 울릉도 및 독도의 곤충상에 관하여. 자연실태종합조사보고서, 제19호, 한국자연보호중앙협의회

임홍안, 1987. 조선낮나비목록. 생물학, 3: 38 - 44.

임홍안, 1996. 조선특산아종나비류의 분화과정에 관하여. 생물학 4: 25 - 29.

조복성, 1959. 한국동물도감 (나비류). 문교부

조복성, 김창환, 1956. 한국곤충도감(나비편). 장왕사(章旺社)

주동률, 임홍안, 1987. 조선나비원색도감. 과학백과사전출판사, 평양

주동률, 임홍안, 2001. 한국나비도감. 여강출판사

주재성, 2002. 한국미기록 검은테노랑나비(신칭)에 대하여. Lucanus, 3: 13.

주재성, 2007. 한국미기록 흰줄점팔랑나비(신칭)에 대하여. 한국나비학회지, 17: 45 - 46.

주재성, 2009. 흰줄점팔랑나비(Pelopidas sinensis Mabille)의 국내 서식 확인 및 생활사. 한국나비학회지, 19: 9 - 12.

주흥재, 2006. 미접 소철꼬리부전나비 (신칭), Chilades pandava (Horsfield)의 기록. 한국나비학회지, 16: 41 - 42.

주흥재, 김성수, 2002. 제주의 나비. 정행사

주흥재, 김성수, 손정달, 1997. 한국의 나비. 교학사

외국 단행본

Aoyama, T., 1917. On *Parnassius smintheus* and Takaba - ageha from Korea. *Ins. World*, 21: 461 - 463. (in Japanese)

Butler, A.G., 1882. On Lepidoptera collected in Japan and the Corea by Mr. W. Wykeham Petty. *Ann Mag. Nat. Hist., ser*. 5, 9: 13 - 20.

Butler, A.G., 1883. On Lepidoptera from Manchuria and the Corea. *Ann Mag. Nat. Hist., ser*. 5, 11: 109 - 117.

Cho. F.S., 1929. A list of Lepidoptera from Ooryongto (=Ulleungdo). *Chosen. Nat. Hist. Soc*., 8: 8. (in Japanese)

Cho. F.S., 1934. Butterflies and beetles collected at Mt. Kwanboho and its vicinity. *Chosen. Nat. Hist. Soc*., 17: 69 - 85. (in Japanese)

Doi, H., 1919. A list of butterflies from Korea. *Chosen Iho*., 58: 115 - 118, 59: 90 - 92. (in Japanese)

Doi, H., 1931. A list of Rhopalocera from Mount Shouyou, Keiki - Do, Korea. *Chosen. Nat. Hist. Soc*., 12: 42 - 47. (in Japanese)

Doi, H., 1932. Miscellaneous notes on the Insects. *Chosen. Nat. Hist. Soc*., 13: 49. (in Japanese)

Doi, H., 1933. Miscellaneous notes on the Insects. *Chosen. Nat. Hist. Soc*., 15: 85 - 86. (in Japanese)

Doi, H., 1935. New or unrecorded butterflies from Corea. *Zeph*., 5: 15 - 19. (in Japanese)

Doi, H., 1936. An unrecorded species of Pamphila from Corea. *Zeph*., 6: 180 - 183. (in Japanese)

Doi, H., 1937. An unrecorded butterflies from Corea. *Zeph*., 7: 35 - 36. (in Japanese)

Doi, H. and F.S. Cho, 1931. A new subspecies of *Zephyrus betulae* from Korea. *Chosen. Nat. Hist. Soc*., 12: 50 - 51. (in Japanese)

Doi, H. and F.S. Cho, 1934. A new species of Erebia and a new form of *Melitaea athalia latefascia* from Korea. *Chosen. Nat. Hist. Soc*., 17: 34 - 35. (in Japanese)

Dubatolov, V.V. and A.L. Lvovsky, 1997. What is true *Ypthima motschulskyi* (Lepidoptera, Satyridae). *Trans. lepid. Soc. Japan*, 48(4): 191 - 198.

Elwes, H.J. and J. Edwards, 1893. A revision of the genus *Ypthima*, with especial reference to the characters afforded by the males genitalia. *Trans*. Ent. *Soc. London*, pp. 1 - 54, pls. 1 - 3.

Esaki, T., 1934. The genus *Zephyrus* of Japan, Corea and Formosa. *Zeph*., 5: 194 - 212.

Esaki, T. and T. Shirozu, 1951. Butterflies of Japan. *Shinkonchu*, 4(9): 8.

Fixsen, C., 1887. Lepidoptera aus Korea - Memoires sur les Lepidopteres rediges par N. M. Romanoff, Tome 3, pp. 232 - 319, pls. 13 - 14.

Goltz, D.H., 1935. Einige Bemerkungen uber Erebien. *Dt. Ent. Z. Iris*, 49: 54 - 57.

Ichikawa, A., 1906. Insects from the Is. Saisyūtō (=Jejudo). *Hakubutu no Tomo*, 6(33): 183 - 186. (in Japanese)

Kato, Y., 2006. "*Eurema hecabe*" including two species. 昆蟲と自然, 41(5): 7 - 8.

Korshunov, Y. and P. Gorbunov, 1995. Butterflies of the Asian part of Russia. A handbook (Dnevnye babochki aziatskoi chasti Rossii. Spravochnik). 202pp. Ural University Press, Ekaterinburg. (English translation by Oleg Kosterin)

Kim, S.S., 2006. A new species of the genus *Favonius* from Korea (Lepidoptera, Lycaenidae). *J. Lepid. Soc. Korea*, 16: 33 - 35.

Kishida, K. and Y. Nakamura, 1930. On the occurrence of a satyrid butterfly, *Triphysa nervosa* in Corea. Lansania., 2(16): 4 - 7.

Lee, Y.J., 2005a. Review of the *Argynnis adippe* Species Group (Lepidoptera, Nymphalidae, Heliconiinae) in Korea. *Lucanus*, 5: 1 - 8.

Leech, J.H., 1887. On the Lepidoptera of Japan and Corea, part I. Rhopalocera. *Proc. Zool. Soc. Lond*., pp. 398 - 431.

Leech, J.H., 1892 - 1894. Butterflies from China, Japan, and Corea. London. 681pp. pls. 1 - 43.

Matsuda, Y., 1929. On the occurrence of *Aphnaeus takanonis*. *Zeph*., 1: 165 - 167, fig. 4.

Matsuda, Y., 1930. Notes on Corean butterflies. *Zeph*., 2: 35 - 41. (in Japanese)

Matsumura, S., 1905. Catalogus insectorum japonicum, Vol. 1, part 1. (in Japanese)

Matsumura, S., 1907. Thousand insects of Japan. Vol. 4. (in Japanese)

Matsumura, S., 1919. Thousand Insects of Japan. Additamenta, 3. (in Japanese)

Matsumura, S., 1927. A list of the butterflies of Corea, with description of new species, subspecies and aberrations. *Ins. Mats*., 1: 159 - 170. pl. 5. (in Japanese)

Minotani, N. and H. Fukuda, 2009. Discovery of sympatric habitat of *Neptis pryeri* and *N. andetria*. 月刊むし, 1: 2 - 8.

Mori, T., 1925. Freshwater fishes and Rhopalocera in the highland of south Kankyo - Do. *Chosen Nat. Hist. Soc*., 3: 54 - 59. (in Japanese)

Mori, T., 1927. A list of Rhopalocera of Mt. Hakuto and Its vicinity, with notes of their distribution. *Chosen Nat. Hist. Soc*., 4: 21 - 23. (in Japanese)

Mori, T. and B.S. Cho, 1935. Description of a new butterfly and two interesting butterflies from Korea. *Zeph*., 6: 11 - 14. pl. 2. (in Japanese)

Murayama, S., 1963. Remarks on some butterflies from Japan and Korea, with descriptions of 2 races, 1 form, 4 aberrant forms. *Tyo To Ga*, 14(2): 43 - 50. (in Japanese with English resume)

Nakayama, S., 1932. A guide to general information concerning Corean butterflies. *Suigen Kinen Rombun*, pp. 366 - 386. (in Japanese)

Nire, K., 1917. On the butterflies of Japan. *Zool. Mag. Japan*, 29: 339 - 340, 342 - 343. (in Japanese)

Nire, K., 1918. On the butterflies of Japan. *Zool. Mag. Japan*, 30: 353 - 359. (in Japanese)

Nire, K., 1919. On the butterflies of Japan. *Zool. Mag. Japan*, 31: 233 - 240, 269 - 273, 343 - 350, 369 - 376, pls. 3 - 4. (in Japanese)

Nomura, K., 1935. Note on some butterflies of the genus *Neptis* from Formosa and Corea. *Zeph*., 6: 29 - 41. (in Japanese)

Okamoto, H., 1923. Korean butterflies. *Cat. Spec. Exh. Chos.*, pp. 61 - 70. (in Japanese)

Okamoto, H., 1924. The insect fauna of Quelpart Island. *Bull. Agr. Exp. Chos.*, 1: 72 - 95.

Okamoto, H., 1926. Butterflies collected on Mt. Kongo, Korea. *Zool. Mag*., 38: 173 - 181. (in Japanese)

Seitz, A., 1909. The macrolepidoptera of the World, Sec. 1, The Palaearctic Butterflies. 379pp.

Seok, J.M., 1934. Butterflies collected in the Paiktusan Region, Corea. *Zeph*., 5: 259 - 281. (in Japanese)

Seok, J.M., 1934a. Papilioj en Koreujo, *Bull. Kagoshima Coll. 25 Anniv*., 1: 730 - 731, pl. 10, figs. 204 - 205. (in Japanese)

Seok, J.M., 1936. Papilij en la Monto Ziisan. Bot. *Zool. Tokyo*, 4(12): 53 - 58. (in Japanese)

Seok, J.M., 1936a. Pri la du novaj specoj de papilioj, *Neptis okazimai* kaj *Zephyrus ginzii*. *Zool. Mag*. 48: 60 - 62, pl. 2, fig. 1 - 4. (in Japanese)

Seok, J.M., 1936b. On a new species *Melitaea snyderi* Seok. *Zeok*., 6: 178 - 179, pls. 18 - 19. (in Japanese)

Seok, J.M., 1937. On the butterflies collected in Is. Quelpart, with the description of a new subspecies. *Zeph*., 7: 150 - 174. (in Japanese)

Seok, J.M., 1939. A synonymic list of butterflies of Korea (Tyōsen). Seoul, 391pp.

Seok, J.M., 1941. On the butterflies collected in the Mountain ridge of Kambo. *Zeph*., 9; 103 - 111. (in Japanese)

Staudinger, O. and H. Rebel, 1901. Katalog der Lepidopteren des Palaearctischen Faunengebietes 1 Theil, 98pp.

Sugitani, I., 1930. Some butterflies from Kainei (=Hoereong), Corea. *Zeph*., 2: 188. (in Japanese)

Sugitani, I., 1931. Some rare butterflies from Mt. Daitoku - San, Korea. *Zeph*., 2: 290. (in Japanese)

Sugitani, I., 1932. Some butterflies from N.E. Corea, new to the fauna of the Japanese Empire. *Zeph*., 4: 15 - 30. (in Japanese)

Sugitani, I., 1933. On some butterflies of Nymphalidae and Lycaenidae. *Zeph*., 5: 15. (in Japanese)

Sugitani, I., 1936. Corean butterflies (5). *Zeph*., 6: 157 - 158. (in Japanese)

Sugitani, I., 1937. Corean butterflies (6). *Zeph*., 7: 14. (in Japanese)

Sugitani, I., 1938. Corean butterflies (7). *Zeph*., 8: 1 - 16, pl. 1. (in Japanese)

저자 소개

그림

옥영관
1972년 서울에서 태어났습니다. 어릴 때 살던 동네 둘레에는 산과 들판이 많았답니다. 그 속에서 마음껏 뛰어놀면서 늘 여러 가지 생물에 호기심을 가지고 자랐습니다. 고등학교 다닐 무렵 우연히 화실을 알게 되어 화가를 꿈꾸게 되었습니다. 홍익대학교 미술대학과 대학원에서 회화를 공부하고, 작품 활동을 하면서 여러 번 전시회를 열었습니다. 또 8년 동안 방송국 애니메이션 동화를 그리기도 했습니다. 몇 해 전부터 우연인지 필연인지 생태 그림을 그려 왔던 친구와 편집자 권유로 딱정벌레, 나비, 잠자리 도감에 들어갈 그림을 그리고 있습니다. 요즘에는 틈틈이 산과 들에 나가 여러 곤충들을 관찰하여 그림을 그리고 있습니다. 《세밀화로 그린 보리 어린이 잠자리 도감》, 《잠자리 나들이도감》, 《세밀화로 그린 보리 어린이 나비도감》, 《세밀화로 그린 보리 어린이 곡식 채소 도감》에 그림을 그렸습니다.

글

백문기
초등학교 때부터 여름방학 숙제로 '앞산의 곤충', '뒷산의 곤충' 관찰 기록지와 표본을 제출해 여러 번 대상을 받았을 정도로 곤충을 좋아했습니다. 중, 고등학교 때는 생물반에서 활동했고, 대학에 들어가서는 곧바로 곤충 연구실에 연구생으로 들어가 곤충을 배웠습니다. 국립보건원과 국립공원관리공단을 거쳐 가천길대학 겸임교수로 일했습니다. 지금은 한반도곤충보전연구소 소장과 한국숲교육협회 이사 등으로 활동하고 있습니다. 요즘에도 늘 산과 들을 돌아다니면서 여러 가지 곤충을 관찰하고 있습니다. 《한국의 곤충-명나방류 II》, 《화살표 곤충도감》, 《한반도 나비 도감》, 《우리 동네 곤충 찾기》, 《한국 밤 곤충 도감》, 《한반도의 나비》, 《한국 곤충 총 목록》, 《한국산 명나방상과 도해도감》, 《명나방상과의 기주식물》, 《세밀화로 그린 보리 어린이 나비도감》 같은 책을 썼습니다.